钛系列丛书

主编　莫　畏

钛业综合技术

张　翥　叶镇焜　林乐耘　等编著

北　京

冶金工业出版社

2011

内 容 提 要

本书是《钛系列丛书》中的一本。本书介绍了钛工业生产中的综合技术，内容包括钛和钛合金的性质、钛的腐蚀性能、钛的表面处理技术、真空设备、钛的焊接、钛材切削加工、钛业的环保和钛的应用。

本书可作为钛的冶金及加工企业现场技术人员及操作工人的培训用书，也可供从事钛冶金生产、研究、设计和管理的人员使用，还可供大专院校相关专业的师生阅读参考。

图书在版编目(CIP)数据

钛业综合技术/张翥等编著. —北京：冶金工业出版社，2011. 1
(钛系列丛书)
ISBN 978-7-5024-5432-6

Ⅰ. ①钛…　Ⅱ. ①张…　Ⅲ. ①钛—有色金属冶金—技术　Ⅳ. ①TF823

中国版本图书馆 CIP 数据核字(2010)第 244380 号

出 版 人　曹胜利
地　　址　北京北河沿大街嵩祝院北巷 39 号，邮编 100009
电　　话　(010)64027926　电子信箱　yjcbs@cnmip.com.cn
责任编辑　廖　丹　尚海霞　美术编辑　李　新　版式设计　孙跃红
责任校对　王贺兰　责任印制　牛晓波
ISBN 978-7-5024-5432-6
北京百善印刷厂印刷；冶金工业出版社发行；各地新华书店经销
2011 年 1 月第 1 版，2011 年 1 月第 1 次印刷
850mm × 1168mm　1/32；10.875 印张；291 千字；333 页
36.00 元

冶金工业出版社发行部　电话：(010)64044283　传真：(010)64027893
冶金书店　地址：北京东四西大街 46 号(100010)　电话：(010)65289081(兼传真)
(本书如有印装质量问题，本社发行部负责退换)

《钛系列丛书》编委会名单

《钛系列丛书》前言

钛是一种新金属，钛及钛合金也是一种性能优异的新材料，它被誉为现代金属。

钛及钛合金具有密度小、比强度高、耐蚀性能好、耐热性能优良、无磁等一系列特性，获得了广泛的应用。钛的工业化仅有六十余年历史，但已获得了迅速发展。2008年，全世界钛材年产量已达近13万吨。

随着国民经济持续、高速发展，我国对钛的需求量迅速增长。2006年我国海绵钛和钛材的年产量均超过万吨，已进入世界产钛大国的行列，且已形成持续发展的态势。2008年我国海绵钛和钛材年产量分别达到4.96万吨和2.77万吨，名列世界前茅，成为产钛大国。这是件喜忧参半的事，喜的是我国钛工业已经崛起；忧的是钛业的产能已过剩，会影响产品经济效益。它表明钛业市场风险很大，投资应该谨慎。

与美、日、俄等世界产钛强国相比，我国钛业的技术水平仍有差距。我国要成为世界产钛强国还有相当长的路要走。其中，一件重要的基础性的工作是必须提高我国钛业的科研和生产技术水平。

为此，根据钛业技术的发展要求，我们编撰了《钛系列丛书》。这套丛书共9册，是许多专家智慧的结晶，也是为了总结钛业技术发展情况和提高我国钛业国际竞争力，我们做出的力所能及的贡献。

在编写过程中力求理论与实践相结合，做到既有理论论述，也有工艺实践；以工艺实践为重点，保持适当的理论深度和广度，同时在论述中力求做到避虚务实。

该丛书在编写过程中得到了许多同行专家的大力支持，特别是北京有色金属研究总院及其领导给予了大力支持和赞助，在此一并表示谢意。

该丛书涉及的技术领域很宽，而我们的写作水平有限，丛书中难免有不足之处，恳请读者批评指正。

编者　莫畏

2009 年 7 月

前　言

我国钛工业从1954年起步，经历了从无到有，从小到大，从创业、成长到壮大的发展历程，现处在崛起期。钛及钛合金具有优异的性能，无论在航空、航天、舰船等尖端科技领域，还是在化工、冶金、汽车、建筑等民用工业领域以及食品、医疗、体育等民生领域均有广泛的用途。钛常被称为“太空金属”和“海洋金属”。因为钛对国防安全及国民经济具有重要意义，所以又被称为“战略金属”。

近几年来，随着我国国民经济的高速增长，钛工业也取得了长足的进步。2006年我国海绵钛和钛材的年产量均超过万吨，且已形成持续发展的态势。2008年我国海绵钛和钛材的年产量分别达到4.96万吨和2.77万吨，均名列世界前茅。我国成为产钛大国，在钛制品的供应能力（包括新产品的研发能力）、产品的质量上都有明显的提高，产品的价格较低，销售网络也在逐步完善，因此，我国钛制品的竞争力有明显的提高。例如，2008年我国海绵钛和钛加工材有较大量的出口就是明显的例证。其中，海绵钛出口6292吨，占生产总量的12.7%；钛加工材出口8570吨，占生产总量的30.9%。但是，我国与美国、日本和俄罗斯的钛工业相比，在全方位的产品生产及供应能力、产品的品种和质量上都还存在明显的差距。本书的编写是为了促进我国钛工业的发展，以满足国内外日益增加的用户的需求。

本书涉及的技术面广，涵盖了相互独立的三大技术方面的内容：一是钛业公共技术方面，包括钛的腐蚀性能和表面处理技术、真空设备和钛工业的环境保护；二是钛加工的辅助技术，包括钛材焊接和切削加工；三是钛及钛合金的性能和应用。因此本书取名叫《钛业综合技术》。

本书由北京有色金属研究总院和中国航空工业第一集团公司北京航空材料研究院两个单位的教授、研究员和专家编写。全书共分8章，第1章由张翥编写，第2章由朱祖芳、张翥编写，第3章由林乐耘编写，第4章由邓青元、张翥编写，第5章由叶镇焜编写，第6章～第8章由莫畏编写。

本书在编写过程中参考了一些文献资料，在此对文献的作者和提供参考资料的各位专家、学者表示衷心的感谢。此外，北京有色金属研究总院李文良对本书的编写提供了不少帮助，在此一并表示感谢。由于编者水平有限，书中难免会有不足之处，敬请广大读者批评指正。

编者 张翥

2010年10月于北京

目　录

1 钛及钛合金的性能

1.1 钛的基本性能

1.1.1 钛的原子结构

钛在元素周期表中位于IV_B族第四长周期中，原子序数为22，原子核半径为5×10^{-13} cm。钛原子的22个外层电子在各电子层的分布为$1s^2 2s^2 2p^6 3s^2 3p^6 3d^2 4s^1$，其特点是d电子层不充满，属于过渡金属。钛原子的价电子是$4s^2 3d^2$，钛的氧化钛最高价通常是正四价。钛原子半径和离子半径如下：

原子和离子	Ti	Ti^+	Ti^{2+}	Ti^{3+}	Ti^{4+}
半径 r/nm	0.146	0.095	0.078	0.069	0.064

钛的相对原子质量是47.90，其主要五种稳定的同位素相对原子质量有46、47、48、49、50，其中相对原子质量为48的同位素在自然界中的相对含量最高，达到了73.45%。还有八种不稳定的微量同位素，它们的同位素相对原子质量有42、43、44、45、51、52、53、54。

1.1.2 钛的物理性能

1.1.2.1 钛晶体结构及相转变

钛有两种同素异构体即α相和β相，其同素异构转变温度为882.5℃，在转变温度以下为密排六方结构（hcp）的α相，而在882.5℃以上为体心立方结构（bcc）的β相。α-Ti在25℃时的点阵常数为$a = (0.29503 \pm 0.00004)$ nm，$c = (0.46831 \pm 0.00004)$ nm，$c/a = 1.5873 \pm 0.0004$；β-Ti在25℃时的点阵常数为$a = (0.32320 \pm 0.00001)$ nm，在900℃时的点阵常数为$a =$

(0.33065 ± 0.00001) nm。由于 α-Ti 的 c/a 比值小于理想椭球形轴比 1.633，所以钛是具有可锻性的金属。

钛的晶型转变潜热为 3.68 ~ 3.97 kJ/mol。钛的熔点为(1668 ± 4)℃，钛的溶化潜热范围是 15.46 ~ 20.9 kJ/mol，熔点时液态钛的表面张力为 1.588 N/m，1730℃时液态钛的动力黏度为 $8.9 \times 10^{-5}\ m^2/s$。钛的沸点为(3260 ± 20)℃，气化潜热为 428.5 ~ 470.3 kJ/mol。钛的临界温度大约为 4350℃，临界压力为 113 MPa。

1.1.2.2 密度和线膨胀系数

在 20℃时，α-Ti 的密度为 4.500 ~ 4.516 g/cm^3。因为钛与氧形成间隙固溶体，其晶格发生明显畸变，所以随着钛中氧含量的增加，其密度随之增加。室温(20℃)时，纯钛的密度为4.50 g/cm^3。900℃时，β-Ti 的密度为 4.32 g/cm^3，1000℃时为 4.30 g/cm^3；熔化态(在熔点温度)为(4.11 ± 0.08) g/cm^3。

α-Ti 单晶的线膨胀系数是各向异性的。在 0℃时，a 轴方向为 7.34×10^{-6}/℃，c 轴方向为 8.9×10^{-6}/℃。由于 c 轴方向的线膨胀系数比 a 轴方向大，所以六方晶胞轴比 c/a 值随温度的升高而增加。在 20 ~ 300℃ 时，α- Ti 的平均线膨胀系数为 8.2×10^{-6}/℃。

1.1.2.3 导热性能

钛的异热性能较差，其导热系数比不锈钢略低。钛的导热性能与纯度有关，其随杂质元素含量的增加而降低。

工业纯钛的导热系数在 0 ~ 250 K 时，随着温度的升高逐渐增加，在 250 K 达到最大值(17.56 W/(m · K))。高于 250 K 时，导热系数随着温度的升高略有减少，大约在 580 K 时达到最小值(16.89 W/(m · K))。工业纯钛的导热系数 λ(W/(m · K))可由下式计算：

$$\lambda = 17.56 - 4.6 \times 10^{-3} T + 1.48 \times 10^{-6} T + 4.18 \times 10^{-12} T \quad (T > 0℃)$$

1.1.2.4 导电性能

钛的导电性能较差，近似于不锈钢，仅为铜电导率的 3.1%。

钛的电导率随所含杂质元素的增加而降低。纯度最高的碘化法钛的电阻率 $\rho=0.45\ \mu\Omega\cdot m$,随温度升高电阻率增加。20℃时,工业纯钛的电阻率为 $0.556\ \mu\Omega\cdot m$。在不同温度下,工业纯钛的电阻率 $\rho(\mu\Omega\cdot m)$ 为:

$$\rho=0.51+2.25\times10^{-3}T-8.6\times10^{-10}T^3$$

当发生 α→β 相转变时,电导率下降,β-Ti 的平均电阻率为 $\rho=0.16\ \mu\Omega\cdot m$。

1.1.2.5 超导性

钛的超导性对由杂质(氧、氮、碳、铁等)元素和冷加工引起的晶格内应变是极敏感的,属于"硬超导体"。纯钛的超导临界温度为 0.38 ~0.4 K。研究表明,当温度接近绝对零度时,钛具有超导性。

1.1.2.6 磁性质

金属钛是顺磁性物质,它的磁化率随温度的升高而增加。20℃时,α-Ti 的磁化率为 $(3.2\pm0.4)\times10^{-6}$。900℃时,β-Ti 的磁化率为 4.5×10^{-6}。

钛的磁导率为 1.00004H/m。

1.1.3 钛的热力学性能

1.1.3.1 比热容

在 298 K 下,钛的比热容为 0.011 J/(g·K)。α-Ti 的比热容随温度的升高而增加,当温度趋近晶型转化温度(1155.5 K)时,比热容急剧升高,达到 2.621 J/(g·K)。超过相变温度后,比热容随温度的升高而下降。298 K 时,摩尔定压比热容 c_p 为 0.52 J/(g·K)。

1.1.3.2 焓

钛在 289 K 时的焓为 100.2 J/g。

α-Ti 的焓的表达式为:

$$H_T^0-H_0^0=0.457T+1.12\times10^{-4}T^2+83T^{-1}-45.7\ (T=200\sim1500\ K)$$

β-Ti 的焓的表达式为:

$$H_T^0 - H_0^0 = 159 + 0.360T + 1.09 \times 10^{-4} T^2 \ (T = 1155 \sim 1900\ \mathrm{K})$$

1.1.3.3　熵

钛在 289 K 时的熵为 0.64 J/(g·K)。

α-Ti 的熵的表达式为:

$$S_T^0 = 0.815 + 6.8 \times 10^{-4} T - 112.7 T^{-1} \ (T = 160 \sim 1100\ \mathrm{K})$$

β-Ti 的熵的表达式为:

$$S_T^0 = 0.714 + 8.5 \times 10^{-3} T - 1.3 \times 10^{-7} T^2 \ (T = 1200 \sim 1900\ \mathrm{K})$$

液相钛的熵的表达式为:

$$S_T^0 = 1.17 + 1.29 \times 10^{-4} T - 5.68 \times 10^{-8} T^2 \ (T = 2000 \sim 3000\ \mathrm{K})$$

气体钛的熵的表达式为:

$$S_T^0 = 4.9 + 4.19 \times 10^{-5} T - 377 T^{-1} \ (T = 200 \sim 5000\ \mathrm{K})$$

1.1.4　钛的力学特性

1.1.4.1　钛的力学性能

钛中的杂质元素含量对钛的力学性能影响很大,随着杂质元素含量的增加,其抗拉强度逐渐提高,而塑性逐渐降低。工业纯钛TAl(Gr.1 和 BT1-00)的纯度为99.6%(质量分数)。国内最纯的钛是用碘化法获得的,它的杂质元素含量见表1-1。

表1-1　碘化钛元素含量(质量分数)　(%)

元素	C	N	O	Fe	Si	Zr	Cl	Mn	Ti
碘化钛	0.001	0.002	0.03~0.06	0.002	0.005	0.050	0.002	0.003	99.870

高纯钛的性能特点是高塑性和低强度,其力学性能如表1-2所示。

表1-2　高纯钛室温(25℃)时的基本力学性能

性能	σ_b/MPa	$\sigma_{0.2}$/MPa	δ_5/%	ψ/%	Hv/MPa	F/GPa
数据	250~300	140~190	50~70	76~88	89~105	108(25℃),70(550℃)

氧、氮、碳是钛中经常存在的杂质元素,它们能提高钛的强度而降低其塑性,表1-3给出了氧、氮、碳对高纯钛力学性能的影响,其中氮的影响最大,碳最小,而氧居中。

表 1-3 氧、氮、碳对高纯钛力学性能的影响

杂质(N、O、C)含量	RB	σ_b/MPa	δ_5/%	ψ/%
碘化法纯钛	53	29.1	42.9	72.7
氮含量(质量分数)/%				
0.05	82	40.8	21.4	51
0.134	102	79.5	14.7	
0.157	104	84.5		46
0.236	105	92	15.9	36
氧含量(质量分数)/%				
0.04	61	38.5	37.7	72.6
0.10	80	39.4	32.5	71.7
0.25	86	54.2	20.8	46.1
0.46	99	70	19.4	34.6
碳含量(质量分数)/%				
0.03	80	34.4	26.4	48
0.54	91	52.4	19.7	45
0.8	93	48.1	17.2	27.6

氢对钛的力学性能的影响主要体现在氢脆上。在钛中,氢的含量达到一定数值后,将大大提高钛对缺口的敏感性,从而急剧降低缺口试样的冲击韧性等性能。一般认为,钛中氢的含量应低于0.007% ~ 0.008%(质量分数),而不允许高于 0.0125% ~ 0.015%(质量分数)。因为高于这个含量,在组织上将出现氢化物,并出现明显的氢脆现象。

对钛及钛合金来说,氢脆是一个重要问题。钛极易从酸洗液、腐蚀液和热加工(热变形和热处理)的高温气氛中吸氢。钛及钛合金的氢脆可以表现为以下两种形式:一种形式是,对于工业纯钛和 α 型钛合金,氢脆表现为塑性降低,而强度稍有增加,同时还发现在低于93℃时,合金的冲击韧性降低,以及脆 - 塑转变温度范围发生变化;另一种形式则类似于钢的脆化,即在恒载荷或持续载荷下,进行慢速拉伸试验时出现的一种脆化现象。这种试验方法通常采用缺口试样,施加高于某一强度水平的应力,观察其脆性发生的行为。通常规定在使用状态下钛及钛合金的成品零件的氢含量应小于0.015%。

工业纯钛中,杂质元素氧、氮、碳、铁、硅、镁等总含量(质量分数)一般为0.2%~0.5%(质量分数),最高不超过0.7%~0.9%(质量分数),形成不同等级的工业纯钛,有满足标准要求的抗拉强度和塑性。

1.1.4.2 硬度

通常用硬度来衡量钛质量好坏的综合指标。不同等级工业纯钛有各自的硬度值要求。不同杂质元素对钛硬度的影响不同,对钛硬度影响最大的是氮、氧、碳,其次是铁、钴、硅等。

同时存在的几种杂质元素对钛硬度的影响可以认为基本上具有加和性。至于海绵钛的硬度与杂质含量的关系,布劳斯按统计规律得出了如下经验公式:

$$HB = 196w(N)^{1/2} + 158w(O)^{1/2} + 45w(C)^{1/2} + 20w(Fe)^{1/2} + 57$$

式中,$w(N)$、$w(O)$、$w(C)$、$w(Fe)$分别为N、O、C、Fe的质量分数。

1.1.5 钛的化学性能

钛在元素周期表中的位置决定了它的化学特性。在较高温度下,钛可与许多元素和化合物发生反应。钛不与惰性气体、碱金属、碱土金属、稀土元素(除钪外)、锕、钍等发生反应或基本不发生反应。以下仅介绍钛的主要间隙元素——氧、氮、碳、氢和硅等与钛的反应概况,及钛与化合物反应的基本情况。

1.1.5.1 间隙元素

钛及钛合金中的间隙元素主要有氧、氮、碳、氢和硅等。氧、氮和碳在钛及钛合金中稳定α相,氢和硅在钛及钛合金中稳定β相,它们对钛及钛合金都有不良影响。

A 氧、氮、氢

钛有很高的化学活性,并且化学活性随温度的升高而急剧增强。钛的活性表面在室温时就开始吸氢。钛吸氢的速度和吸氢量与温度和氢气压力有关。在300℃时,吸氢量加大,500～600℃时达到最大值,其后随着温度的升高,钛吸氢量反而减少。当达到1000℃时,钛吸收的氢大部分被分解。氢气压力增加可加快钛吸收氢的速度,并增加吸氢量,相反,在减少压力的情况下便可使钛脱氢。因此钛与氢的反应是可逆的。当钛及钛合金半成品中的氢含量超标时,可采用真空除氢方法处理除去。

常温下,钛不与氮发生反应。当温度为500～550℃时,钛开始明显地吸收氮,当温度达到600℃以上时,钛吸氮的速度增加。钛与氮发生反应的温度高于700℃,而在约高于800℃时,钛能在氮气中燃烧(是少数能燃烧的金属元素之一)。钛吸氮的速度比其吸氧的速度慢得多,因此在空气中主要是吸氧,吸氮则是次要的。

钛与氧的反应取决于钛的存在形态和温度。粉末钛在常温空气中,可在静电、火花、摩擦等作用下发生剧烈的燃烧或爆炸,而致密钛(以下称钛)在常温的空气中是很稳定的。钛在空气中受热时,便开始与氧发生反应。最初氧进入钛表面晶格中,形成一层致密的氧化膜,这层表面氧化膜可防止氧向内部扩散,具有保护作用。在空气中,钛的氧化反应低于100℃时是很缓慢的,500℃时也只是表面被氧化,因此钛在500℃以下的空气中是稳定的。表1-4给出了工业纯钛在不同温度下的空气介质中,加热半小时后氧化膜的颜色和厚度。随着温度的升高,表面氧化膜开始在钛中溶解,氧开始向金属内部晶格扩散,但是在700℃时,氧还没有大量进入金属内部晶格。超过700℃时,氧向金属内部的扩散速度加快,在高温下表面氧化膜失去作用。在1200～1300℃温度下,钛开始与空气中的氧发生剧烈氧化反应:$Ti + O_2 = TiO_2$。

熔融状态的钛与已知的所有耐火材料都能发生强烈反应,钛剧烈的氧化能发生燃烧,干钛粉的自燃温度为300～600℃。粉状、海绵钛、尘状、细屑状钛很容易由于火星或一个小火苗而引起燃烧。

表 1-4　工业纯钛在不同温度下的空气中加热后氧化膜的颜色和厚度

θ/℃	200	300	400	500	650	700~800	900
氧化膜颜色	银白色	淡黄色	金黄色	蓝色	紫色	红灰色	灰色

θ/℃	320~540	650	700	760
氧化膜厚度/mm	极薄	0.005	0.008	0.025

表 1-4 中数据表明，工业纯钛表面在 200℃加热后氧化膜呈银白色；在 300℃加热后氧化膜呈淡黄色；在 400℃加热后氧化膜呈金黄色；在 500℃加热后氧化膜呈蓝色，且有极薄的厚度；在 600~700℃加热后氧化膜的厚度由薄到厚，氧化膜颜色由紫色向红灰色转变；在 800~900℃加热后氧化膜呈灰色，氧化膜的厚度逐渐增厚。

B　碳和硅

钛与碳仅在高温下才能发生反应，生成含有 TiC 的产物。钛与碳的反应除了生成 TiC 外，还形成 Ti-C 固溶体，碳在钛中的存在也可使钛相变（α-Ti→β-Ti）温度升高。碳在钛中溶解度较小，在 900℃时最大溶解度（质量分数）为 0.48%；随着温度的下降，溶解度急剧下降。碳在 β-Ti 中的溶解度（质量分数），1750℃时达到最大值，为 0.8%。碳在 α-Ti 和 β-Ti 中的溶解度都很小，因此钛中碳含量较高时，组织中便会出现游离碳化钛结构。

钛在高温下与硅反应生成高熔点的硅化物 Ti_5Si_3、TiSi 和 $TiSi_2$。

1.1.5.2　化合物

A　HF 和氟化物

氟化氢气体在加热时与钛反应生成 TiF_4：

$$Ti + 4HF \xlongequal{} TiF_4 + 2H_2$$

不含水的氟化氢液体可在钛表面上生成一层致密的四氟化钛膜，可防止 HF 进入钛的内部。氢氟酸是钛的最强溶剂。即使浓度为 1% 的氢氟酸，也能与钛发生剧烈反应：$2Ti + 6HF \xlongequal{} 2TiF_3 + 3H_2$。但当加入硝酸后，氢氟酸对钛的侵蚀速度减缓或部分受到抑制。

无水的氟化物及其水溶液在低温下不与钛发生反应,仅在高温下熔融的氟化物能与钛发生显著反应;酸性氟化物溶液如 KHF_2 会严重地侵蚀钛。在酸性溶液中,加入少量可溶性氟化物,可大大增加酸对钛的侵蚀作用,如在硝酸、磷酸、高氯酸、盐酸、硫酸溶液中加入少量可溶性氟化物时,这些酸对钛的腐蚀速度大大加快。但如果加入大量的氟化物到硫酸中,反而会阻止硫酸对钛的腐蚀。

B 氯化氢和氯化物

氯化氢气体能腐蚀金属钛,干燥的氯化氢在高于300℃时与钛反应生成 $TiCl_4$:

$$Ti + 4HCl = TiCl_4 + 2H_2$$

浓度低于5%的盐酸在室温下不与钛反应,20%的盐酸在常温下与钛发生反应生成紫色的 $TiCl_3$:

$$2Ti + 6HCl = 2TiCl_3 + 3H_2$$

当温度升高时,即使稀盐酸也会腐蚀钛,如10%的盐酸在70℃时和1%的盐酸在100℃时对钛发生明显的腐蚀。但当盐酸溶液中存在氧化剂或金属离子(铜、铁离子等)时,则可降低盐酸对钛的腐蚀作用。例如钛在沸腾的10%的盐酸内的侵蚀速度,因加入0.02~0.03 mol的铁和铜离子而降低到原来的1%。

钛能与100℃以上的25%的氯化铝溶液发生反应。当温度升高至200~300℃以上时,钛在氯化物中的稳定性下降。例如钛在沸腾的镁、钙、铁、铜、锌和铵的氯化物中以及在高温下能发生分解,析出氯化氢或氯的其他氯化物。熔融的氯化物和蒸气在氧存在时能与钛发生反应。钛受熔融的碱金属氯化物的侵蚀很微弱,但当这些熔盐与大气接触时,则对钛的侵蚀加剧。NaCl 和 NaF 混合物熔盐对钛有很大的腐蚀作用。

C 硫酸和硫化氢

钛与浓度低于5%的稀硫酸反应后在钛表面会形成保护性氧化膜,可保护钛不被稀硫酸继续侵蚀,但浓度高于5%的硫酸与钛会发生明显的反应。在常温下,浓度约40%的硫酸对钛的腐蚀速度最快,生成易溶的 $[Ti(SO_4)_{2+x}]^{2x-}$ 络合离子;当浓度大于40%

时，上述络合离子分解为 TiO_2 和 H_2SO_4，因而60%的硫酸腐蚀速度反而变慢，而80%的硫酸又达到最快。加热的稀硫酸或50%的浓硫酸可与钛反应生成硫酸钛，其反应式为：

$$Ti + H_2SO_4 = TiSO_4 + H_2$$

$$2Ti + 3H_2SO_4 + 3H_2 = Ti_2(SO_4)_3 + 3H_2$$

加热的浓硫酸可被钛还原，生成 SO_2：

$$2Ti + 6H_2SO_4 = Ti_2(SO_4)_3 + 3SO_2 + 6H_2O$$

在硫酸溶液中加入氧化剂和金属离子时，可降低硫酸对钛的腐蚀作用。如在10%沸腾硫酸中加入铁、铜离子，则可阻止硫酸对钛的腐蚀。常温下钛与硫化氢反应，其表面会生成一层保护膜，可阻止硫化氢与钛的进一步反应。但在高温下，硫化氢与钛反应析出氢：

$$Ti + H_2S = TiS + H_2$$

D　硝酸和王水

表面致密光滑的钛对硝酸具有很好的稳定性，这是由于硝酸能迅速使钛在光滑表面上生成一层牢固的氧化膜，这层氧化膜在硝酸中甚至在较高温度下仍能保持稳定。但是，表面粗糙的钛特别是海绵钛或粉末钛，可与冷、热稀硝酸发生反应：

$$3Ti + 4HNO_3 + 4H_2O = 3H_4TiO_4 + 4NO$$

$$3Ti + 4HNO_3 + H_2O = 3H_2TiO_3 + 4NO$$

高于70℃的浓硝酸也可与钛发生反应：

$$Ti + 8HNO_3 = Ti(NO_3)_4 + 4NO_2 + 4H_2O$$

冒红烟的浓硝酸，即饱和 NO_2 的硝酸溶液，能迅速地腐蚀钛，并可与含锰的钛合金发生剧烈的爆炸反应。

常温下，钛不与王水反应。温度高时，钛可以与王水反应生成 $TiOCl_2$。

E　其他酸、碱和盐

常温下，钛在浓度小于30%的磷酸溶液中的腐蚀速度较小。当磷酸浓度和温度都升高时，腐蚀速度加快。3%的磷酸溶液在

100℃下可显著地腐蚀钛，沸腾的浓磷酸腐蚀作用更为强烈。各种金属的溶剂，如氢氧化钠、硫酸氢钠和碳酸氢钠等，通常与钛的反应都很慢。稀的碱溶液不与钛发生反应。熔融钛可与碱反应生成钛酸盐，如：

$$2Ti + 6KOH = 2K_3TiO_3 + 3H_2$$

钛与金属氧化物在高温下可进行可逆反应，特别是熔融钛几乎可同所有金属氧化物反应：

$$3Ti + 2Fe_2O_3 = 3TiO_2 + 4Fe$$

$$Ti + 2CuO = TiO_2 + 2Cu$$

在碱性物质存在下，熔融钛可被硝酸或氯酸盐氧化为四价钛酸盐，如：

$$3Ti + 2KOH + 4KNO_3 = 3K_2TiO_3 + 4NO + H_2O$$

$$3Ti + 4KOH + 2KClO_3 = 3K_2TiO_3 + 2HCl + H_2O$$

粉末钛与高锰酸钾的混合物属爆炸性物质。

常温下钛不与甲酸（蚁酸）反应，但在50～100℃时可激烈反应。钛与冷、热乙酸（醋酸）反应时生成二价和三价的乙酸酯。钛可与三氯乙酸、三氟乙酸和草酸反应，沸腾的三氯乙酸对钛有强烈的腐蚀作用，60℃的草酸溶液能腐蚀钛，其他有机酸不与钛反应。

F 氨、水和有机物

常温下钛不与 NH_3 反应，但在高温下可发生反应生成氢化物和氮化物：

$$5Ti + 2NH_3 = 2TiN + 3TiH_2$$

钛在常温下不与水反应，粉末钛可与沸腾的水或水蒸气发生下列反应并析出氢：

$$Ti(粉) + 4H_2O(液) = Ti(OH)_4 + 2H_2$$

$$Ti + 4H_2O(气) = Ti(OH)_4 + 2H_2$$

但700～800℃的水蒸气可与钛反应生成 TiO_2：

$$Ti + 2H_2O(气) = TiO_2 + 2H_2$$

常温下钛可与 H_2O_2 反应生成过氧氢氧化钛：

$$Ti + 3H_2O_2 \xlongequal{} Ti(OH)_2O_2 + 2H_2O$$

熔化的过氧化钠与钛发生激烈反应,生成正钛酸钠:

$$Ti + 2Na_2O_2 \xlongequal{} Na_4TiO_4$$

在炽热温度下,钛与碳氢化合物反应生成 $TiCl_4$,并析出碳和氯化氢:

$$Ti + CCl_4 \xlongequal{} TiCl_4 + C$$

$$3Ti + 2C_2Cl_6 \xlongequal{} 3TiCl_4 + 4C$$

$$3Ti + 2C_6Cl_6 \xlongequal{} 3TiCl_4 + 12C$$

$$Ti + 2C_2H_2Cl_4 \xlongequal{} TiCl_4 + 4C + 4HCl$$

常温下钛不与任何碳氢化物反应,仅在高温(1200℃)下,才发生反应生成碳化钛:

$$Ti + CH_4 \xlongequal{} TiC + 2H_2$$

$$2Ti + C_2H_6 \xlongequal{} 2TiC + 3H_2$$

G　$HF-HNO_3-H_2O$ 酸洗溶液

根据 Ti 与 HF、HNO_3、H_2O 的化学反应,钛及钛合金的半成品采用在 $HF-HNO_3$ 水溶液中酸洗。在 $HF-HNO_3-H_2O$ 溶液中,它既可以去除 α 型钛合金的渗氢层,又可以用于(α+β)型和 β 型钛合金的酸洗及化学铣切,还可以用于各种钛合金的表面光亮处理。溶液中根据 HF 和 HNO_3 比例不同,钛合金的酸洗既可以在活化区进行(负电势),又可以在钝化区进行(正电势),从而保证有大的酸洗速度范围。所以,根据酸洗工序的目的、合金类型(其组织状态和相组成)及对半成品提出的要求,水溶液中的 HF 和 HNO_3 比例应有所不同,方可将酸洗后半成品中的渗氢量降到最低值。

α 钛合金使用最多的是低浓度的 HF 和 HNO_3 水溶液,例如 2% HF + 10% HNO_3 的水溶液。中等浓度的 HF 和 HNO_3 水溶液[(4% ~5%)HF + 20% HNO_3]具有最高的酸洗活性,可用于处理不趋向大量吸氢的(α+β)钛合金。反之,两相钛合金则必须在更高的硝酸含量下进行酸洗,其目的是提高介质的氧化性能,从而减少合金在酸洗过程中的渗氢量。

β 钛合金由于吸氢强烈,其酸洗只有在对应的合金正电位的强氧化性介质中酸洗的条件下,在高浓度的 HF 和 HNO_3 水溶液中才能进行,例如在含 $HNO_3$30% ~40% 的水溶液中酸洗。对于 β 钛合金的化学铣切,推荐采用 36% HNO_3 中 HF 含量达到 16% 的水溶液,以保证相当高的化学铣切速度。

综上所述,钛的性质与温度、纯度和存在形态有着极其密切的关系。金属钛在自然界中是相当稳定的,即使在容易氧化、腐蚀的环境之下。例如把钛放到海洋空气中长期放置,除表面颜色稍有变化外,没有发生本质的变化。钛中杂质的存在,显著地影响钛的物理性能、化学性能、力学性能和耐腐蚀性能,特别是间隙杂质元素氧、氮、碳,它们可以使钛晶格发生某些畸变,这就更加影响钛的各种性能。常温下钛的活性很小,仅能与氢氟酸等少数几种物质反应,但温度增加时,钛的活性迅速增加,特别是在高温下,钛可与许多物质发生激烈反应。钛的冶炼、热加工及热处理过程一般都在 800℃ 以上的高温下进行时,因此必须采取不同保护方法下的操作。

1.1.5.3 钛的耐腐蚀性能

钛原子结构和钛的物理、化学特性决定了钛及钛合金的耐腐蚀特性。在许多环境下,钛及钛合金具有优良的耐腐蚀性能,包括化学腐蚀和电化学腐蚀,详见第 2 章。

1.2 钛及钛合金的特性

钛及钛合金的特性如下:

(1) 钛及钛合金的密度小、抗拉强度高、比强度高。钛的密度是 4.50 g/cm^3,是钢的 57%,不足铝的 2 倍,抗拉强度比铝大 3 倍。钛合金的比强度是常用工业合金中最大的,钛合金的比强度是不锈钢的 3.5 倍,是铝合金的 1.3 倍,是镁合金的 1.7 倍,所以钛及钛合金是宇航工业不可缺少的结构材料。钛与其他金属密度和比强度(抗拉强度与密度之比)的比较见表 1–5。

表 1-5 钛与其他金属密度和比强度的比较

金 属	钛(合金)	铁	铝(合金)	镁(合金)	高强度钢
密度/$g \cdot cm^{-3}$	4.50	7.87	2.70	1.74	
比强度	29		21	16	23

(2) 耐蚀性能优异。钛的钝性取决于氧化膜的存在,它在氧化性介质中的耐蚀性比在还原性介质中要好得多,在还原性介质中能发生高速率腐蚀。钛在一些腐蚀性介质中不被腐蚀,如海水、湿氯气、亚氯酸盐及次氯酸盐溶液、硝酸、铬酸、金属氯化物、硫化物以及有机酸等。可是,在与钛反应产生氢的介质(例如盐酸和硫酸)中,钛通常具有较大的腐蚀率。但如果在酸中加入少量的氧化剂会使钛形成一层钝化膜。所以在硫酸-硝酸或盐酸-硝酸的混合溶液里,甚至在含游离氯的盐酸中钛都是耐蚀的。钛的保护性氧化膜通常是当金属碰到水时形成的,即使少量的水或水蒸气存在也能形成。如果把钛暴露在完全无水的强氧化性环境里,也能发生快速氧化并产生剧烈的、常常出现自燃的反应。钛与含过量氧化氮的发烟硝酸以及钛与干氯气的反应就发生过这类行为。然而要预防发生这类状态下的反应,必须要有一定量的水分。

(3) 耐高温性能好。通常铝合金在150℃,不锈钢在310℃时即失去了原有的较高的力学性能,而高温钛合金在500℃左右仍能保持良好的力学性能。当飞机速度达到音速的2.7倍时,飞机结构表面温度达到230℃,铝合金和镁合金已不能使用,而高温钛合金则能满足要求。高温钛合金耐热性能好,它适用于航空发动机压气机的涡轮盘和叶片以及飞机后机身的蒙皮。高温钛合金的使用温度为550~600℃,以Ti_3Al(α_2相)为基的合金的长时工作温度为650~700℃。对于短时服役的航天发动机零部件,Ti_3Al基合金的使用温度可达800℃。以Ti_2AlNb(O相)金属间化合物为基合金的长时工作温度为700~800℃,短时使用温度可高于900℃。以γ-TiAl金属间化合物为基的合金的长时工作温度为650~750℃,短时使用温度可高于900℃。以高Nb-TiAl金属间化合物为基的合金的长时工作温度为700～850℃,短时使用温度可高于1000℃。

(4) 低温性能好。某些钛合金(如Ti-5Al-2.5SnELI和Ti-6Al-4VELI)的强度随温度的降低而提高,但塑性降低得不多,在低温下仍有较好的延性及韧性,适宜在超低温下使用,可用于液氢、液氧火箭发动机,或在载人飞船上做超低温容器和贮箱等。

(5) 无磁性。钛无磁性,它用于潜艇壳体,不会引起水雷的爆炸。

(6) 导热系数小。钛的导热系数小,钛与其他金属的导热系数比较见表1-6。钛的导热系数仅为钢的1/5,铝的1/13,铜的1/25。导热性不好是钛的一个缺点,但在某些场合下可以利用钛的这一特性。

表1-6 钛与其他金属导热系数的比较

金 属	Ti	Al	Fe	Cu
导热系数/W·(m·K)$^{-1}$	17	212	85	255

(7) 弹性模量低。钛的弹性模量低,钛与其他金属的弹性模量比较见表1-7。钛的弹性模量约为铁的55%,作为结构材料时,弹性模量低是个缺点。

表1-7 钛与其他金属弹性模量的比较

金 属	Ti	Al	Fe
弹性模量/GPa	108	72	195

(8) 抗拉强度与屈服强度接近。钛及钛合金抗拉强度与屈服强度接近,如Ti-6Al-4V钛合金抗拉强度为960 MPa,屈服强度为892 MPa,两者之间的差只有58 MPa。钛与其他金属在抗拉强度与屈服强度之间的比较见表1-8。

表1-8 钛与其他金属在抗拉强度与屈服强度之间的比较

强 度	钛合金(TC4)	18-8不锈钢	铝合金
抗拉强度/MPa	960	608	470
屈服强度/MPa	892	255	294

(9) 钛在高温下容易被氧化。钛同氢、氧的结合力强,要注意防止氧化和吸氢。钛材焊接时要在氩气保护下进行,防止污染。钛管与薄板要在真空退火炉中热处理,钛锻件在热处理时要控制为氧化性气氛。

(10) 抗阻尼性能低。钛的抗阻尼性能低,用钛及其他金属材料(铜、钢)制成形状和大小完全一样的钟,用同等的力把每个钟敲一下就会发现,用钛制作的钟震荡起来声音持续的时间长,即通过敲击给予钟的能量不容易消失。

此外,钛合金还有如下特殊功能:

(1) 形状记忆功能。Ti-50% Ni(原子分数)合金在一定的温度条件下有能恢复它原来形状的本领,故称它为钛镍形状记忆合金。

(2) 超导。当温度下降到接近绝对零度时,用 NbTi 合金制成的导线会失去电阻,可以使任意大的电流通过,导线不会发热,没有能耗,故 NbTi 合金被称为超导合金材料。

(3) 吸氢功能。Ti-50% Fe(原子分数)合金具有大量吸收氢气的本领。利用该合金的这一特征,可把氢安全地储存起来,即储存氢不一定要使用钢制高压气瓶。在一定条件下还可以让贮氢的 Ti-Fe 合金把氢放出来,故称 Ti-Fe 合金为贮氢材料。

1.3　钛合金的分类

经典的钛合金分类方法是指麦克格维纶于 1956 年提出的按照退火态相组成而进行分类的方法,即将钛合金划分为 α 型、α + β 型、β 型钛合金。50 多年来,随着钛合金研究与应用的迅速发展,特别是热处理强化的钛合金,经常遇到的是非平衡状态的组织,因此按照亚稳定状态的相组成进行钛合金的分类更为可取。根据钛合金从 β 相区淬火后的相组成与 β 稳定元素含量的关系,可以将钛合金划分成 6 种类型:

(1) α 型钛合金。包括工业纯钛和只含 α 稳定元素和少量中性元素的合金。

(2) 近 α 型钛合金。除含有铝和中性元素外,还含有少量 β 稳定元素的合金。

(3) (α+β)型钛合金。含有一定量的铝和不同含量的 β 稳定元素及中性元素的合金。

(4) 近 β 型钛合金。含有临界浓度左右的 β 稳定元素和一定量的铝及中性元素的合金。

(5) 亚稳定 β 型钛合金。含有临界浓度以上的 β 稳定元素,少量的铝(一般不大于 3%)和中性元素。

(6) 稳定 β 型钛合金。含有大量的 β 稳定元素,有时还含有少量的其他元素含量的合金。

按钛合金上述 6 种类型可将国标 GB/T 3620.1—2007 中共有的 76 个牌号归类,其中工业纯钛 9 个牌号,α 型钛合金 8 个牌号,近 α 型钛合金 26 个牌号,α+β 型钛合金 23 个牌号,近 β 型钛合金 2 个牌号,亚稳定 β 型钛合金 7 个牌号,稳定型 β 钛合金 1 个牌号。根据上述合金在航空和航天领域中的应用情况,后面选择 TA2、TA7、TA15、TC4、TB10、TB2 和 TB7 典型合金进行介绍。

1.4　钛合金的物理性能

为了比较各类钛合金的物理性能,将上节所述的 7 个牌号合金(简称合金)的相关性能分别进行汇总整理,以找出各类合金的内在变化规律。

1.4.1　合金名义成分、熔化温度和室温密度

合金名义成分、熔化温度和室温的密度见表 1-9。

表 1-9　钛及钛合金的熔化温度、室温密度

牌　号	合金名义成分	熔化温度范围/℃	密度 ρ/g·cm^{-3}
TA2	工业纯钛	1640～1670	4.50
TA7	Ti-5Al-2.5Sn	1540～1650	4.42
TA15	Ti-6.5Al-1Mo-1V-2Zr		4.45

续表 1–9

牌　号	合金名义成分	熔化温度范围/℃	密度 ρ/g · cm^{-3}
TC4	Ti-6Al-4V	1630 ~ 1650	4.44
TB10	Ti-5Mo-5V-2Cr-3Al		4.80
TB2	Ti-5Mo-5V-8Cr-3Al		4.80
TB7	Ti-32Mo	1780	5.58

表 1–9 中的数据表明，在 TA2、TA7、TA15 和 TC4 合金中，由于在 α 型、近 α 型及（α + β）型钛合金合金化时，添加了低密度、低熔点的铝（Al），所以合金的熔化温度和密度降低。在 TB10、TB2 和 TB7 三个 β 型钛合金中，添加了高熔点、高密度的钼（Mo），所以合金的熔化温度和密度都高，TB7 的熔化温度和密度最高，要特别注意该合金的铸锭成分均匀性问题。

1.4.2　热性能

1.4.2.1　熔化温度范围

合金的熔化温度范围见表 1–9。

1.4.2.2　导热系数

合金的导热系数（λ）比较见表 1–10。

表 1–10　钛及钛合金的导热系数（λ）　　（W/(m · K)）

牌号 \ θ/℃	20	100	200	300	400	500	600
TA2	19.3	18.9	18.4	18.0	18.0	18.0	18.0
TA7	8.8	9.6	10.9	12.2	13.4	14.7	15.9
TA15		8.8	10.2	10.9	12.2	13.8	15.1
TC4	6.8	7.4	8.7	9.8	10.3	11.8	
TB10		8.4	10.9	12.3	13.5	15.2	16.5
TB2		8.2	10.8	11.9	13.1	14.7	16.3
TB7	7.1	7.5	10.0	10.7	13.6	15.3	16.8

表1-10中的数据表明,在TA2、TA7、TA15和TC4合金中,随着合金化程度的增加,钛合金的导热系数(λ)逐渐降低。在TB10、TB2和TB7三个β型钛合金中,随着合金化程度的增加,钛合金的导热系数(λ)也逐渐降低。

表1-10中的数据还表明,工业纯钛TA2的导热系数(λ)随着温度的升高而逐渐降低,300~600℃的导热系数不变,而其余钛合金的导热系数(λ)随着温度的升高而逐渐升高。

1.4.2.3　比热容

合金的比热容(c)比较见表1-11。

表1-11　钛及钛合金的比热容(c)　(J/(kg·K))

牌号 \ θ/℃	20	100	200	300	400	500	600
TA2		503	545	566	587	628	670
TA7		503	545	566	587	628	670
TA15		545	587	628	670	712	755
TC4	611	624	653	674	691	703	
TB10		527	545	559	578	596	618
TB2		523	540	557	574	590	607
TB7		578	586	540	507	477	486

表1-11中的数据表明,在TA2、TA7、TA15和TC4合金中,随着合金化程度的增加,钛合金的比热容(c)逐渐升高。在TB2和TB7两个β型钛合金中,随着合金化程度的增加,钛合金的比热容(c)也逐渐升高,而近β型的TB10合金与此规律不符。另外,TA2和TA7的比热容(c),完全一致。

上述前六种合金的比热容(c)都是随着温度的升高而逐渐增加,只有TB7合金与此规律不完全相同,200℃以前相符合,300℃以后比热容(c)是随着温度的升高而逐渐降低,其原因是合金组织内部发生某种变化导致比热容的降低。

1.4.2.4　线膨胀系数

合金的线膨胀系数(α_1)比较见表 1–12。

表 1–12　钛及钛合金的线膨胀系数(α_1)　(K)

牌号 \ θ/℃	20 ~ 100	20 ~ 200	20 ~ 300	20 ~ 400	20 ~ 500	20 ~ 600
TA2	8.2×10^{-6}	8.6×10^{-6}	8.8×10^{-6}	9.1×10^{-6}	9.3×10^{-6}	9.5×10^{-6}
TA7	8.5×10^{-6}	8.9×10^{-6}	9.1×10^{-6}	9.3×10^{-6}	9.5×10^{-6}	9.6×10^{-6}
TA15	8.9×10^{-6}	9.0×10^{-6}	9.2×10^{-6}	9.3×10^{-6}	9.5×10^{-6}	9.7×10^{-6}
TC4	9.1×10^{-6}	9.2×10^{-6}	9.3×10^{-6}	9.5×10^{-6}	9.7×10^{-6}	10.0×10^{-6}
TB10	8.6×10^{-6}	9.0×10^{-6}	9.2×10^{-6}	9.6×10^{-6}	9.7×10^{-6}	10.7×10^{-6}
TB2	8.7×10^{-6}	9.1×10^{-6}	9.4×10^{-6}	9.7×10^{-6}	9.8×10^{-6}	10.8×10^{-6}
TB7	11.2×10^{-6}	13.3×10^{-6}	14.3×10^{-6}	15.0×10^{-6}	15.2×10^{-6}	15.3×10^{-6}

表 1–12 中的数据表明,在 TA2、TA7、TC4 和 TB7 合金中,随着合金化程度的增加,其 20 ~ 100℃ 的线膨胀系数(α_1)逐渐增加。

在 TA2、TA7 和 TA15 三个 α 型钛合金中,随着合金化程度的增加,即由 α 型钛合金到近 α 型钛合金,其 20 ~ 100℃ 的线膨胀系数也逐渐增加。

在 TB10、TB2 和 TB7 三个 β 型钛合金中,随着合金化程度的增加,即由近 β 型钛合金到稳定 β 型钛合金,其 20 ~ 100℃ 的线膨胀系数也逐渐增加。

上述每一个合金的线膨胀系数 α_1 都是随着温度的升高而逐渐增加的。

1.4.3　电性能

钛合金的电阻率比较见表 1–13。

表 1–13 中的数据表明,在 TA2、TA7、TA15 和 TC4 合金中,随着合金化程度的增加,钛合金的电阻率(ρ)逐渐增加。而在 TB10、TB2 和 TB7 三个 β 型钛合金中,变化规律不明显。

上述每一个合金的电阻率都是随着温度的升高而逐渐增

加的。

表 1-13 钛合金的电阻率(ρ) ($\mu\Omega\cdot m$)

牌号 \ θ/℃	20	100	200	300	400	500	600
TA2	0.45						
TA7	1.38	1.69	1.75	1.80	1.84	1.87	1.88
TA15	1.63						
TC4	1.70	1.76	1.82	1.86	1.89	1.91	1.92
TB10	1.38	1.38	1.42	1.45	1.48	1.52	
TB2	1.36	1.36	1.41	1.44	1.47	1.50	
TB7	1.42	1.44	1.47	1.50	1.54	1.57	1.61

1.4.4 磁性能

钛及钛合金均无磁性。

1.5 钛合金的化学性能

1.5.1 抗氧化性能

合金抗氧化性能的比较见表 1-14。

表 1-14 合金抗氧化性能的比较

牌号	抗氧化性能
TA2	钛在通常使用温度下的空气介质中加热时,会生成一种极薄、致密和稳定的氧化膜。该氧化膜具有保护作用,可以阻止氧向金属内部扩散而不进一步氧化,因此钛在500℃以下的空气中是稳定的。在538℃以下,钛的氧化符合抛物线规律。钛在800℃以上时,氧化膜要分解,氧原子会以氧化膜为转换层进入金属晶格,使钛的氧含量增加,氧化膜也增厚,此时氧化膜已失去保护作用,并使金属变脆。工业纯钛在不同温度下的空气介质中加热半小时后,氧化膜的厚度及加热所生成氧化膜的颜色详见表 1-4
TA7	与工业纯钛和 TC4 钛合金相近
TA15	参见 TC4 钛合金

续表 1–14

牌号	抗氧化性能
TC4	在430℃以下长时间加热,可形成很薄且具有保护性的氧化膜。随着加热温度的升高,氧化膜增厚,同时其保护性变差。合金在700℃下加热2 h后,氧化膜的厚度达到25 μm;在800℃以上温度下加热形成疏松的氧化层;在1000℃下加热1 h后,氧化膜的厚度达到0.65 mm
TB10	参见TC4钛合金
TB2	参见TC4钛合金
TB7	在空气中加热至350 ~400℃时还比较稳定,当加热温度升至500℃以上时,该合金显著氧化

1.5.2　耐腐蚀性能

人们用3.5%的NaCl水溶液检测合金的应力腐蚀开裂敏感性;在不同浓度(质量分数/%)(0.5 ~1、1.5 ~2.0、2.5 ~3.5)沸腾盐酸中测试合金的腐蚀速度,比较合金的耐蚀性;为了改善在高温、高浓度的非氧化性酸中合金的耐蚀性,开发了系列耐蚀钛合金,以满足不同介质环境中的使用要求。详见第2章钛的腐蚀性能。

1.6　钛合金的各种力学性能

1.6.1　室温及各种温度下的力学性能

1.6.1.1　拉伸性能

各种温度下合金棒材的拉伸性能见表1–15。

表1–15　各种温度下合金棒材的拉伸性能

牌号	d/mm	状态	取样方向	θ/℃	σ_b/MPa	$\sigma_{p0.2}$/MPa	δ_5/%	ψ/%
TA2	14	退火	L	–253	1177	1079	10	35
				–196	951	735	20	48
				20	490	373	30	55
				100	412	294	30	55
				150	343	245	30	55
				200	294	206	30	55

续表 1-15

牌号	d/mm	状态	取样方向	θ/℃	σ_b/MPa	$\sigma_{p0.2}$/MPa	δ_5/%	ψ/%
TA7	22	退火	L	−70	950		15	43
				20	827	778	20	42
				100	715	652	21	49
				200	626	544	23	55
				300	552	634	24	54
				350	520	407	28	55
				400	496	402	25	56
				500	464	353	24	53
				600	398	294	55	62
TA7ELI	—	退火	L	−253	1324	1275	8	16
				−196	1177	1157	15	25
TA15	18	退火	L	20	1014	970	16	48
				100	917	871	18	51
				200	843	762	18	53
				300	795	691	16	53
				350	771	670	16	54
				400	754	651	18	57
				500	772	604	24	61
				550	622	541	30	75
TC4	22	退火	L	−55	1059		17	39
				−30	1020		18	45
				20	967	860	16	44
				100	840	736	15	49
				200	741	613	17	55
				300	690	543	17	59
				350	665	532	16	58
				400	645	508	16	60
				500	583	401	27	78

续表 1-15

牌号	d/mm	状态	取样方向	θ/℃	σ_b/MPa	$\sigma_{p0.2}$/MPa	δ_5/%	ψ/%
TB10	15	时效	L	20	1245		14	62
				400	1008		14	69
TB2	10	固溶时效	L	20	1137	1061	18	51
				200	1060	956	19	55
				250	996	867	18	55
				300	954	819	16	53
				400	895	771	17	63
				500	814	731	18	75
TB7		固溶	L	20	640		1.4	1.9
				200	540		11	27
				400	485		15	47
				500	460		12	40

表1-15 中的数据表明，TA2 和 TA7ELI 在低温（-253℃ 和 -196℃）时具有良好的综合性能，可在超低温下使用。TA15 和 TC4 合金相比，无论是室温还是高温 400~500℃时的综合性能，TA15 合金都比 TC4 合金好。TB10 和 TB2 合金无论是在室温还是高温 400~500℃时，都具有良好的综合性能。而 TB7 合金的综合性能较差。

合金板材的室温取向均匀性见表 1-16。

表 1-16　合金板材的室温取向均匀性

牌号	品种	δ/mm	状　态	取样方向	σ_b/MPa	$\sigma_{p0.2}$/MPa	δ_5/%
TA15	板材	2.5	750℃，25 min，空冷	L	1062	961	13.0
				45°	945	940	18.5
				T	1052	1033	14.0
		6.0	750℃，1 h，空冷	L	976	893	14.6
				45°	894	881	17.2
				T	961	928	14.5

续表 1-16

牌号	品种	δ/mm	状态	取样方向	σ_b/MPa	$\sigma_{p0.2}$/MPa	δ_5/%
TB2	板材	2.0	800℃/30 min，水淬（固溶）	L	828		23.0
				T	951		22.0
			固溶 + 500℃/8 h，空冷	L	1360		10.0
				T	1397		6.5
			固溶 + 500℃/8 h + 620℃/30 min，空冷	L	1188		14.5
				T	1163		16.0

表 1-16 中的数据表明，TA15 合金厚 2.5 mm 和 6.0 mm 板材的纵向抗拉强度比横向的抗拉强度高，而 45°的抗拉强度最低，伸长率 δ_5 最高。TB2 合金厚 2.0 mm 板材在固溶和固溶 + 500℃/8 h、空冷状态下，横向的抗拉强度比纵向抗拉强度高，纵向的伸长率 δ_5 高；而在固溶 + 500℃/8 h + 620℃/30 min，空冷状态下，纵向抗拉强度比横向的抗拉强度高，横向的伸长率 δ_5 高。

TA2 板材的拉伸应力 - 应变曲线和 TA7 合金棒材的拉伸应力 - 应变曲线见图 1-1。TC4 钛合金棒材和模锻件的拉伸应力 - 应变曲线见图 1-2。TA15 钛合金三个炉号（δ = 55 mm）板材室温拉伸应力应变曲线数据见表 1-17。

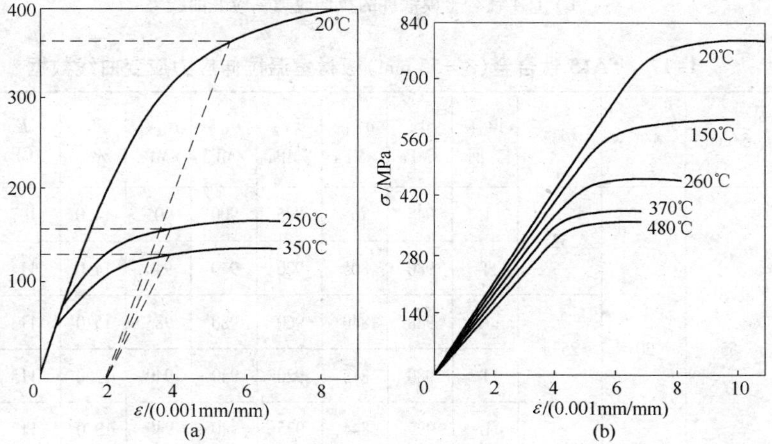

图 1-1　合金拉伸应力 - 应变曲线

（a）TA2 板材的拉伸应力 - 应变曲线；（b）TA7 合金棒材的拉伸应力 - 应变曲线

比较 20℃和 200℃时两条拉伸应力 - 应变曲线可以发现棒材的拉伸应力 - 应变曲线与模锻件的拉伸应力 - 应变曲线的差异以及抗拉强度上的差别，模锻件的抗拉强度无论是 20℃ 的还是 200℃的都比棒材的抗拉强度低。

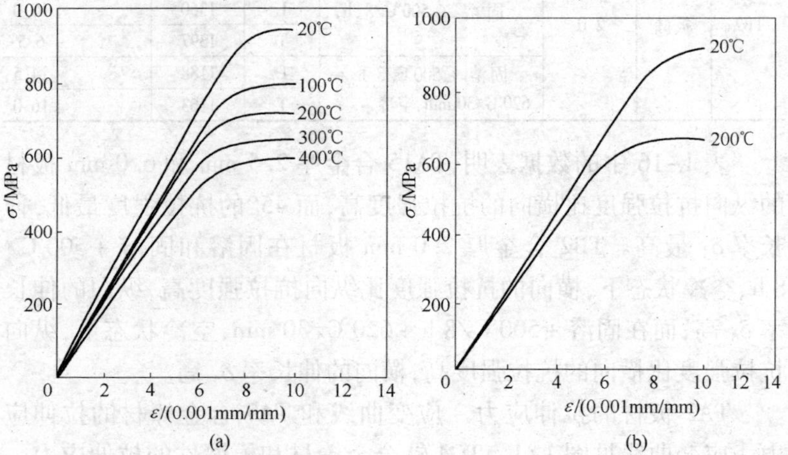

图 1-2 TC4 钛合金棒材和模锻件的拉伸应力 - 应变曲线

(a) TC4 钛合金棒材的拉伸应力 - 应变曲线；

(b) TC4 钛合金模锻件的拉伸应力 - 应变曲线

表 1-17 TA15 钛合金（$\delta = 55$ mm）板材室温拉伸应力应变曲线数据

δ/mm	θ/℃	炉号	取样方向	σ_b /MPa	$\sigma_{0.01}$ /MPa	$\sigma_{0.2}$ /MPa	$\sigma_{0.7}$ /MPa	$\sigma_{0.85}$ /MPa	δ_5 /%	E /GPa
55	20	2527	L	945	765	885	900	905	14.0	107
			T	980	805	920	940	940	14.0	114
		2525	L	988	840	960	980	985	15.0	113
			T	980	815	920	940	940	12.0	115
		3121	L	995	844	935	940	940	13.0	117
			T	980	860	930	940	940	12.0	115

续表 1-17

δ /mm	θ /℃	炉号	取样方向	σ_b /MPa	$\sigma_{0.01}$ /MPa	$\sigma_{0.2}$ /MPa	$\sigma_{0.7}$ /MPa	$\sigma_{0.85}$ /MPa	δ_5 /%	E /GPa
55	200	2525	L	788	590	678	697	703	16.5	107
			T	743	548	619	657	664	13.4	108
		2795	L	808	607	699	723	729	14.8	104
			T	834	663	751	773	777	14.2	110
		3121	L	814	623	709	727	732	12.5	109
			T	811	642	719	738	742	12.0	110
	300	2525	L	747	525	597	631	639	16.0	95
			T	735	550	621	656	663	13.6	101
		2795	L	768	525	620	660	668	13.5	98
			T	768	549	642	680	686	13.5	103
		3121	L	762	534	630	663	669	13.5	103
			T	760	559	643	674	680	12.6	104
	400	2525	L	733	480	567	608	616	17.5	91
			T	725	483	585	633	640	14.1	96
		2795	L	741	475	574	622	630	15.9	93
			T	738	482	587	636	645	15.2	96
		3121	L	729	483	591	631	638	14.0	97
			T	713	503	588	631	638	14.8	99
	500	2525	L	638	363	520	563	570	25.3	81
			T	641	411	541	593	600	22.5	90
		2795	L	648	383	518	573	582	20.6	85
			T	669	433	545	608	618	18.8	90
		3121	L	655	386	549	599	606	21.3	95
			T	629	365	538	581	589	19.2	96

1.6.1.2 压缩性能

合金的压缩性能见表 1-18。

表 1-18 钛合金的压缩性能

牌号	品种	d 或 δ/mm	状态	取样方向	θ /℃	σ_{bc} /MPa	$\sigma_{pc0.2}$ /MPa	E_C /GPa
TA7	棒材	22	退火	L	20	1389	839	

续表 1–18

牌号	品种	d 或 δ/mm	状态	取样方向		θ/℃	σ_{bc}/MPa	$\sigma_{pc0.2}$/MPa	E_C/GPa
TA15	板材	1 ~ 3	退火	LT		20		834 ~ 1030	
						200		637 ~ 834	
	棒材	16	退火	L		20		816	117
	棒材	70	退火	L		20		738	109
				T				828	116
	厚板	55	退火	L	表层	20		828	116
					中间层			860	111
				T	表层	20		921	120
					中间层			958	118
TC4	棒材	18	退火	L		20		969	

TA2 板材各种温度下的压缩应力 – 应变曲线和 TC4 钛合金棒材的室温压缩应力 – 应变曲线见图 1–3。

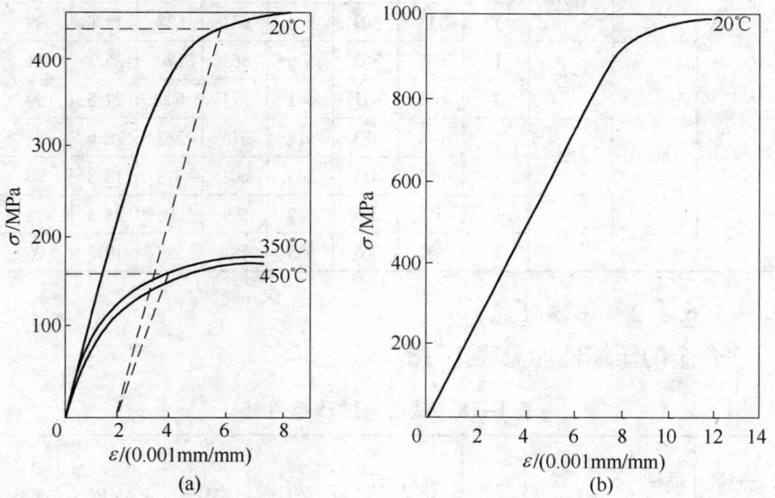

图 1–3　合金的压缩应力 – 应变曲线

(a) TA2 板材的压缩应力 – 应变曲线;(b) TC4 钛合金棒材的室温压缩应力 – 应变曲线

1.6.1.3 冲击性能

各种温度下棒材的冲击韧性见表1-19。

表1-19 各种温度下合金的冲击韧性

牌号	品种	d/mm	状 态	θ/℃	σ_b/MPa	α_{KU}/kJ · m^{-2}
TA2	棒材	14	退火	-253	1177	588
				-196	951	784
				20	490	980
TA7	棒材	60	退火	20	827	668
TA15	棒材	70	退火	-60		510
				20	1014	575
TC4	棒材	20	退火	-70		432
				20	967	460
				150		668
				250		1090
				350		1390
				400	600	1550
	飞机锻件	$\delta \leqslant 150$	退火	20		540
	盘模锻件	$m \leqslant$ 120 kg	退火	20		513
TB10	棒材	85	固溶、空冷+时效	20	1120	550
		165	固溶、空冷+时效	20	1105	540
		165	固溶、炉冷+时效	20	1020	1150

表1-19中的数据表明，TA2在室温和低温（-253℃和-196℃）时均具有良好的冲击韧性。TA7和TC4合金在室温中强状态下有较好的冲击韧性。在室温高强（σ_b为1014~1020 MPa）状态下，TA15合金有较好的冲击韧性，而TB10合金获得了最好的冲

击韧性性能，其是 TA15 合金冲击韧性的两倍。TB10 合金在室温超高强（σ_b 为 1105～1120 MPa）状态下，仍有较好的冲击韧性。

1.6.1.4 弯曲性能

合金板材的弯曲角见表 1-20。

表 1-20 合金板材的弯曲角

牌号	品种	δ/mm	状态	取样方向	θ/℃	$\alpha(D=3\delta)$/(°)
TA1	板材	0.3～2.0	退火	T	20	≥140
TA2						≥120
TA3						≥90
TA7	板材	0.8～0.2	退火	T	20	≥50
TA15	板材	1.5～3.5	退火	T	20	≥27
TC4	板材	0.8～1.6	退火	T	20	≥50
		2～10		T	20	≥35
TB2	板材	1.0～3.5	固溶	T	20	≥120

表 1-20 中的数据表明，TA2 和 TB2 合金的弯曲角基本相同，其 $\alpha \geqslant 120°$，TA3 的 $\alpha \geqslant 90°$，TA7 和 TC4 合金的 $\alpha \geqslant 50°$，TA15 合金的弯曲角最低。

1.6.1.5 扭转与剪切性能

用棒材检测的合金的扭转与剪切性能分别见表 1-21 和表 1-22。

表 1-21 合金的扭转性能

牌号	d/mm	状态	取样方向	θ/℃	τ_b /MPa	$\tau_{p0.3}$ /MPa	$\tau_{p0.01}$ /MPa	扭转角 /(°)
TA7	22	退火	L	20	839	537	488	1045
TA15	20	退火	L	20	775	549	451	
TC4	24	退火	L	20	880	600	531	1245
				100	776	557	493	1100
				200	722	482	426	
				300	672	434	385	
				350	649	404	355	
				400	611	380	320	

表 1-22 合金的剪切性能

牌号	d/mm	状态	θ/℃	20	100	200	300	350	400	500
			取样方向	τ/MPa						
TA7	22	退火	L	598						
TC4	24	退火	L	656	582	543	510	427	410	
TB2	4	固溶处理	L	667		623	608	603	598	
TB2	10	固溶时效	L	750	689	664		665	609	583

1.6.1.6 承载性能

合金的承载性能见表 1-23。

表 1-23 合金的承载性能

牌号	δ(或 d)/mm	状态	取样方向	θ/℃	e/D	σ_{bru}/MPa		σ_{bry}/MPa	
						A	B	A	B
TA7	(δ)0.4~2.0	退火	T	20	1.5	1150	1235	915	960
				20	2.0	1725	1850	1310	1365
	(δ)2.1~4.7	退火	T	20	1.5	1150	1260	915	980
				20	2.0	1725	1895	1310	1400
TC4	(d)12.7~25.4	退火	L	20	1.5	1386	1462	1220	1310
				20	2.0	1744	1834	1427	1517
	(d)25.5~50.8	退火	L	20	1.5	1379	1441	1220	1282
				20	2.0	1731	1806	1427	1482

1.6.1.7 应力集中

合金的应力集中见表 1-24。

表 1-24 合金的应力集中

牌号	d/mm	状态	取样方向	K_t	θ/℃	σ_{bH}/MPa	σ_{bH}/σ_b
TA2	14	退火	L		-196	1069	1.13
					20	667	1.36

续表 1–24

牌号	d/mm	状态	取样方向	K_t	θ/℃	σ_{bH}/MPa	σ_{bH}/σ_b
TA7	22	退火	L	5	20	1315	1.59
					100	1098	1.54
					300	825	1.50
					500	682	1.47
					600	619	1.56
					700	427	1.69
TC4	20	退火	L	2	20	1548	1.55
				3	20	1599	1.60
				4	20	1619	1.62
				5	20	1545	1.54

表 1–24 中的数据表明，TA2 室温应力集中系数（σ_{bH}/σ_b）为 1.36，而低温（–196℃）下，应力集中系数降为 1.13；K_t 等于 5 时，TA7 合金室温应力集中系数略高于 TC4 合金的室温应力集中系数；随着检测温度的升高（100～500℃），TA7 合金室温应力集中系数逐渐降低，检测温度升高到（600～700℃）时，TA7 合金室温应力集中系数逐渐升高。

1.6.1.8　热稳定性

A　试样热暴露后的室温拉伸性能

合金棒材试样热暴露后的室温拉伸性能分别见表 1–25 和表 1–26。合金板材试样热暴露后的室温力学性能见表 1–27。

表 1–25　合金的热稳定性

牌号	品种	状态	取样方向	热暴露条件		σ_b /MPa	$\sigma_{p0.2}$ /MPa	δ_5 /%	ψ /%
				θ/℃	t/h				
TA7	棒材	退火	L	未暴露		784		12	34
				350	3000	784		11.5	33
				450	3000	794		12	30

续表 1-25

牌号	品种	状态	取样方向	热暴露条件 θ/℃	热暴露条件 t/h	σ_b /MPa	$\sigma_{p0.2}$ /MPa	δ_5 /%	ψ /%
TA15	棒材	退火	L	未暴露		932		11	37
				300	100	941		14	39
					500	932		14	39
					1000	932		14	39
					3000	932		14	38
					5000	951		13	39
	棒材	退火	L	400	100	941		13	37
					500	932		15	39
					1000	941		15	42
					3000	951		14	38
					5000	961		14	35
	棒材	退火	L	500	100	961		15	38
					500	951		14	38
					1000	971		14	38
					3000	971		14	38
					5000	981		12	28
TC4	棒材	退火	L	未暴露		1000		16.8	41.5
				350	100	1029	948	14.8	39.5
					500	1021	944	15.9	42.4
					1000	1029	941	14.9	42.9
	棒材	退火	L	400	100	999	911	14.7	42.0
					500	989	918	15.1	42.2
					1000	988	916	15.4	39.9
				450	100	987	917	16.4	42.6
TB10	棒材	形变热处理	L	未暴露		1244		14.0	61.5
				400	50	1285		7.5	31.0
					100	1356		7.0	33.5
TB2	棒材	固溶时效	L	未暴露		1137	1061	18.0	50.5
				300	500	1159	1069	17.5	44.5
				400	200	1168	1077	15.5	40.5
				450	50	1140	1067	16.0	45.5

表1–25中的数据表明，高温钛合金TA7、TA15和TC4热暴露时间为3000～5000 h，而结构钛合金TB10和TB2热暴露时间为100 h，都是根据塑性（δ_5、ψ）降低情况来判断热稳定性。表1–25中的数据还表明，在高温钛合金中，TA15的热稳定性最好，TA7合金次之，TC4合金只给出1000 h的热稳定性能；在结构钛合金中，TB2合金的热稳定性好，TB10合金较差，在给出的热暴露时间（50 h和100 h）的塑性（δ_5、ψ）降低较多。

表1–26　TB7钛合金的热稳定性能

品种	状态	取样方向	热暴露 θ/℃	热暴露 t/h	σ_b /MPa	$\sigma_{p0.2}$ /MPa	δ_5 /%	ψ /%	α_{KU} /kJ · m^{-2}
棒材	固溶	L	900℃淬火		740	735	24	64	872
			200	100	780	775	24	63	922
				500	795	790	24	60	765
				1000	800	790	25	62	901
			350	100	765	765	28	62	1172
				500	745	745	25	64	1080
				1000	775	770	26	61	1037
			400	100	735	725	26	66	896
				500	730	720	27	67	775
				1000	745	730	23	62	271
			500	100	735	720	25	55	125
				300	745	735	21	37	81
				500	735	720	21	40	349

表1–26中的数据表明，在200～350℃长时间热暴露（100～1000 h），TB7合金的强度和塑性指标没有改变，而在400℃热暴露1000 h，试样的冲击韧度减少到271 kJ/cm^2，这说明组织发生变化。在500℃热暴露300 h，试样的冲击韧度降低到最低值81 kJ/m^2，此时的δ、ψ和α_{KU}值均比淬火状态小得多。所以，合金在350℃是稳定的。根据塑性（δ_5、ψ）和冲击性能做考核指标。此方法仅适用

于 β 相区固溶处理状态。

表 1–27　合金板材试样热暴露后的室温力学性能

牌号	δ/mm	状态	热暴露条件		σ_b/MPa	δ_5/%	α/(°)
			θ/℃	t/h			
TA15	2	退火	未暴露		961	10	49
			300	1000	961	8	47
				2000	981	8	42
				3000	990	8	50
				5000	1010	8	50
			400	1000	1000	8	47
				2000	1049	8	40
				3000	1059	8	47
				5000	1088	8	46
			500	1000	1088	8	37
				2000	1108	8	37
				3000	1118	7	20
				5000	1147	6	20
TB2	2	固溶时效	未暴露		1530	7.5	
			350	50	1548	8.5	
				100	1550	7.0	

表 1–27 中的数据表明，高温钛合金 TA15 热暴露时间为 1000 ~5000 h，而结构钛合金 TB2 热暴露时间为 100 h，是根据延伸性能(δ_5)和弯曲角(α)降低情况来判断其热稳定性。从 TA15 合金伸长率 δ_5 分析，300℃热暴露 1000 h 至 500℃热暴露 2000 h，δ_5 均为 8%，只是在 500℃热暴露 3000 h 后 δ_5 降为 7%，在 500℃热暴露 5000 h 后 δ_5 降为 6%，即 δ_5 共计降低(与未暴露相比)4%。而弯曲角(α)的变化比较明显，300℃热暴露 5000 h，弯曲角 α 基本不变，为 50°，400℃热暴露 5000 h，弯曲角 α 降到 46°，500℃热暴露 1000 ~2000 h，弯曲角 α 降到 37°，500℃热暴露 3000 ~5000 h，

弯曲角 α 降到 20°,即弯曲角 α 共计降低(与未暴露相比)29°。以上充分表明,TA15 合金具有良好的抗氧化性能,在 400 ~ 500℃形成了极薄的氧化膜,500℃热暴露 3000 h 后较明显影响合金的热稳定性能。TB2 合金在 350℃热暴露 100 h 后,其伸长率 δ_5 降低 0.5%,对结构钛合金而言,TB2 合金的热稳定性能较好。

B　试样应力热暴露后的室温拉伸性能

试样应力热暴露后的室温拉伸性能见表 1-28。

表 1-28　合金试样应力热暴露后的室温拉伸性能

牌号	d/mm	状态	取样方向	热暴露条件			σ_b /MPa	$\sigma_{p0.2}$ /MPa	δ_5 /%	ψ /%
				θ/℃	σ/MPa	t/h				
TC4	20	退火	L	未暴露			1012	944	15.9	44.0
				300	510	100		939	11.2	43.3
					530	100		967	11.2	41.8
					579	100		987	11.4	43.0
				350	392	100			11.4	44.3
					471	100			10.7	43.6
				400	177	100			10.9	42.2
					235	100			10.6	46.2
					275	100			10.4	47.8
					314	100			10.1	50.2

表 1-28 中的数据表明,合金试样在 300℃热暴露 100 h 后,随着应力(σ)由 510 MPa 增加到 579 MPa,试样的屈服强度增加48 MPa,而对塑性(δ_5、ψ)基本没影响。350℃热暴露 100 h 后,应力(σ)由 392 MPa 增加到 471 MPa,伸长率 δ_5 降低了 0.7%,断面收缩率 ψ 降低了 0.7%;400℃热暴露 100 h 后,应力(σ)由 177 MPa 增加到 314 MPa,伸长率 δ_5 降低了 0.8%,而断面收缩率 ψ 增加了 8.0%,其原因与合金的屈服强度的降低、塑性指标的升高有关。

1.6.2　持久和蠕变性能

1.6.2.1　高温持久性能

合金的高温持久性能见表 1-29。

表 1–29　合金高温持久性能

牌号	品种	状态	取样方向	θ/℃	σ_{100}	σ_{500}	σ_{1000}	σ_{2000}	σ_{5000}
					MPa				
TA2	棒材	退火	L	350	191				
				400	176				
				450	98				
TA7	棒材	退火	L	250	588				
				300	559				
				350	539				
				400	461	392		363	
				450	324	275		225	
				500	245	196		147	
				550	147				
TA15	板材和棒材	退火	L	200	784				
				350	667 ~ 696	667 ~ 696	667 ~ 696	667 ~ 696	667 ~ 696
				450	588 ~ 618	520 ~ 549	481 ~ 520	451 ~ 490	422 ~ 461
				500	441 ~ 471	314 ~ 333	265 ~ 294	225 ~ 245	196
TC4	棒材	退火	L	250	735				
				300	686				
				350	657				
				400	588				
TB10	棒材	时效	L	400	804				
TB2	板材	固溶时效	T	350	1060				
TB7	棒材	固溶	L	200	625		620		
				400	560				
				600	125				

表 1–29 中的数据表明，高温钛合金持久性能要求检测工作温度下 2000 ~ 5000 h 的应力，而结构钛合金只需检测工作

温度下 100 h 的应力。在三个高温钛合金中，TA15 合金的持久性能优于 TC4 合金的持久性能。TA7 合金也有较好的持久性能。

1.6.2.2 高温蠕变性能

合金的高温蠕变性能见表 1-30。

表 1-30 合金的高温蠕变性能

牌号	品种	状态	取样方向	θ/℃	$\sigma_{0.2/100}$	$\sigma_{0.2/500}$	$\sigma_{0.2/1000}$	$\sigma_{0.2/2000}$
					MPa			
TA2	棒材	退火	L	350	93			
				400	68			
				450	29			
TA7	棒材	退火	L	400	373			
				450	196			
				500	78			
TA15	棒材	退火	L	350	539 ~ 588	520 ~ 559	490 ~ 530	471 ~ 490
				450	284 ~ 324	255 ~ 294	216 ~ 245	186 ~ 206
				500	147 ~ 167	88 ~ 98	59 ~ 69	
TC4	棒材	退火	L	300	579			
				350	471			
				400	235			
TB2	板材	固溶时效	T	350	490			
TB7	棒材	固溶	L	200	540			
				400	44			

表 1-30 中的数据表明，高温钛合金蠕变性能要求检测工作温度下 100 ~ 2000 h 的屈服应力，而结构钛合金只需检测工作温度下 100 h 的屈服应力。在三个高温钛合金中，TA15 合金的蠕变性能优于 TC4 合金的蠕变性能。TA7 合金也有较好的蠕变性能。

1.6.3 疲劳性能

1.6.3.1 高周疲劳性能

A 旋转弯曲疲劳极限

各种温度的旋转弯曲疲劳极限见表1-31。

表1-31 合金各种温度的旋转弯曲疲劳极限

牌号	品种	取样方向	状态	θ/℃	K_t	R	N/周	σ_D/MPa
TA2	棒材	L	退火	20	1	-1	10^7	274
				350				162
				400				144
				450				112
TA7	棒材	L	退火	20	1	-1	10^7	392
				350	1			324
				350	1.97			147
TA15	板材	LT	退火	20	1	-1	10^7	412
				350				373
				500				353
TC4	棒材	L	退火	20	1	-1	2×10^7	481
					1.72	-1	2×10^7	275
				200	1	-1	2×10^7	432
					1.72	-1	2×10^7	265
				300	1	-1	2×10^7	422
					1.72	-1	2×10^7	235
				400	1	-1	2×10^7	412
					1.72	-1	2×10^7	206

B 轴向加载疲劳极限

TA15和TC4合金不同温度轴向加载疲劳极限见表1-32。

表 1-32　合金棒材不同温度轴向加载疲劳极限

牌号	d/mm	状态	取样方向	θ/℃	K_t	R	f/Hz	N/周	σ_D/MPa
TA15	16	退火	L	20	1	0.5	110	10^7	934
					1	0.06	110	10^7	723
					1	-1	110	10^7	415
					3	0.5	110	10^7	376
					3	0.06	110	10^7	291
					3	-1	110	10^7	127
					5	0.5	110	10^7	199
					5	0.06	110	10^7	131
					5	-1	110	10^7	64
				250	1	0.06	110	10^6	588
					1	-1	110	10^6	412
					3	0.5	110	10^6	406
					3	0.06	110	10^6	234
					3	-1	110	10^6	155
TC4	18	退火	L	20	1	0.5	130	10^6	760
								10^7	714
					1	0.1	130	10^6	546
								10^7	539
					1	-1	130	10^6	363
								10^7	345
					3	0.5	130	10^6	374
								10^7	370
					3	0.1	130	10^6	264
								10^7	258
					3	-1	130	10^6	148
								10^7	148
					5	0.5	130	10^6	186
								10^7	172
					5	0.1	130	10^6	127
								10^7	108
					5	-1	130	10^6	72
								10^7	68

C　轴向加载疲劳 $S-N$ 曲线

TA15 钛合金薄板、厚板、棒材和锻件轴向加载疲劳 $S-N$ 曲线分别见图 1-4、图 1-5、图 1-6 和图 1-7。

图 1-4 中，每个图中的三条曲线，上中下分别对应 R 为 0.5、0.06、-1，2.5 mm 薄板光滑疲劳（$K_t=1$）$S-N$ 曲线的等效应力方程与 2.5 mm 薄板缺口疲劳（$K_t=3$）$S-N$ 曲线的等效应力方程不同，为 2.5 mm 薄板的使用提供了数据。

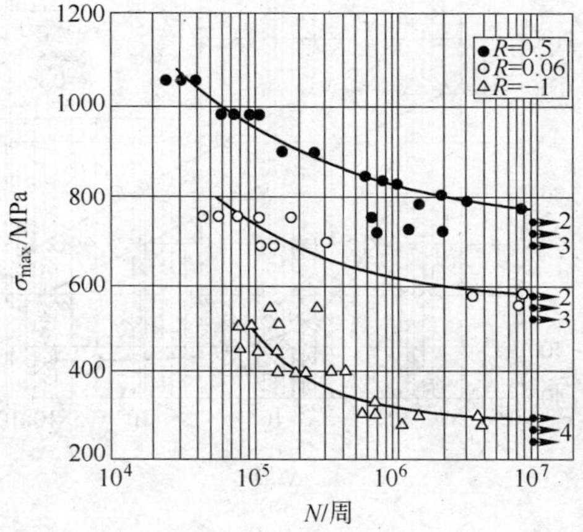

(a)

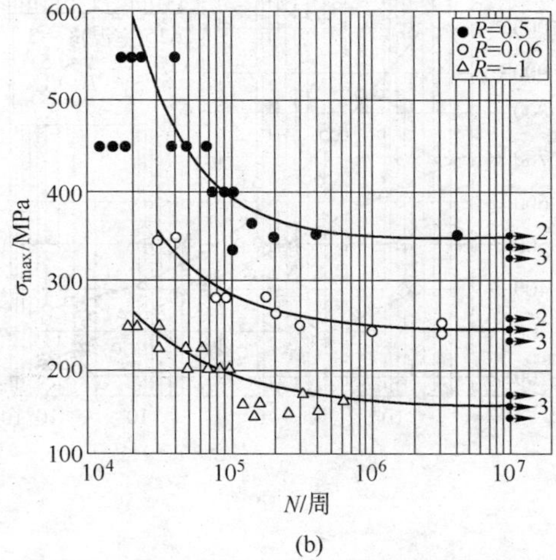

(b)

图 1-4　TA15 钛合金 2.5 mm 薄板轴向加载疲劳（$K_t=1$、3）$S-N$ 曲线

(a) 2.5 mm 薄板光滑疲劳（$K_t=1$）$S-N$ 曲线；(b) 2.5 mm 薄板缺口疲劳（$K_t=3$）$S-N$ 曲线

图 1-5 中，每个图中的三条曲线，上中下分别对应 R 为 0.5、0.1、-1，45 mm 厚板光滑疲劳（$K_t=1$）$S-N$ 曲线的等效应力方程与 45 mm 厚板缺口疲劳（$K_t=3$）$S-N$ 曲线的等效应力方程不同，为 45 mm 厚板的使用提供了数据。

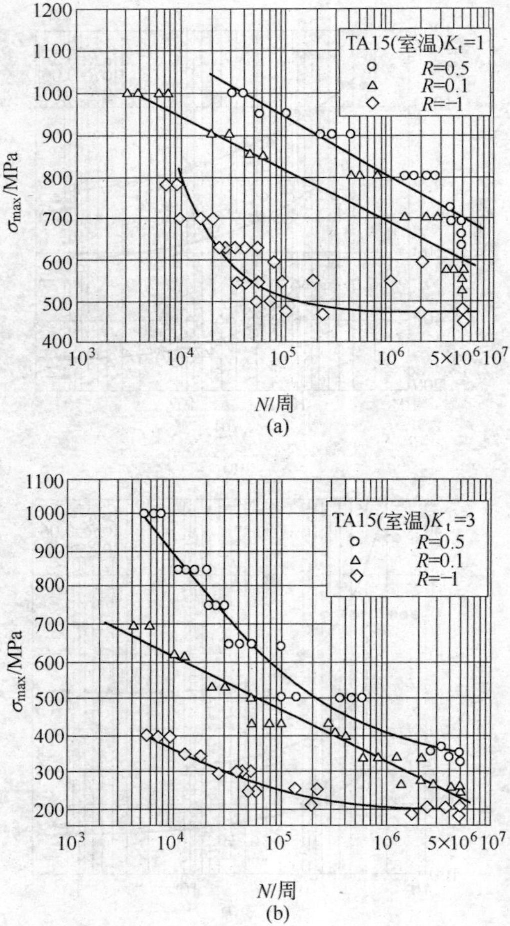

图 1-5　TA15 钛合金 45 mm 厚板轴向加载疲劳（$K_t=1$、3）$S-N$ 曲线

（a）45 mm 厚板光滑疲劳（$K_t=1$）S-N 曲线；（b）45 mm 厚板缺口疲劳（$K_t=3$）$S-N$ 曲线

图 1-6 中，每个图中的三条曲线，上中下分别对应 R 为 0.5、0.06、-1，ϕ16 mm 棒材光滑疲劳（$K_t=1$）$S-N$ 曲线的等效应力方

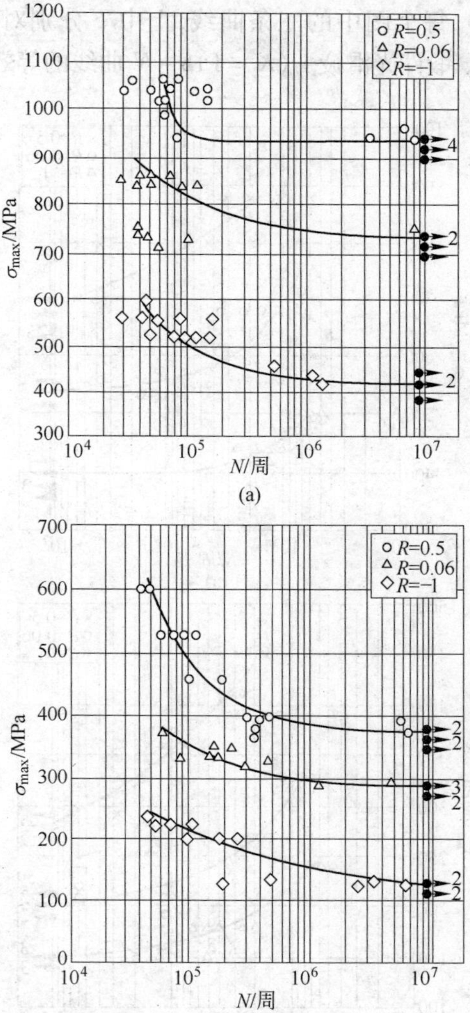

图 1-6　TA15 钛合金 ϕ16 mm 棒材轴向加载疲劳（$K_t=1$、3）$S-N$ 曲线

（a）ϕ16 mm 棒材光滑疲劳（$K_t=1$）$S-N$ 曲线；

（b）ϕ16 mm 棒材缺口疲劳（$K_t=3$）$S-N$ 曲线

程与 ϕ16 mm 棒材缺口疲劳($K_t=3$)$S-N$ 曲线的等效应力方程不同,为棒材的使用提供了数据。

图 1–7 中,每个图中的三条曲线,上中下分别对应 R 分别为 0.5、0.06、–1, 锻件光滑疲劳($K_t=1$)$S-N$ 曲线的等效应力方程与

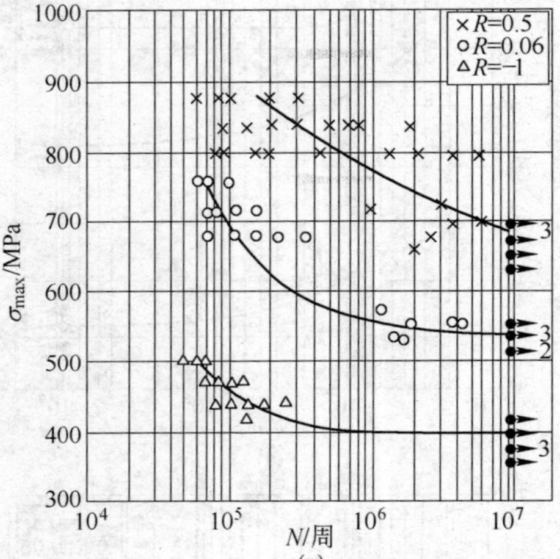

(a)

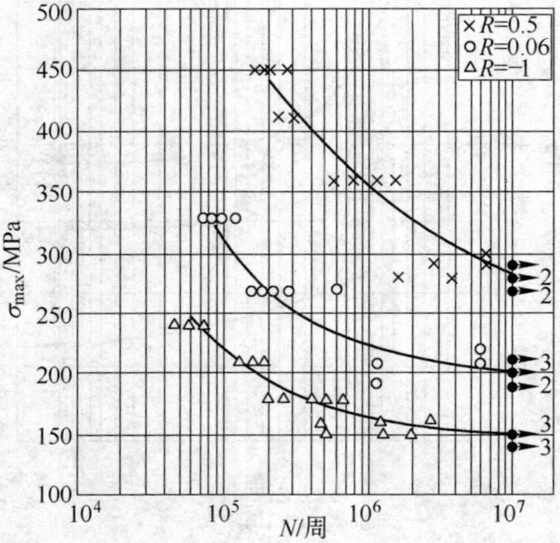

(b)

图 1–7　TA15 钛合金锻件轴向加载疲劳($K_t=1$、3)$S-N$ 曲线

(a) 锻件光滑疲劳($K_t=1$)$S-N$ 曲线;(b) 锻件缺口疲劳($K_t=3$)$S-N$ 曲线

锻件缺口疲劳($K_t=3$)$S-N$曲线的等效应力方程不同,为锻件的使用提供了数据。

D　轴向加载疲劳 $S-N$ 曲线

TC4 钛合金棒材轴向加载疲劳 $S-N$ 曲线见图 1-8。

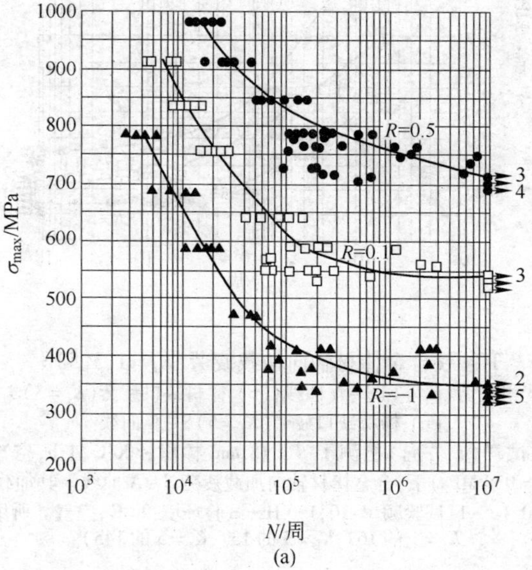

(a)

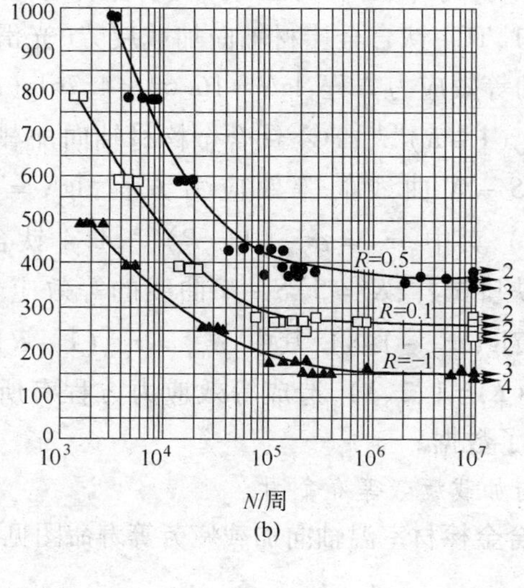

(b)

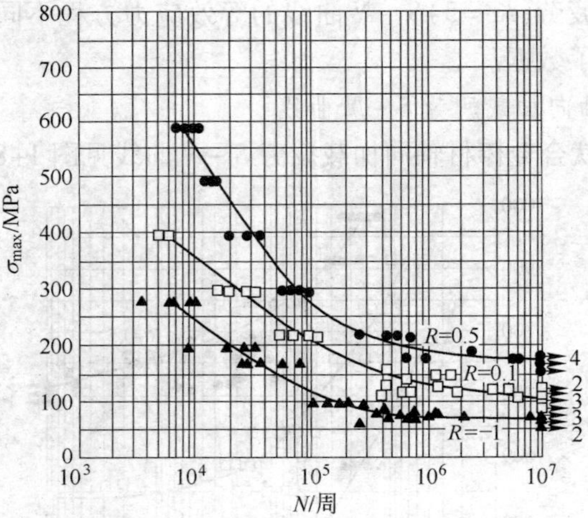

(c)

图 1-8 TC4 钛合金棒材轴向加载疲劳($K_t=1$、3、5)$S-N$ 曲线

(a) 棒材光滑疲劳($K_t=1$)$S-N$ 曲线;(b) 棒材缺口疲劳($K_t=3$)$S-N$ 曲线;
(c) 棒材缺口疲劳($K_t=5$)$S-N$ 曲线

(注:采用标准试样(L 方向)检测了 $d=18$ mm 棒材、800℃,1 h,空冷状态($\sigma_b=973$ MPa,$\sigma_{P0.2}=939$ MPa)下,合金棒材轴向加载疲劳 $S-N$ 曲线。其加载方式;轴向;应力比:0.5,0.1,−1;试验频率:10,130 Hz;试验环境:20℃,空气。所用试样数量:$K_t=1$ 的 167,$K_t=3$ 的 137,$K_t=5$ 的 145)

图 1-8 中,每个图中的三条曲线,上中下分别对应 R 为 0.5、0.1、−1,TC4 钛合金棒材轴向加载疲劳(光滑试样,$K_t=1$)$S-N$ 曲线的等效应力方程:$\lg N=16.64-4.76\lg(\sigma_{eq}-346)$,其中,$\sigma_{eq}=\sigma_{max}(1-R)^{0.45}$;TC4 钛合金棒材轴向加载疲劳(缺口试样,$K_t=3$)$S-N$ 曲线的等效应力方程:$\lg N=13.55-3.84\lg(\sigma_{eq}-148)$,其中,$\sigma_{eq}=\sigma_{max}(1-R)^{0.6}$;TC4 钛合金棒材轴向加载疲劳(缺口试样,$K_t=5$)$S-N$ 曲线的等效应力方程:$\lg N=11.21-2.97\lg(\sigma_{eq}-148)$,其中,$\sigma_{eq}=\sigma_{max}(1-R)^{0.6}$;试样缺口形式的不同($K_t=1$、2、3),造成等效应力方程有所不同,为棒材的使用提供了数据。

E 轴向加载疲劳等寿命图

TC4 钛合金棒材室温轴向加载疲劳等寿命图见图 1-9。

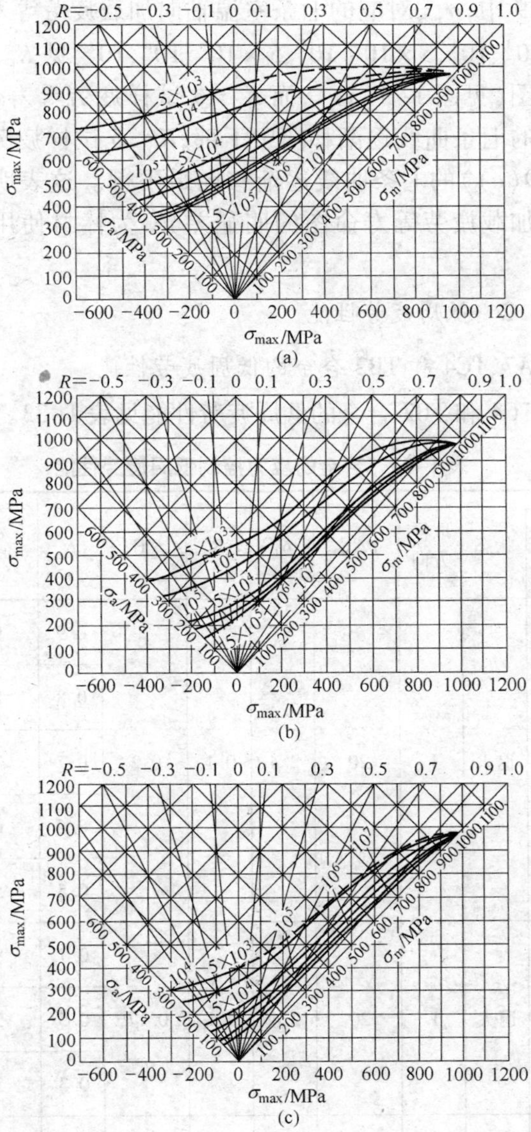

图 1–9　TC4 钛合金棒材试样室温轴向加载疲劳等寿命图

（a）光滑试样（$K_t=1$）疲劳等寿命图；（b）缺口试样（$K_t=3$）疲劳等寿命图；（c）缺口试样（$K_t=5$）疲劳等寿命图

图 1-9 中，σ_{max}对应的七条室温轴向加载疲劳等寿命曲线分别为 5×10^3、10^4、5×10^4、10^5、5×10^5、10^6、10^7，见 $K_t=1$ 试样疲劳等寿命图（见图 1-9（a）），而 $K_t=3$ 试样疲劳等寿命图（见图 1-9（b））的七条曲线逐渐移向中下部，$K_t=5$ 试样疲劳等寿命图（见图 1-9（c））的七条曲线逐渐移向最下部。这表明三种试样室温轴向加载疲劳等寿命图的明显差异，为棒材使用提供了设计依据。

1.6.3.2　低周疲劳性能

A　TA7、TC4 和 TB2 合金的低周疲劳性能

TA7、TC4 和 TB2 合金的低周疲劳性能见表 1-33。

表 1-33　合金的应力控制低周疲劳性能

牌号	d/mm	状态	取样方向	θ/℃	K_t	R	f/Hz	K	σ_{max}/MPa	N/周
TA7	22	退火	L	20	2.4	0.1	0.2	0.9	989	598
								0.8	879	1057
								0.7	734	2846
								0.6	659	5683
								0.5	549	12843
TC4	20	退火	L	20	2.4	0.1	0.17	0.7	837	2641
								0.5	598	9090
								0.3	359	88497
	24	退火	L	200	2.25	0.1	0.17	0.7	704	3654
								0.5	503	8901

续表 1-33

牌号	d/mm	状态	取样方向	θ/℃	K_t	R	f/Hz	K	σ_{max}/MPa	N/周
TC4	24	退火	L	200	2. 25	0. 1	0. 17	0. 3	302	102025
				300	2. 25	0. 1	0. 17	0. 7	645	3278
								0. 5	461	8944
								0. 3	277	102343
TB2	13	固溶时效	L	20	2. 5	0. 1	0. 17	0. 6	877	3426
								0. 5	731	9707
								0. 45	658	23567

B 棒材室温应变控制低周疲劳性能

棒材室温应变控制低周疲劳数据及 $\varepsilon-N$ 曲线分别见表 1-34 和图 1-10。

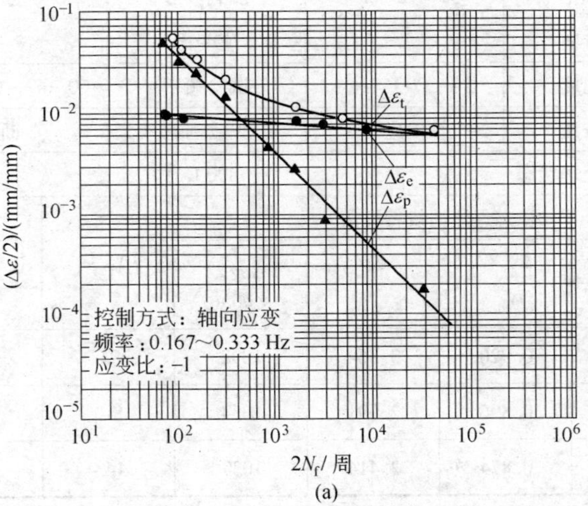

(a)

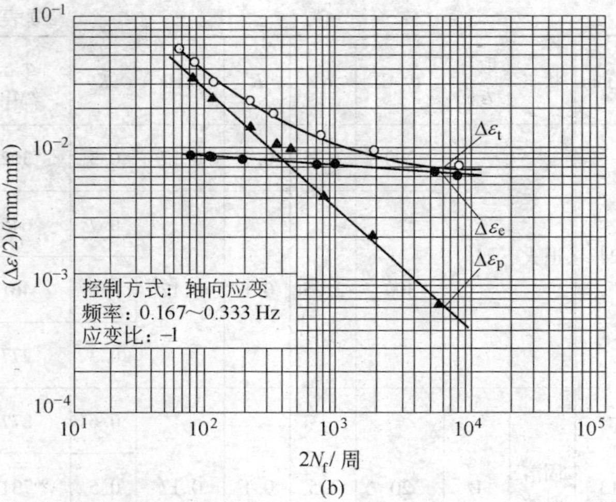

图 1–10　TC4 合金棒材低周疲劳 $\varepsilon-N$ 曲线

（a）TC4 合金棒材室温低周疲劳 $\varepsilon-N$ 曲线；

（b）TC4 合金棒材 350℃ 低周疲劳 $\varepsilon-N$ 曲线

表 1–34　TC4 钛合金棒材室温应变控制低周疲劳数据

材料品种	棒材		试样尺寸		$d=6$ mm
材料规格	$d=18$ mm		加载波形		三角波
取样方向	L		应变比		–1
试验温度	20℃		试验频率		0.167 ~ 0.333 Hz
控制方法	轴向应变		失效判据		断裂
热处理状态		800℃, 1 h, 空冷			
稳态迟滞回线特征值				$2N_f$/周	试样数量/根
$\Delta\varepsilon_t/2$	$\Delta\varepsilon_e/2$	$\Delta\varepsilon_p/2$	$(\Delta\sigma/2)$ /MPa		
%					
4.284	0.920	3.364	1092	95	3
3.887	0.896	2.991	1064	113	4
3.288	0.874	2.414	1037	143	3

续表 1-34

稳态迟滞回线特征值				$2N_f$/周	试样数量/根	
$\Delta\varepsilon_t/2$	$\Delta\varepsilon_e/2$	$\Delta\varepsilon_p/2$	$(\Delta\sigma/2)$ /MPa			
%						
2.286	0.847	1.439	1005	294	3	
1.295	0.862	0.433	1022	765	4	
1.078	0.806	0.272	957	1443	4	
0.868	0.785	0.083	932	2720	4	
0.580	0.562	0.018	666	29482	3	
应变疲劳参数	σ_f'/MPa	b	ε_f'/%	C	K'/MPa	n'
	1564	−0.07	269	−0.96	1420	0.07
曲线的数学表达式	$\Delta\varepsilon_t/2=0.012(2N_f)^{-0.07}+1.89(2N_f)^{-0.96}$					
	$\Delta\sigma/2=1420(\Delta\varepsilon_p/2)^{0.07}$					

C 棒材 350℃应变控制低周疲劳性能

棒材 350℃ 应变控制低周疲劳数据及 ε-N 曲线分别见表 1-35 和图 1-10。

表 1-35 TC4 钛合金棒材 350℃应变控制低周疲劳数据

材料品种	棒材	试样尺寸	$d=6$ mm
材料规格	$d=18$ mm	加载波形	三角波
取样方向	L	应变比	−1
试验温度	350℃	试验频率	0.167 ~ 0.333 Hz
控制方法	轴向应变	失效判据	断裂
热处理状态	800℃, 1 h, 空冷		

稳态迟滞回线特征值				$2N_f$/周	试样数量/根
$\Delta\varepsilon_t/2$	$\Delta\varepsilon_e/2$	$\Delta\varepsilon_p/2$	$(\Delta\sigma/2)$ /MPa		
%					
4.160	0.816	3.344	759	81	3
3.198	0.827	2.371	769	118	4
2.237	0.843	1.394	781	229	3
1.831	0.824	1.007	766	363	3

续表 1-35

稳态迟滞回线特征值				$2N_f$/周	试样数量/根	
$\Delta\varepsilon_t/2$	$\Delta\varepsilon_e/2$	$\Delta\varepsilon_p/2$	$(\Delta\sigma/2)$/MPa			
%						
1.221	0.777	0.444	722	830	3	
0.902	0.696	0.206	647	2176	3	
0.682	0.617	0.065	574	5681	5	
0.572	0.597		555	8872	4	
应变疲劳参数	σ_f'/MPa	b	ε_f'/%	C	K'/MPa	n'
	1128	−0.07	189	−0.91	1046	0.08
曲线的数学表达式	$\Delta\varepsilon_t/2=0.012(2N_f)^{-0.07}+1.89(2N_f)^{-0.91}$					
	$\Delta\sigma/2=1046(\Delta\varepsilon_p/2)^{0.08}$					

采用棒材试样，在频率为 0.167 ~ 0.333 Hz，应变比为 −1，以轴向应变的方式检测的室温和 350℃的 TC4 合金棒材低周疲劳ε-N 曲线。

室温和 350℃的合金棒材低周疲劳 ε-N 曲线中的上中下分别对应 $\Delta\varepsilon_t$、$\Delta\varepsilon_e$、$\Delta\varepsilon_p$的变化规律，为 TC4 合金棒材的使用提供了依据。

D　循环应力 − 应变曲线

棒材不同温度的循环应力 − 应变曲线见图 1-11。

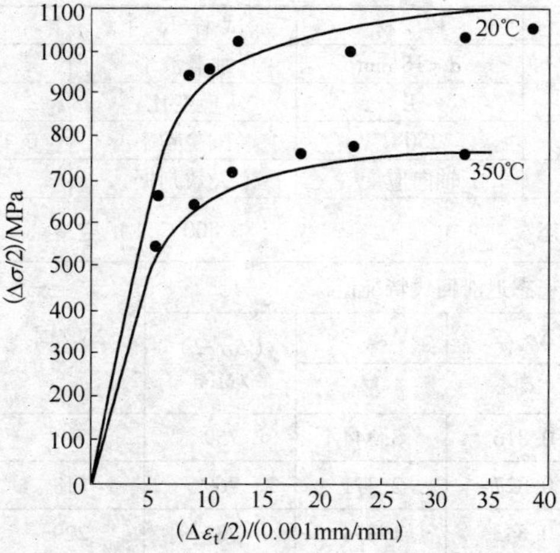

图 1-11　TC4 钛合金棒材不同温度的循环应力 − 应变曲线

在图 1-11 所示的循环应力 - 应变曲线中分别给出了 20℃ 和 350℃ 的 TC4 钛合金棒材的 $\Delta\sigma/2 - \Delta\varepsilon_t/2$ 对应关系，为设计者提供了数据。

1.6.4 弹性性能

合金在不同温度下的弹性模量（E/GPa——静态、E_D/GPa——动态）和切变模量（G/GPa）见表 1-36。

表 1-36 合金在不同温度下的弹性性能 (GPa)

牌号	θ/℃	20	100	200	300	400	500	600
TA2	E	108	102	88				
	G	44						
TA7	E_D	123	121	113	103	100	96	88
	G	44.1				38.2		34.3
TA15	E	118			96	90	80	69
	G	44						
TC4	E_D	112	110	104	98	92		
	G	44	43	41	38	36	34	32
TB10	E_D	109	107	103	98	94	90	84
TB2	E_D	110	108	104	100	96	92	86
	G	41	40	39	37	36	34	32
TB7	E	108	107	105	102	100	96	92

表 1-36 中的性能数据表明，各合金弹性性能中的弹性模量和切变模量变化规律基本相同，随着检测温度的提高，弹性模量和切变模量都是逐渐降低的，但其降低幅度不大。

合金在不同温度下的泊松比（μ）见表 1-37。

表 1–37　钛合金的泊松比(μ)

牌号 \ θ/℃	20	100	200	300	400	500	600	700	800
TA2	0.34								
TA7	0.33				0.43		0.45	0.45	0.50
TA15	0.39								
TC4	0.34	0.34	0.34	0.35	0.37	0.37	0.39		
TB10	0.34								
TB2	0.34	0.34	0.33	0.32	0.32	0.34	0.35	0.29	
TB7	0.34								

表 1–37 中的性能数据表明,各合金室温的泊松比(μ)基本相同,α 型合金 TA7 的泊松比(μ)随检测温度的升高,μ 值逐渐增加,800℃的 μ 值增到 0.50。(α + β)型合金 TC4 的泊松比(μ)随检测温度的升高,μ 值也逐渐增加,600℃的 μ 值增到 0.39。亚稳定 β 型合金 TB2 的泊松比(μ)随检测温度的升高,μ 值基本不变,700℃的 μ 值反而降至 0.29。

1.6.5　损伤容限性能

该性能是损伤容限设计准则中的两个不可缺少的关键性能(断裂韧性、裂纹扩展速率)。飞机结构材料如主承力框等,必须检测该性能,以为飞机在陆地和海洋上空使用提供依据。以下分别给出 TA15、TC4 和 TB10 合金的相关性能。

1.6.5.1　TA15 合金的断裂性能

A　断裂韧度

厚板、棒材和模锻件的断裂韧性见表 1–38。

B　裂纹扩展速率

用 55 mm 厚板检测了合金的裂纹扩展速率。

表 1–38 TA15 钛合金的断裂韧性

品 种	规格/mm	状 态	试样类型	取样方向	K_{IC}/MPa · $m^{1/2}$
厚板	45	退火	CT	T – L	59
				L – T	58
	55	退火	CT	T – L	65
				L – T	64
棒材	70	退火	CT	T – L	84.51
	180	退火	CT	T – L	98.70①
				L – T	102.05①
模锻件		退火	CT	T – L	82①

① 试样厚度不满足试验方法的厚度判据要求;故为 K_Q 值。

TA15 钛合金(δ=55 mm)厚板 T – L 和 L – T 方向室温空气中疲劳裂纹扩展速率分别见图 1–12 和图 1–13。

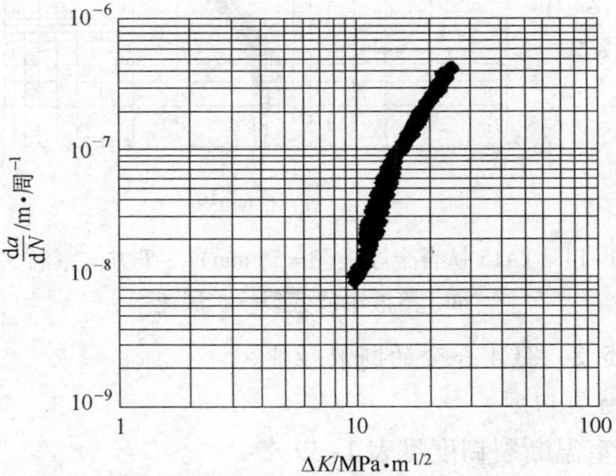

图 1–12 TA15 钛合金厚板(δ=55 mm)T – L 方向室温空气中疲劳裂纹扩展速率

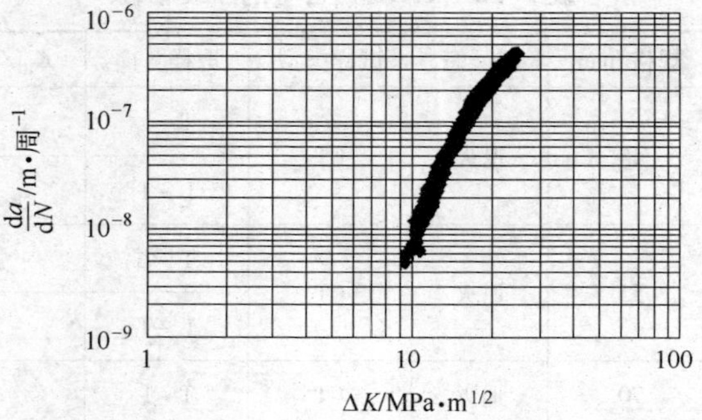

图 1–13　TA15 钛合金厚板($\delta = 55$ mm)L–T 方向室温空气中疲劳裂纹扩展速率

TA15 钛合金($\delta = 55$ mm)厚板 T–L 方向在室温 3.5% NaCl 溶液中疲劳裂纹扩展速率分别见图 1–14 和图 1–15。

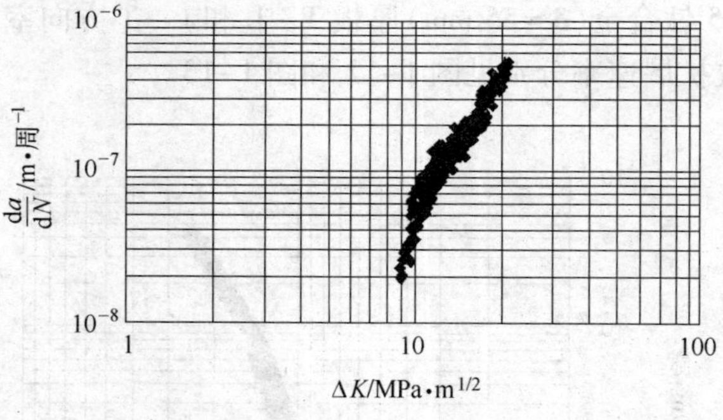

图 1–14　TA15 钛合金厚板($\delta = 55$ mm)L–T 方向室温 3.5% NaCl 溶液中疲劳裂纹扩展速率

1.6.5.2　TC4 合金的断裂性能

A　断裂韧度

合金室温断裂韧度见表 1–39。

表 1–39　TC4 钛合金室温断裂韧度

品种	规格/mm × mm	状态	试样类型	取样方向	K_{IC}/MPa · $m^{1/2}$
棒材	70 × 70	退火	三点弯曲	L–T	83.3

续表 1-39

品种	规格/mm × mm	状态	试样类型	取样方向	K_{IC}/MPa · $m^{1/2}$
锻环	40 × 75	退火	三点弯曲	L – T	73.1
	30 × 104	退火	CT	L – T	64.9
	25 × 60			T – L	74.8
模锻件	δ = 50 mm	退火	CT	L – T	78.3
				T – L	73.5

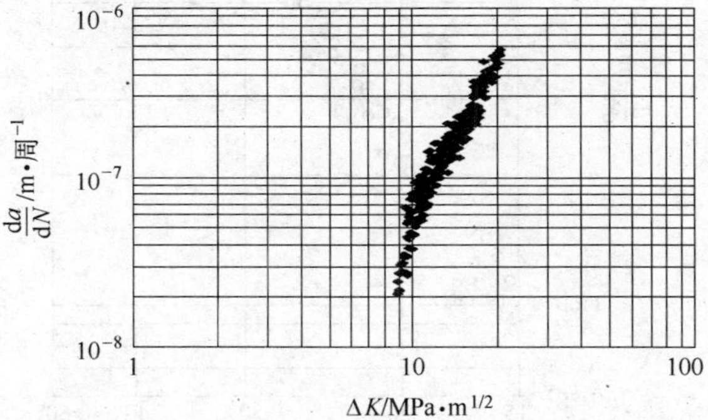

图 1-15 TA15 钛合金厚板(δ = 55 mm)T – L 方向在室温 3.5% NaCl 溶液中疲劳裂纹扩展速率

B 应力腐蚀断裂韧度

合金应力腐蚀断裂韧度见表 1-40。

表 1-40 TC4 钛合金应力腐蚀断裂韧度

品种	规格/mm × mm	状态	试样类型	取样方向	θ/℃	环境条件	K_{ISCC}/MPa·$m^{1/2}$	K_{ISCC}/K_{IC}
锻坯	30 × 210	退火	悬臂弯曲	L – T	35	3.5% NaCl	59.5	77%
			悬臂弯曲	T – L	35	3.5% NaCl	42.2	

C 疲劳裂纹扩展速率

TC4 钛合金锻坯的 L – T 试样室温空气环境 $da/dN - \Delta K$ 曲线见图 1-16。

TC4 钛合金模锻件的 L – T 试样室温空气环境 $da/dN - \Delta K$ 曲线见图 1-17。

TC4 钛合金锻坯的 L－T 试样腐蚀环境 $da/dN-\Delta K$ 曲线见图 1-18。

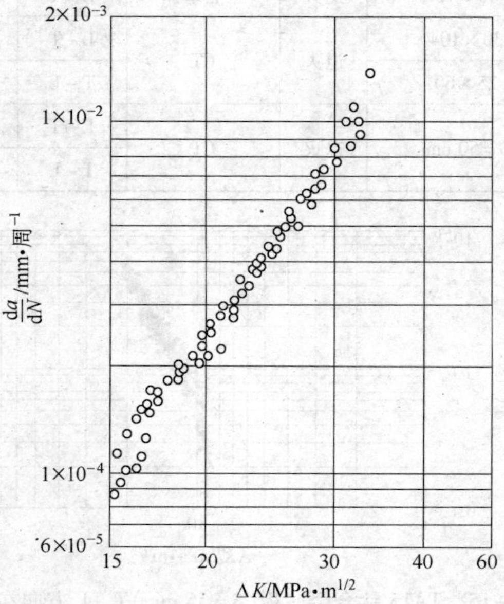

图 1-16 TC4 钛合金锻坯的 L－T 试样室温空气环境 $da/dN-\Delta K$ 曲线

（材料品种规格：$\delta=25$ mm 锻环；热处理状态：800℃，1 h，空冷；材料强度：$\sigma_b=943$ MPa，$\sigma_{P0.2}=905$ MPa；试样类型：CT $B=20$ mm，$W=80$ mm；加载方式：轴向；应力比：$R=0.1$；试验频率：13.3 Hz；试验环境：20℃，空气；试样个数：3 个；试验点数：67 点；拟合公式：$da/dN=C(\Delta K)^n$，其中：$C=5.01\times10^{-8}$，$n=2.84$）

1.6.5.3 TB10 合金的断裂性能

A 断裂韧度

为了满足航天锻件的使用要求，TB10 钛合金不同强度级别的 σ_b-K_{IC} 匹配关系见表 1-41。

对航天用 $\phi165$ mm $\times L$ 锻件，采用两相区固溶、水冷＋二次时效热处理（D）和两相区固溶、炉冷＋一次时效热处理（E）方法，又

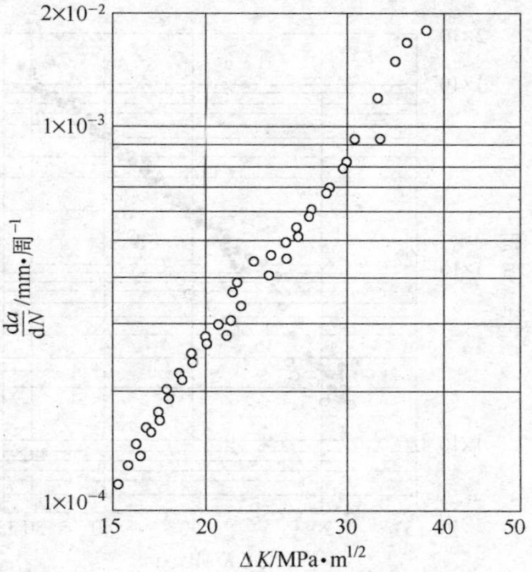

图 1-17　TC4 钛合金模锻件的 L-T 试样室温空气环境 $da/dN-\Delta K$ 曲线

（材料品种规格：$\delta=50$ mm 模锻件；热处理状态：800℃，1 h，空冷；材料强度：$\sigma_b=943$ MPa，$\sigma_{P0.2}=905$ MPa；试样类型：CT $B=20$ mm，$W=80$ mm；加载方式：轴向：应力比：$R=0.1$；试验频率：13.3 Hz；试验环境：20℃，空气；试样个数：2 个；试验点数：41 点；拟合公式：$da/dN=C(\Delta K)^n$，其中：$C=5.25\times10^{-8}$，$n=2.85$）

重新研究了锻件在高强度和中强度状态下，室温 σ_b-K_{IC} 匹配性能，见表 1-42。

表 1-41　TB10 钛合金不同强度级别下的断裂韧度

合金	d/mm	σ_b/MPa	K_{IC}/MPa·m$^{1/2}$	δ_5/%	ψ/%
TB10	60	1330	65.5	8.5	23.0
	80	1236	73	13.0	47.0
	85	1120	76	14.0	50.0
	120（盲孔锻件）	1140	71	12.0	35.0
	140（盲孔锻件）	1190	68	10.0	33.0
	165	1105	75	15.0	59.0
	165	1020	125	22.0	70.0

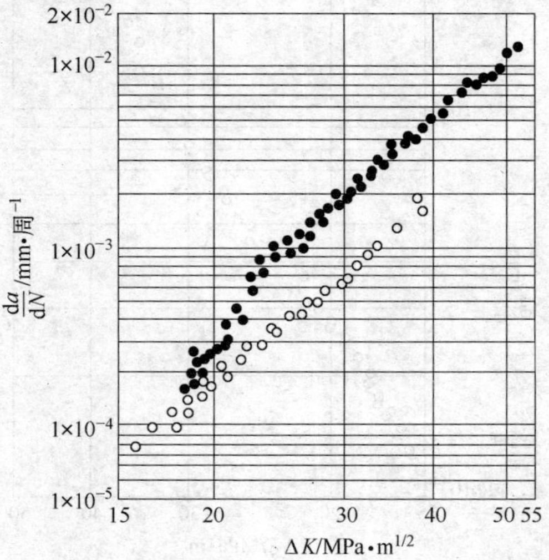

图 1-18　锻坯 L-T 试样腐蚀环境 $da/dN-\Delta K$ 曲线

（对于●试验点，材料品种规格：$\delta=30$ mm 锻坯；热处理状态：800℃，1 h，空冷；材料强度：$\sigma_b=943$ MPa，$\sigma_{p0.2}=905$ MPa；试样类型：CT $B=20$ mm，$W=100$ mm；加载方式：轴向：应力比：$R=0.1$；试验频率：1 Hz；试验环境：35℃，5% NaCl；试样个数：2 个；试验点数：62 点；拟合公式：$da/dN=C(\Delta K)^n$，其中：$C=21.6\times10^{-9}$，$n=3.98$。对于○试验点，材料品种规格：$\delta=25$ mm 锻坯；热处理状态：800℃，1 h，空冷；材料强度：$\sigma_b=943$ MPa，$\sigma_{P0.2}=905$ MPa；试样类型：CT $B=20$ mm，$W=80$ mm；加载方式：轴向；应力比：$R=0.1$；试验频率：10 Hz；试验环境：24℃，空气；试样个数：2 个；试验点数：30 点；拟合公式：$da/dN=C(\Delta K)^n$，其中：$C=6.99\times10^{-9}$，$n=3.38$）

表 1-42　TB10 钛合金高强和中强状态室温的断裂韧度

d/mm	热处理制度	σ_b /MPa	$\sigma_{p0.2}$ /MPa	δ_5 /%	ψ /%	K_{IC} /MPa · $m^{1/2}$	α_{KU} /kJ·m^{-2}
165	两相区固溶、水冷 + 二次时效(D)	1100	1050	15.5	59.0	73.0	520
		1110	1070	13.5	58.0	80.0	560
	两相区固溶、炉冷 + 时效(E)	940	910	17.5	69.5	123.0	1200
		940	895	16.5	59.0	127.0	1100

表 1-42 中的数据表明，在高强（σ_b 为 1100 MPa）状态下，α_{KU} 为 520 ~ 560 kJ/m²，K_{IC} 为 73.0 ~ 80 MPa·m$^{1/2}$ 的良好匹配：在中强（σ_b 为 940 MPa）状态下，α_{KU} 为 1100 ~ 1200 kJ/m²，K_{IC} 为 123.0 ~ 127.0 MPa·m$^{1/2}$，获得最好的 $\sigma_b - \alpha_{KU} - K_{IC}$ 匹配性能。

B 疲劳裂纹扩展速率

选择上述两相区固溶、水冷 + 二次时效热处理（D）和两相区固溶、炉冷 + 一次时效热处理（E）获得的室温 $\sigma_b - \alpha_{KU} - K_{IC}$ 匹配性能相同的热处理制度，即 D（两相区固溶、水冷 + 二次时效）、E（两相区固溶、炉冷 + 时效）热处理制度下，疲劳裂纹扩展速率见图 1-19。

试验条件：$R = 0.1$；加载频率：20 Hz；载荷范围：12 ~ 13 kN；试验介质：室温空气。

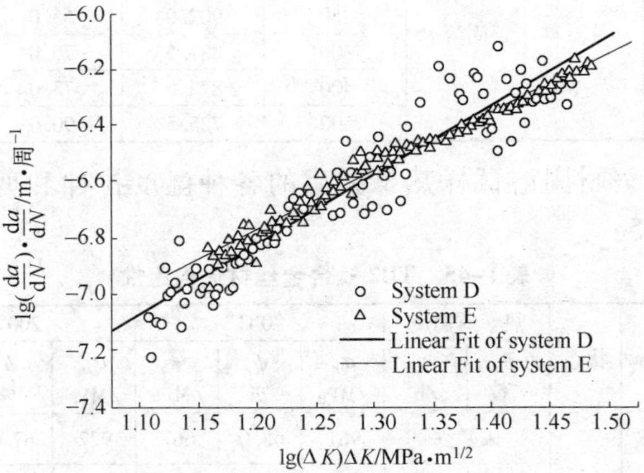

图 1-19 TB10 钛合金锻件两种热处理状态下的疲劳裂纹扩展速率

1.6.6 航空铆钉丝材的性能

航空铆钉丝材及铆钉的性能如下：

（1）航空铆钉丝材的冷镦性能。为考核合金冷镦和冷铆的可能性，首先用静压法测定了固溶处理和过时效状态下的 D_1/D_0 值（其中 D_0 为静压前试验直径，D_1 为静压后试验直径），见表 1-43（试样尺寸

为 $\phi4\times8$ mm)。根据飞机用铆钉钉头尺寸的计算和资料的数据,一般认为 $D_1/D_0\geqslant2.0$,即可冷镦成铆钉,$D_1/D_0\geqslant1.6$ 即可进行冷铆。

表 1-43　TB2 钛合金铆钉丝材的冷镦性能

牌号	d/mm	热处理制度	D_1/D_0
TB2	4.0	800℃固溶,空冷	2.2
		800℃固溶,空冷 +660℃/8 h,空冷	1.6

(2) 铆钉丝材固溶处理状态下各种温度下的拉伸和剪切性能见表 1-44。

表 1-44　铆钉丝材固溶态各种温度下的拉伸和剪切性能

牌号	d/mm	状态	θ/℃	σ_b/MPa	ψ/%	τ/MPa
TB2	4.0	固溶	20	961.0	68.0	68.0
			200	921.5	67.0	63.5
			250	902.0	65.0	62.0
			300	887.5	70.0	61.5
			400	872.5	73.0	61.0
			500	725.5	90.0	

(3) 丝材固溶试样热暴露后的各种温度拉伸和剪切性能见表 1-45。

表 1-45　TB2 钛合金丝材热稳定性

牌号	d/mm	状态	热暴露温度		20℃			200℃		
			θ/℃	t/h	σ_b/MPa	ψ/%	τ/MPa	σ_b/MPa	ψ/%	τ/MPa
TB2	4.0	固溶	未暴露		961	68.0	667	922	67.0	623
			200	200	981	66.0	677	907	68.5	618
			300	200	991	64.0	677	892	67.5	623
	d/mm	状态	热暴露温度		300℃			400℃		
			θ/℃	t/h	σ_b/MPa	ψ/%	τ/MPa	σ_b/MPa	ψ/%	τ/MPa
	4.0	固溶	未暴露		888	70.0	603	873	73.0	598
			200	200	987	69.0	598	873	74.0	593
			300	200	892	68.5	608	873	71.5	608

（4）丝材固溶处理状态的弹性性能见表 1–46。

表 1–46 丝材固溶处理状态的不同温度下的弹性性能

θ/℃	牌号	d/mm	状态	20	100	200	300	400	500	600
E_D/GPa	TB2	4.0	固溶	85	84	83	82	79	75	70
G/GPa				32	32	31	31	30	29	27
μ				0.33	0.33	0.32	0.31	0.29	0.27	0.27

（5）铆钉铆接后的拉伸破坏载荷见表 1–47。

表 1–47 TB2 钛合金铆钉铆接后的拉伸破坏载荷

品种	d/mm	状态	铆接方法	拉伸破坏载荷/kN					
				20℃	100℃	200℃	250℃	300℃	350℃
100°埋头铆钉	4.0	固溶+冷镦	手工冷铆	1048	899	878	865	818	830
			冷压铆	1069	902	855	835	824	824
			热铆	925	815	720	697	696	696

（6）铆钉铆接后的拉伸强度见表 1–48。

表 1–48 TB2 钛合金铆钉铆接后的拉伸强度

品种	d/mm	状态	铆接方法	σ_b/MPa					
				20℃	100℃	200℃	250℃	300℃	350℃
平锥头铆钉	4.0	固溶+冷镦	手工冷铆	1048	899	878	865	818	830
			冷压铆	1069	902	855	835	824	824
			热铆	925	815	720	697	696	696

（7）铆钉铆接后的双剪强度见表 1–49。

表 1–49 TB2 钛合金铆钉铆接后的双剪强度

品种	d/mm	状态	铆接方法	τ/MPa					
				20℃	100℃	200℃	250℃	300℃	350℃
平锥头铆钉	4.0	固溶+冷镦	手工冷铆	716	626	607	583	575	522
			冷压铆	719	648	606	597	554	546
			热铆	663	589	547	548	496	501

（8）铆钉铆接后再经热暴露的室温拉伸和剪切性能见表1–50。

表1–50　TB2钛合金铆钉铆接后再热暴露的性能

牌号	品种	d/mm	状态	铆接方法	热暴露		σ_b /MPa	ψ /%	τ /MPa
					θ/℃	t/h			
TB2	铆钉	4.0	固溶+冷镦	冷压铆	未暴露		1023	63.5	674
					285	150	1063	59.5	703

1.6.7　航天用各种半成品的性能

1.6.7.1　星箭连接带用带材

用1.2 mm×(90～100) mm×2000 mm带材制作的TB2合金星箭连接带，自1984年以来在通信卫星的每次发射中均使用正常。其带材的拉伸性能见表1–51。

表1–51　TB2钛合金带材拉伸性能

性　能	室　温		–60℃	
	σ_b/MPa	δ_5/%	σ_b/MPa	δ_5/%
固溶、炉冷	918	28.0		
	900	30.0		
固溶、炉冷+二次时效、炉冷	1238	15.5	1385	6.5
	1262	17.5	1397	6.0
	1261	15.0	1422	6.0

1.6.7.2　连杆用棒材

在神州二号轨道舱、星箭连接系统的连杆以及资源二号等卫星等上面使用了TB10合金连杆，至今使用正常。连杆是用ϕ60 mm棒材制作的，其典型性能为：σ_b = 1360 MPa，K_{IC} = 67 MPa · $m^{1/2}$

而ϕ160 mm棒材的典型性能为σ_b=1110 MPa，K_{IC} =80.0 MPa · $m^{1/2}$，α_{KU} =56.0 J/cm^{2}和σ_b=1030 MPa，α_{KU}=1305 kJ/m^2，K_{IC}=127 MPa · $m^{1/2}$，

已达到某型号导弹战斗部的技术指标要求。

1.6.7.3 卫星用双波纹壳体用钛合金箔材

TB2 卫星双波纹壳体采用吹塑成型方法制作。TB2 钛合金的吹塑成型温度为 750℃。利用低的吹塑成型温度可制成复杂曲面的双波纹壳体和蜂窝结构等。

新型通信卫星的承力筒锥段采用 TB2 合金双波纹壳体结构。0.25 mm 厚卫星双波纹壳体计划指标为：集中力承载为 80 kN，实际达到的技术指标，集中力承载为 96 kN，均布力承载为210 kN；双层 0.50 mm 厚的卫星双波纹壳体均布力承载为 380 kN；0.5 mm 厚 TA3 壳体的均布力承载也为 210 kN。

所以，用吹塑成型态，0.25 厚的 TB2 合金卫星双波纹壳体可以代替 0.5 mm 厚 TA3 壳体，从而减轻了重量。该卫星双波纹壳体用 TB2 钛合金 0.25 mm × 300 mm × L 箔材及双波纹板吹塑成型态的性能分别见表 1-52、表 1-53 和表 1-54。而制作防热瓦的 TB2 合金 0.1 mm 厚箔材，其拉伸性能见表 1-55。

表 1-52 TB2 钛合金 0.25 mm × 300 mm × L 箔材性能

技术标准			实测性能		
厚度公差 ±0.05	σ_b/MPa	δ_{50}/%	厚度公差 ±0.02	σ_b/MPa	δ_{50}/%
冷轧态	实测		冷轧态	1180 ~ 1331	
固溶处理、炉冷	833.5	16.0	固溶处理、炉冷	887.5 ~ 914	16.0 ~ 21.5

表 1-53 TB2 钛合金 0.25 mm × 300 mm × L 箔材性能

状态	试样方向	σ_b/MPa	δ_{50}/%	E/GPa
冷轧态 （加工率 64%）	横向	1265	2.0	93
	纵向	1249	3.0	85
固溶、炉冷 （加工率 50%）	横向	872	23.0	80
	纵向	841	17.5	79

表 1-54 TB2 钛合金箔材吹塑成型态的性能

状态	试样	σ_b/MPa	δ_{50}/%	E/GPa
吹塑成型态	纵向	1095	15.0	108
	横向	1066	11.0	118

表 1-55 TB2 钛合金 0.1 mm 箔材的性能

状态	编号	σ_b/MPa	δ_{50}/%	备注
冷轧态	1-1	865		断外
	1-2	1090		断外
	1-3	895		断外
	1-4	1010		断外
800℃/30 min、炉冷	3-1	905	9.0	
	3-2	840	5.5	
	3-3	910	7.0	
	3-4	850	8.0	

1.6.7.4 飞行器用半成品

A 合金板材的性能

合金板材的性能见表 1-56。

表 1-56 TB2 钛合金板材的性能

状态	纵向		横向	
	σ_b/MPa	δ_5/%	σ_b/MPa	δ_5/%
固溶+800℃/30 min、水淬	828.0	23.0	951.0	22.0
固溶+500℃/8 h、空冷	1360	10.0	1397	6.5
固溶+500℃/8 h+620℃/30 min、空冷	1188	14.5	1163	16.0

B 合金锻件的性能

合金锻件的性能见表 1-57。

表 1-57 TB2 钛合金锻件的性能

规格 /mm×mm	热处理工艺	σ_b/MPa	δ_5/%	ψ/%
ϕ150×70	700℃/1 h、空冷+500℃/8 h、空冷	1204	12.0	29.0
	700℃/1 h、空冷+500℃/8 h+620℃/30 min、空冷	1106	14.0	33.0
ϕ250×50	700℃/1 h、空冷+500℃/8 h+620℃/30 min、空冷	1202	11.5	25.0

C 大口径薄壁旋压管材的性能

冷旋压无缝管材有 ϕ95 mm × 2 mm × L、ϕ200 mm × 2 mm × L、ϕ286 mm × 2 mm × L 三种规格。ϕ286 mm × 2 mm × L 的管材性能见表 1–58。

表 1–58 TB2 钛合金大口径薄壁旋压管材的性能

固溶温度/℃	700		750		800	
性 能	σ_b/MPa	δ_5/%	σ_b/MPa	δ_5/%	σ_b/MPa	δ_5/%
固溶状态	961	17.5	917	18.5	897	17.0
随炉升温 + 500℃/8 h	1326	8.5	1376	7.5	1387	7.0
随炉升温 + 620℃/30 min	1131	13.0	1159	13.0	1145	11.0
500℃/8 h	1324	8.0	1317	8.0	1339	8.0
500℃/8 h + 620℃/30 min	1141	12.0	1170	12.0	1136	12.0

D 轧环及锻环的性能

热轧环有 ϕ1540/ϕ1480 mm × 240 mm、ϕ328/ϕ267 mm × 200 mm、ϕ299/ϕ251 mm × 70 mm 和 ϕ299/ϕ260 mm × 52 mm 等规格，还生产过 ϕ415/ϕ280 mm × 80 mm 和 ϕ230/ϕ110 mm × 185 mm 锻造环。ϕ299/ϕ251 mm × 70 mm 热轧环的性能见表 1–59。

表 1–59 TB2 钛合金热轧环的性能

热处理工艺	取样	σ_b/MPa	δ_5/%	ψ/%
700℃/30 min、空冷	轴向	968	16.5	30.5
700℃/30 min、空冷 + 500℃/8 h + 620℃/30 min、空冷	轴向	1172	11.5	17.5
800℃/30 min、空冷	轴向	986	15.5	36.0
800℃/30 min、空冷 + 500℃/8 h + 620℃/30 min、空冷	轴向	1198	9.0	21.5

2 钛的腐蚀性能

2.1 钛的化学和电化学特性

众所周知，钛是一种非常耐腐蚀的金属，不过，钛的热力学数据表明，钛属于热力学极不稳定的金属。各种金属电极反应的标准电极电位见表2-1。如果钛能够溶解而生成 Ti^{2+} 离子的话，其标准电极电位是很负（-1.63 V）的，也就是说，热力学预示钛是极不稳定的金属。钛会与大气中的氧气反应生成稳定而致密的氧

表 2-1 各种金属电极反应的标准电极电位

金属电极反应	25℃时的电极电位（相对于标准氢电极）	金属电极反应	25℃时的电极电位（相对于标准氢电极）
$Au^{3+}+3e\rightarrow Au$	1.50	$Ga^{3+}+3e\rightarrow Ga$	-0.53
$Pd^{2+}+2e\rightarrow Pd$	0.987	$Cr^{3+}+3e\rightarrow Cr$	-0.74
$Hg^{2+}+2e\rightarrow Hg$	0.854	$Cr^{2+}+2e\rightarrow Cr$	-0.91
$Ag^{+}+e\rightarrow Ag$	0.800	$Zn^{2+}+2e\rightarrow Zn$	-0.763
$Hg_2^{2+}+2e\rightarrow 2Hg$	0.789	$Mn^{2+}+2e\rightarrow Mn$	-1.18
$Cu^{+}+e\rightarrow Cu$	0.521	$Zr^{4+}+4e\rightarrow Zr$	-1.53
$Cu^{2+}+2e\rightarrow Cu$	0.337	$Ti^{2+}+2e\rightarrow Ti$	-1.63
$2H^{+}+2e\rightarrow H_2$	0.000（参照电位）	$Al^{3+}+3e\rightarrow Al$	-1.66
$Pb^{2+}+2e\rightarrow Pb$	-0.126	$Hf^{4+}+4e\rightarrow Hf$	-1.70
$Sn^{2+}+2e\rightarrow Sn$	-0.136	$U^{3+}+3e\rightarrow U$	-1.80
$Ni^{2+}+2e\rightarrow Ni$	-0.250	$Be^{2+}+2e\rightarrow Be$	-1.85
$Co^{2+}+2e\rightarrow Co$	-0.277	$Mg^{2+}+2e\rightarrow Mg$	-2.37
$Tl^{+}+e\rightarrow Tl$	-0.336	$Na^{+}+e\rightarrow Na$	-2.71
$In^{3+}+3e\rightarrow In$	-0.342	$Ca^{2+}+2e\rightarrow Ca$	-2.87
$Cd^{2+}+2e\rightarrow Cd$	-0.403	$K^{+}+e\rightarrow K$	-2.93
$Fe^{2+}+2e\rightarrow Fe$	-0.440	$Li^{+}+e\rightarrow Li$	-3.05

化膜,使钛的表面总是覆盖一层保护性的钛的氧化膜。因此,钛的电极电位稳定地偏向正值,例如,钛在 25℃ 的海水中稳定电极电位约为 +0.09 V。在化学手册或者化学教科书中,可以查到相应于一系列钛电极反应的标准电极电位值。必须明确指出的是,这些数据实际上并不是真接在溶液中测定的,往往只能是从热力学数据计算得到,而且由于数据来源不同,可能出现一个数据同时表示几个不同的电极反应或者一个反应出现不同的数据的情况。这些并不是钛的专有性状,所有钝化型金属,例如铝等,都是这样的性状。

钛的电极反应数据表明钛的表面十分活泼,通常总是覆盖着在空气中自然生成的氧化膜。因此,钛优异的耐腐蚀性源于钛表面总是会存在一层稳定的、附着性强的、保护性特别好的氧化膜,实际上就是这一层自然氧化膜的稳定性决定了钛的耐腐蚀性。从理论上讲,具有保护性的氧化膜的 P/B(Pilling/Bedworth)比值必须大于 1,这个比值的物理意义是氧化膜的分子体积在化学计量上对于基体金属的比值。如果比值小于 1,则氧化膜不能完全覆盖金属表面,因此不可能起到保护作用。如果这个比值太大,则氧化膜内的压应力相应增大,容易引起氧化膜的破裂。钛的 P/B 比值随着氧化膜的成分和结构不同,一般处于 1~2.5 之间,从这个基本点出发进行分析,钛的氧化膜可以具有比较好的保护性能。

钛的表面如果曝露在大气或者水溶液中,会立即自动生成新的氧化膜,例如,在室温的大气中,氧化膜厚度约为 1.2~1.6 nm,并且随时间的延长而增厚,70 天之后自然增厚到 5 nm, 545 天以后逐渐增加到 8~9 nm。人为强化氧化条件(例如加热、采用氧化剂或阳极氧化等)可以加速表面氧化膜的生长,并且可得到比较厚的氧化膜,从而可以提高钛的耐腐蚀性。因此,阳极氧化及热氧化生成的氧化膜都会明显提高金属钛的耐腐蚀性。

钛的氧化膜(包括热氧化膜或阳极氧化膜)通常不是一种单一的结构,其氧化物的成分和结构随生成条件而变化。一般情形下,在氧化膜与环境的界面可能是 TiO_2,在氧化膜与金属界面可能以 TiO 为主，两者中间可能存在不同价态的氧化物过渡层，甚至可以是非化学当量的氧化物，这表示钛的氧化膜存在多层结构。这层氧化膜生成的过程也不能简单地理解为钛与氧（或空气中的氧）直接反应而成，许多研究者提出过各种不同的机理，前苏联的工作者认为首先生成氢化物，然后在氢化物上再形成钝态的氧化膜。

在强腐蚀性酸溶液中，钛表面生成的 TiO_2 层受化学和电化学作用而溶解，使电极电位迅速发生变动。氟化氢溶液对钛的腐蚀作用很强，当酸浓度较小时，氧化膜溶解较慢，因此电极电位变化不大；而酸浓度较高时，电极电位迅速移向一个稳定的负值，这表明氧化膜很快溶解。钛的阳极过程是钛发生阳极溶解生成 Ti^{3+} 离子，如果溶液中存在氧，则 Ti^{3+} 离子会进一步氧化生成 Ti^{4+} 离子。阳极过程也可以生成氧化物膜，而阴极过程会发生氢的析出。

钛的氧化物有青铜色的 TiO、紫色的 Ti_2O_3、蓝色的 Ti_3O_5 和白色的 TiO_2 等，也就是说，钛的价态可能是二价、三价、四价或者非化学当量的。在水溶液中，钛离子一般是三价或四价的，二价钛在水溶液中是不稳定的价态，因此，水溶液中钛的氢氧化物通常有 $Ti(OH)_3$ 和 $Ti(OH)_4$。

2.2　钛在各种介质中的腐蚀行为

许多钛合金的开发目标都是以力学性能为考虑方向，应用于航空和航天工业等非耐腐蚀的民用工业场合。但是随着通用工业的应用扩大，钛在不同介质中的耐腐蚀特性已经成为关注的重点。一般来说，使钛的氧化膜处于稳定的介质，也就是使金属钛维持耐蚀性的介质，所以这个介质一般都是氧化性的介质，或者至少是中性或弱还原性的介质。例如海水、氯化物溶液、氧化性无机酸溶液、质量分数低于 3% 的 HCl 和低于 4% 的 H_2SO_4 溶液等。钛在还原性酸溶液中一般是不耐腐蚀的，而钛合金 Ti-Pd（如 Ti-0.2Pd、Ti-0.15Pd 和 TA9）和 Ti-Ni-Mo（如 Ti-0.8Ni-0.3Mo 和

TA 10)在还原性介质中的耐腐蚀性则有所提高。

重金属盐添加在还原性酸中有明显的缓蚀作用,可以提高钛的耐腐蚀性。在氧化性介质太强的情形下,例如干氯气、发烟硝酸等,由于破坏了原有的氧化膜,使得钛表面的氧化反应过于激烈,钛会发生爆炸着火等非常危险的行为。

二级工业纯钛(TA2)在不同状态和各种浓度和温度下在各种不同介质中的耐腐蚀情况见表2-2~表2-6。表2-2为工业纯钛在某些无机酸溶液中的腐蚀速度,为了比较添加化合物或通入空气、氯气的有利影响,表中提供一系列条件供读者参考。硝酸是典型的氧化性无机酸,除了红烟硝酸由于剧烈氧化存在自然着火的危险以外,硝酸对钛的腐蚀速度是非常小的。室温的盐酸溶液只要质量分数低于5%,钛在其中的腐蚀速度也是比较低的。但是沸腾的盐酸溶液即使质量分数低到1%,钛在其中的腐蚀速度也超过2 mm/a。硫酸是典型的还原性无机酸,尽管通入氧气比通入氮气对钛的耐腐蚀性能有利,不过降低腐蚀速度的作用比较有限,但是如果在硫酸溶液中加入重金属硫酸盐或氧化性物质,如硫酸铜、氧化铬、硝酸或氯气等,则对钛的缓蚀作用十分明显。

表2-2 工业纯钛在某些无机酸溶液中的腐蚀速度

无机酸	状 态	质量分数/%	温度/℃	腐蚀速度/$mm \cdot a^{-1}$
亚硫酸		6	室 温	0
氢氟酸		1.48	室 温	快
氢氟酸	$1HF + 15HNO_3$		室 温	快
硝 酸	通空气	10	室 温	0.005
硝 酸	通空气	20	室 温	0.245
硝 酸	通空气	30	室 温	0.004
硝 酸	通空气	40	室 温	0.002
硝 酸	通空气	50	室 温	0.002

续表 2-2

无机酸	状　态	质量分数/%	温度/℃	腐蚀速度/$mm \cdot a^{-1}$
硝　酸	通空气	60	室　温	0.001
硝　酸	通空气	70	室　温	0.005
硝　酸	通空气	10	40	0.003
硝　酸	通空气	20	40	0.005
硝　酸	通空气	30	50	0.015
硝　酸	通空气	40	50	0.016
硝　酸	通空气	50	60	0.037
硝　酸	通空气	60	60	0.040
硝　酸	通空气	70	70	0.040
硝　酸	通空气	40	200	0.610
硝　酸	通空气	70	270	1.22
硝　酸	通空气	20	290	0.305
硝　酸	不通空气	35	80	0.051 ~ 0.102
硝　酸	不通空气	70	80	0.025 ~ 0.076
硝　酸		17	沸　腾	0.076 ~ 0.102
硝　酸		35	沸　腾	0.127 ~ 0.508
硝　酸		70	沸　腾	0.064 ~ 0.940
硝　酸	白　烟		室　温	0.003
硝　酸	白　烟		82	0.152
硝　酸	白　烟		122	≤0.127
硝　酸	白　烟		160	≤0.127
硝　酸	红烟，$<2\%\ H_2O$		室　温	着火危险
硝　酸	红烟，$>2\%\ H_2O$		室　温	无着火危险
硝　酸	+1 g/L CrO_3	40	沸　腾	0.003 ~ 0.025
硝　酸	+100 g/L $FeCl_3$	40	沸　腾	0.122 ~ 0.188
硝　酸	+1 g/L $K_2Cr_2O_3$	40	沸　腾	<0.016

续表 2-2

无机酸	状 态	质量分数/%	温度/℃	腐蚀速度/mm·a^{-1}
硝 酸	+100 g/L $NaClO_3$	40	沸 腾	0.003~0.036
硝 酸	饱和 $ZrO(NO_3)_2$①	33~45	118	0
硝 酸	+150 g/L $ZrO(NO_3)_2$	65	127	0
硝 酸	+179 g/L $NaNO_3$，32 g/L NaCl	20.8	沸 腾	0.127~0.295
硝 酸	+170 g/L $NaNO_3$，2.9 g/L NaCl	27.4	沸 腾	0.483~2.92
盐 酸		1	室 温	0
盐 酸		2	室 温	0
盐 酸		3	室 温	0.013
盐 酸		5	室 温	0.005
盐 酸		8	室 温	0.005
盐 酸		1	沸 腾	2.16
盐 酸		2	沸 腾	7.11
盐 酸		3	沸 腾	14.0
盐 酸		5	沸 腾	21.3
盐 酸		8	沸 腾	>50.8
硫 酸	通入空气	1	60	0.008
硫 酸	通入空气	3	60	0.013
硫 酸	通入空气	5	60	4.83
硫 酸	通入空气	10	35	1.27
硫 酸	通入空气	40	35	8.64
硫 酸	通入空气	75	35	1.07
硫 酸	通入空气	75	室 温	10.8
硫 酸	通入空气	75	沸 腾	154.5
硫 酸	通入空气	1	100	0.005
硫 酸	通入空气	3	100	23.4

续表 2-2

无机酸	状态	质量分数/%	温度/℃	腐蚀速度/mm · a^{-1}
硫　酸	通入空气	5	100	20.6
硫　酸	通入空气	80	室　温	8.03
硫　酸	通入空气	80	沸　腾	189.5
硫　酸	通入空气	高	室　温	1.57
硫　酸	通入空气	高	沸　腾	5.38
硫　酸	通入氮气	1	100	7.16
硫　酸	通入氮气	3	100	21.1
硫　酸	通入氮气	5	100	26.9
硫　酸		1	沸　腾	17.8
硫　酸		5	沸　腾	25.4
硫　酸	+2.5 g/L $CuSO_4$	5	93	0
硫　酸	+2.5 g/L $CuSO_4$	5	93	0
硫　酸	+2.5 g/L $CuSO_4$	30	38	0.061
硫　酸	+2.5 g/L $CuSO_4$	30	93	0.088
硫　酸	+5 g/L $CuSO_4$	30	38	0.067
硫　酸	+5 g/L $CuSO_4$	30	93	0.823
硫　酸	+10 g/L $CuSO_4$	30	38	0.020
硫　酸	+10 g/L $CuSO_4$	30	93	0.084
硫　酸	+10 g/L $CuSO_4$	30	沸　腾	1.65
硫　酸	+5 g/L CrO_3	5	93	0
硫　酸	+5 g/L CrO_3	30	93	0
硫　酸	+10% HNO_3	90	室　温	0.457
硫　酸	+30% HNO_3	70	室　温	0.635
硫　酸	+50% HNO_3	50	室　温	0.635
硫　酸	+70% HNO_3	30	室　温	0.102
硫　酸	+90% HNO_3	10	室　温	0
硫　酸	+90% HNO_3	10	60	0.011

续表 2-2

无机酸	状态	质量分数/%	温度/℃	腐蚀速度/$mm \cdot a^{-1}$
硫酸	+50% HNO_3	50	60	0.399
硫酸	+20% HNO_3	80	60	1.59
硫酸	氯气饱和	45	24	0.003
硫酸	氯气饱和	62	16	0.002
硫酸	氯气饱和	5	190	<0.025
硫酸	氯气饱和	82	50	>1.19
硫酸	+4.79 g/L Ti^{4+}	40	100	不腐蚀
磷酸		10~30	室温	0.020~0.051
磷酸		30~80	室温	0.051~0.762
磷酸		1	沸腾	0.254
磷酸		10	沸腾	10.2
磷酸		30	沸腾	26.2
磷酸		10	80	1.83
磷酸	+3% HNO_3, 16% H_2O	81	88	0.381

① 硝酸氧锆(zirconylnitrate)。

表2-3为工业纯钛在某些有机酸和有机化合物溶液中的腐蚀速度。从表2-3中数据可知,在甲酸溶液中通入空气比不通入空气的腐蚀速度明显降低,除个别有机酸,如沸腾的三氯乙酸、高温或沸腾的草酸溶液、沸腾的氨基磺酸外,其他钛的腐蚀速度是可以忽略的。表2-4为工业纯钛在某些盐溶液中的腐蚀速度,在表2-4列出的无机盐溶液中,除四氯化钛、高温氯化铝、高温氯化锌、高温氯化钙和高温氯化镍等外,钛的腐蚀速度都不高。表2-5为工业纯钛在某些碱溶液中的腐蚀速度。表2-6为工业纯钛在其他介质中的腐蚀速度。

表 2–3　工业纯钛在某些有机酸和有机化合物溶液中的腐蚀速度

有机物溶液	状　态	质量分数/%	温度/℃	腐蚀速度/mm · a^{-1}
乙　醇		91	35	0
乙醇（含碘）	碘饱和状态溶于乙醇		室　温	点腐蚀
乙　酸		5 ~ 99	100	0
三氯乙酸		100	沸　腾	14.6
马来酸		18 ~ 20	35	0.002
水杨酸		饱　和	室　温	0
甲　酸	通空气	10	100	<0.127
甲　酸	通空气	25	100	<0.127
甲　酸	通空气	50	100	<0.127
甲　酸	不通空气	10	沸　腾	>1.27
甲　酸	不通空气	25	沸　腾	>1.27
甲　酸	不通空气	50	沸　腾	>1.27
甲　酸	不通空气	90	沸　腾	>1.27
丙　酸	蒸气态		190	快
对苯二酸		77	218	0
乳　酸	通或不通空气	10 ~ 85	100	<0.127
乳　酸	通或不通空气	10 ~ 85	沸　腾	<0.127
草　酸	无空气	1	37	0.025
草　酸	无空气	1	沸　腾	107.9
草　酸	无空气	10	沸　腾	94.0
草　酸		25	60	11.9
草　酸		饱　和	室　温	0.508
癸二酸			240	0.008
焦性没食子酸		355 g/L	室　温	0
单宁酸		25	100	0

续表 2-3

有机物溶液	状态	质量分数/%	温度/℃	腐蚀速度/mm·a^{-1}
氨基磺酸		饱和	室温	0
氨基磺酸		3.75 g/L	沸腾	0
氨基磺酸		7.5 g/L	沸腾	2.74
氨基磺酸	+375 g/L $FeCl_3$	7.5 g/L	沸腾	0.030
氨基磺酸	无空气	10	沸腾	13.7
柠檬酸		50	100	<0.0003
柠檬酸	通空气	50	100	<0.127
柠檬酸	不通空气	50	沸腾	0.356
琥珀酸		100	185	0
琥珀酸		饱和	室温	0
硬脂酸	熔融态	100	180	0.003
酒石酸		10~50	100	<0.127
酒石酸		10	60	0.003
酒石酸		25	60	0.003
酒石酸		50	60	0.001
酒石酸		10	100	0.003
酒石酸		25	100	0.003
酒石酸		50	100	0.005~0.012
羟基乙酸			40	0.031
二氯乙烷		100	沸腾	0.127
三氯乙烷		99	沸腾	0.003
四氯乙烷	液态或气态	100	沸腾	0.003
四氯乙烷	+H_2O		沸腾	0.127
四氯乙烯	液态或气态	100	沸腾	0.001
尿素	+32%氨,20% H_2O,19% CO_2	28	182	0.079
酚类		饱和溶液	21	0.102

表 2-4　工业纯钛在某些盐溶液中的腐蚀速度

无机盐	状　态	质量分数 /%	温度/℃	腐蚀速度 /mm·a^{-1}
乙酸铅		饱　和	室　温	0
乙酸钠		饱　和	室　温	0
四氯化钛		99.8	300	1.57
四氯化钛		浓溶液	室　温	0
亚硫酸氢钠		10	沸　腾	0
亚硫酸氢钠		25	沸　腾	0
次氯酸钠		6	室　温	0
次氯酸钠	+120~150 g/L NaCl, +10 g/L NaOH	1.5~4	66~93	0.030
连二亚硫酸钠	加一定数量硫化钠等	5~12	110	<0.003
柠檬酸钠		饱　和	室　温	0
氟化钠		饱　和	室　温	0.008
重铬酸钾				0
重铬酸钠		饱　和	室　温	0
高氯酸钾		20	室　温	0.12
高氯酸钾	+600~900 g/L $NaClO_4$, +0~500 g/L KCl	20	室　温	0.12
高氯酸钠		900	50	0.003
高锰酸钾		饱　和	室　温	0
铁氰化钾		饱　和	室　温	0
铝酸钠		25	沸　腾	0.091
硅酸钠		25	沸　腾	0
硫酸钠		10~20	沸　腾	0
硫酸钠		饱　和	室　温	0
硫酸钾		10	室　温	0
硫化钠		10	沸　腾	0

续表 2-4

无机盐	状态	质量分数/%	温度/℃	腐蚀速度/mm·a^{-1}
硫化钠		饱和	室温	0
硫化钠		饱和	沸腾	0
硫代硫酸钠		25	沸腾	0
硫代硫酸钠	+20%乙酸	25	室温	0
硫代硫酸钠	+氯化锡	5	100	0.003
硫代硫酸钠	+氯化锡	24	沸腾	0.045
氯化铵	通空气	各种	20~100	<0.013
氯化钠		饱和	室温	0
氯化钠	pH=1.5	23	沸腾	0
氯化钠	pH=1.2	23	沸腾	0.071
氯化钠	与聚四氟乙烯接触	23	沸腾	缝隙腐蚀
氯化钠	pH=1.2	23	沸腾	0.071
氯化钠	pH=1.2,溶解少量氯气	23	沸腾	0
氯化钾		饱和	室温	0
氯化钾		饱和	60	约0
氯化铜	通空气	40	沸腾	0.005
氯化亚铜	通空气	50	90	0.003
氯化锂		50	149	0
氯化铝		10	100	0.002
氯化铝		10	150	0.033
氯化铝		20	149	16.0
氯化铝		25	100	6.55
氯化铝		40	121	109.2
氯化镍		5	100	0.004
氯化镍		20	100	0.003
氯化镍		50	150	0

续表 2-4

无机盐	状　态	质量分数/%	温度/℃	腐蚀速度/mm·a^{-1}
氯化镍		75	200	0.610
氯化镍		80	200	203.2
氯化锌		20	104	0
氯化锌		50	150	0
氯化锌		75	200	0.610
氯化锌		80	200	203.2
氯化钙		10	100	0.008
氯化钙		20	100	0.015
氯化钙		62	154	0.406
氯化钙		73	177	2.13
氯酸钠		饱　和	室　温	0
氯酸钠	+80～250 g/L NaCl, +14 g/L $Na_2Cr_2O_3$	0～721 g/L	40	0.003
硅酸钠		25	沸　腾	0
氰化钠		饱　和	室　温	0
氰化汞		饱　和	室　温	0
氯化汞		1	100	0
氯化汞		5	100	0.011
氯化汞		10	100	0.001
氯化汞		饱　和	100	<0.127
氯化铀		饱　和	70～194	0
硝酸镍	含 $6H_2O$	50	室　温	0
硝酸银		50	室　温	0
硝酸钠		饱　和	室　温	0
硫酸钾		10	室　温	0
硫化钠		10	沸　腾	0.027
硫化钠		饱　和	室　温	0

续表 2-4

无机盐	状　态	质量分数/%	温度/℃	腐蚀速度/mm·a^{-1}
硫化钠		饱　和	沸　腾	0
溴化钾		饱　和	室　温	0
碘化钾		饱　和	室　温	0
碳酸钠		25	沸　腾	0
磷酸钠		饱　和	室　温	0
氢氧化钾	+130 g/L KCl	13	29	0
氢氧化钾		50	29	0.010
氢氧化钾		10	沸　腾	<0.127
氢氧化钾		25	沸　腾	0.305
氢氧化钾		50	沸　腾	2.74
氢氧化钾		50～无水	241～377	1.02～1.52
氢氧化钠		5～10	21	0.001
氢氧化钠		10	沸　腾	0.021
氢氧化钠		28	室　温	0.003
氢氧化钠		40	80	0.127
氢氧化钠		50	57	0.0127
氢氧化钠		73	129	0.178
氢氧化钠		50～73	188	1.09

表 2-5 工业纯钛在某些碱溶液中的腐蚀速度

碱溶液	状　态	质量分数/%	温度/℃	腐蚀速度/mm·a^{-1}
氢氧化钾	+130 g/L KCl	13	29	0
氢氧化钾		50	29	0.010
氢氧化钾		10	沸　腾	<0.127
氢氧化钾		25	沸　腾	0.305
氢氧化钾		50	沸　腾	2.74

续表 2-5

碱溶液	状　态	质量分数/%	温度/℃	腐蚀速度/$mm \cdot a^{-1}$
氢氧化钾		50～无水	241～377	1.02～1.52
氢氧化钠		5～10	21	0.001
氢氧化钠		10	沸　腾	0.021
氢氧化钠		28	室　温	0.003
氢氧化钠		40	80	0.127
氢氧化钠		50	57	0.0127
氢氧化钠		73	129	0.178
氢氧化钠		50～73	188	1.09

表 2-6　工业纯钛在其他介质中的腐蚀速度

介　质	状　态	质量分数/%	温度/℃	腐蚀速度/$mm \cdot a^{-1}$
二氧化硫	干　态		室　温	0
二氧化硫	水饱和	约 100	室　温	0.003
二氧化硫气体	+3% O_2，+少许 SO_3	18	316	0.006
硫化氢	水饱和	约 100	室　温	<0.127
过氧化氢		3	室　温	<0.127
过氧化氢		6	室　温	<0.127
过氧化氢		30	室　温	<0.305
锂	熔　融		316～482	0
铅			816	腐蚀
铅			324～593	未腐蚀
汞		100	38	尚可
汞		100	室　温	0
汞		100	371	3.03
汞	+Fe		371	0.079
汞	+Cu		371	0.063

续表 2-6

介 质	状 态	质量分数/%	温度/℃	腐蚀速度 /mm·a^{-1}
汞	+Zr		371	0.033
汞	+Mg		371	0.083
镁	熔 融		760~954	有腐蚀
钠	·	100	593	好
硫	熔 融	100	240	0
海 水	4.5年		24	0

从表2-2~表2-6提供的数据可以知道,钛的耐腐蚀性不仅取决于介质种类、质量分数和温度,而且取决于介质状态(如充空气或氮气情况,添加氧化性化合物情况等)。

如果二级工业纯钛中加入0.2%钯(Ti-0.2Pd, TA9)或钛镍钼合金(即Ti-0.3Mo-0.8Ni, TA10),则它在还原性无机酸中具有较好的耐腐蚀性。Ti-0.2Pd及Ti-0.8Ni-0.3Mo两个钛合金在某些还原性介质中的腐蚀速度见表2-7和表2-8。从表2-7和表2-8的腐蚀数据与表2-2~表2-6的对应介质比较,可以清楚地看出这两个钛合金比工业纯钛具有更好的耐腐蚀性,并且这两个钛合金在还原性无机酸的环境中已经得到相当广泛的应用。

2.3 钛合金在各种介质中的腐蚀行为

2.3.1 钛合金的合金化元素决定合金性能

钛与合金化元素相互作用是形成固溶体还是化合物?形成固溶体时溶解度有多大?根据合金理论,这些问题主要取决于原子的电子结构、原子半径大小、晶格类型、负电性及电子浓度等因素。由于钛处于元素周期表的位置决定了钛原子的电子结构、原子半径大小、晶格类型、负电性及电子浓度等,从而使钛具有优异的耐腐蚀性。而钛合金的耐蚀性取决于合金类型，不同类型合金的腐蚀性能各不相同。在钛合金的合金化设计时，可选用的合金元素分为两大类，α 稳定元素有 Al、Ga、B、N、C、O 等；β 稳定元素有 Mo、V、Nb、Ta、W、Cr、Fe 等，这些合金元素处在元素周期表上不同的位置，它们的电子结构、原子半径大小、晶格类型、负电性及电子浓度等又各不相同，所以合金化后形成不同的合金类型，其合金性能也各不相同，以满足不同领域的使用要求。

2.3.2 钛合金的耐蚀性

2.3.2.1 钛合金在 3.5% NaCl 溶液中的耐蚀性

国外早在 1969 年就报道了各种钛合金在 3.5% NaCl 溶液中的 K_{ISCC} 和在大气中的 K_{IC} 性能，并给出了 K_{ISCC}—K_{IC} 的关系曲线。结果表明，Gr. 2(TA2)纯钛的 K_{IC} 和 K_{ISCC} 相等，即在 $K_{ISCC}/K_{IC}=1.0$ 的斜线上，所以 Gr. 2 纯钛没有应力腐蚀开裂敏感性，而 Gr. 3(TA3)纯钛和 Ti-8Al-1Mo-1V 合金在 $K_{ISCC}/K_{IC}=0.5$ 的斜线附近（在 $K_{ISCC}/K_{IC}=1.0$ 和 $K_{ISCC}/K_{IC}=0.5$ 的两条斜线之外），离该斜线距离更远的是 Ti-5Al-2.5V 合金，所以它们具有应力腐蚀开裂敏感性；在 $K_{ISCC}/K_{IC}=0.7$ 的斜线附近的是 Ti-7Al-4Mo 和 Ti-5Al-5Sn-5Zr 合金；在 $K_{ISCC}/K_{IC}=0.5$ 和 $K_{ISCC}/K_{IC}=0.7$ 的两条斜线之间的是 Ti-6Al-4V、Ti-4Al-4Mo-2Sn-0.5Si、Ti-6Al-6V-2Sn 和 Ti-6Al-2Mo 合金，它们具有一定的应力腐蚀开裂敏感性；靠近 $K_{ISCC}/K_{IC}=1.0$ 的斜线附近的是 Ti-5Al-3Mo-1V-2Sn 合金，离该斜线距离较远的是 Ti-4Al-3Mo-1V 合金。从而得到钛及钛合金在 3.5% NaCl 溶液中应力腐蚀开裂敏感性的排列（小→大）顺序为：

Gr. 2 纯钛 < Ti-5Al-3Mo-1V-2Sn < Ti-4Al-3Mo-1V < Ti-7Al-4Mo < Ti-5Al-5Sn-5Zr < Ti-4Al-4Mo-2Sn-0.5Si < Ti-6Al-6V-2Sn < Ti-6Al-2Mo < Ti-6Al-4V < Ti-8Al-1Mo-1V < Gr. 3 纯钛 < Ti-5Al-2.5V

从上述结果不难看出，由于 Gr.3(TA3)中的杂质元素氧(O)和铁(Fe)的影响，造成它具有应力腐蚀开裂敏感性。此外，α 相稳定元素 Al 也可以提高应力腐蚀开裂敏感性。β 钛合金和 β + α 合金应力腐蚀开裂敏感性低。

在国内的研究中，TB6(Ti-10V-2Fe-3Al)和 TC4 合金(Ti-6Al-4V)的 K_{ISCC}/K_{IC} 比值分别为 0.87 和 0.77，TB6 和 TC4 合金应力腐蚀开裂敏感性低。

A　TA7 的耐腐蚀性能

TA7 钛合金在大气条件下和海水中稳定。该合金与 TC4 合金比较，对热盐应力腐蚀更敏感。合金在人造海盐重度覆盖的环境中，并在 316℃ 和 207 MPa 应力下暴露 100 h 时会产生应力腐蚀。

B　TC4 的耐腐蚀性能

根据 TC4 合金在航空领域的使用环境和使用温度的要求检测了 TC4 钛合金与结构钢和铝合金的接触腐蚀性能和 TC4 钛合金热盐应力腐蚀性能，分别见表 2-7 和表 2-8。

表 2-7　TC4 钛合金与结构钢和铝合金的接触腐蚀性能

试验条件			接触偶		
介质	θ/℃	时间	材料	表面状态	强度损失/%
3.5% NaCl 水溶液	35	5 个月	30CrMnSiA	无防护涂层	92.2
				氰化镀锌钝化	10.2
				氰化镀锌钝化并涂 H61-1 耐热漆	1.4
			30CrMnSiNi2A	喷砂磷化	13.8
				喷砂磷化并涂 H61-1 耐热漆	0
		12 个月	LY12CZ	无防护涂层	29.6
				阳极化并涂 H61-2 漆	2.4
				涂 XM-220 密封漆	2.6

表 2-8　TC4 钛合金热盐应力腐蚀性能

试验条件			盐脆标准	盐脆应力
盐浓度/mg · cm^{-2}	θ/℃	t/h	$\frac{\varphi_0-\varphi}{\varphi_0}$/%	σ/MPa
0.1	250	100	≥25	677
	300	100	≥25	628
	350	100	≥25	363
	350	200	≥25	343
	400	100	≥25	216

2.3.2.2　钛合金在盐酸介质中的腐蚀性能

国外在 1993 年就报道了在盐酸介质中,高强度 β 钛合金的腐蚀性能,并对 Gr. 2(TA2)纯钛和 Ti-6Al-4V 进行了比较。其结果为:

(1) 盐酸浓度在 0.5%(质量分数)时,Gr. 2 纯钛、Ti-6Al-4V 和 Ti-15V-3Cr-3Sn-3A 的腐蚀速度(mm/a)分别为 0.7、0.9 和 1.5。盐酸浓度在 1.0%(质量分数)时,Gr. 2 纯钛、Ti-6Al-4V 和 Ti-15V-3Cr-3Sn-3A 的腐蚀速度(mm/a)分别为 1.8、2.5 和 4.7,所以按腐蚀速度(mm/a)(小→大)的排列顺序为:Gr. 2 纯钛 < Ti-6Al-4V < Ti-15V-3Cr-3Sn-3Al,腐蚀速度最小的是 Gr. 2 纯钛,腐蚀速度最大的是 Ti-15V-3Cr-3Sn-3Al,Ti-6Al-4V 的腐蚀速度居中。

(2) 盐酸浓度在 1.0%(质量分数)时,Ti-8Mo-8V-2Fe-3Al 和 Beta-C(Ti-3Al-8V-6Cr-4Zr-4Mo, TB9)的腐蚀速度分别为 0.1 和 1。盐酸浓度在 1.5%(质量分数)时,Ti-8Mo-8V-2Fe-3Al 和 Beta-C 的腐蚀速度分别为 0.5 和 0.7。盐酸浓度(质量分数)在 2% 时,Ti-8Mo-8V-2Fe-3Al 和 Beta-C 的腐蚀速度分别为 1.8 和 3.5,所以两种合金按腐蚀速度(mm/a)(小→大)的

排列顺序为：Ti-8Mo-8V-2Fe-3Al < Beta-C(Ti-3Al-8V-6Cr-4Zr-4Mo)，腐蚀速度小的是 Ti-8Mo-8V-2Fe-3Al，腐蚀速度大的是 Beta-C。

(3) 盐酸浓度在 1.5%（质量分数）时，Ti-15Mo-5Zr-3Al、Beta21s(Ti-15Mo-2.7Nb-3Al-0.2Si) 和 Beta-C/Pd(Ti-3Al-8V-6Cr-4Zr-4Mo-0.05Pd) 的腐蚀速度均为 0。盐酸浓度（质量分数）在 2% 时，Beta-C/Pd 和 Ti-15Mo-5Zr-3Al 的腐蚀速度均为 0.1，Beta21s 为 0.5。盐酸浓度（质量分数）在 2.5% 时，Beta-C/Pd、Ti-15Mo-5Zr-3Al 和 Beta21s 的腐蚀速度分别为 0.1、0.2、0.8。盐酸浓度在 3.0%（质量分数）时，Beta-C/Pd 和 Beta21s 的腐蚀速度分别为 0.2、1.9。盐酸浓度在 3.5%（质量分数）时，Beta-C/Pd 和 Beta21s 的腐蚀速度分别为 0.3、3.5。所以三种合金按腐蚀速度(mm/a)的排列顺序（小→大）为：Beta-C/Pd < Ti-15Mo-5Zr-3Al < Beta21s，腐蚀速度小的是 Beta-C/Pd，腐蚀速度大的是 Beta21s，Ti-15Mo-5Zr-3Al 的腐蚀速度居中。

综合上述结果可以得到在盐酸介质中高强度 β 钛合金的腐蚀性优劣的排序为：

Beta-C/Pd < Ti-15Mo-5Zr-3Al < Beta21s(Ti-15Mo-2.7Nb-3Al-0.2Si) < Ti-8Mo-8V-2Fe-3Al < Beta-C(Ti-3Al-8V-6Cr-4Zr-4Mo) < Gr.2 纯钛 < Ti-6Al-4V < Ti-15V-3Cr-3Sn-3Al

在盐酸介质中高强度 β 钛合金的腐蚀性能最好的合金是 Beta-C/Pd，其次是 Ti-15Mo-5Zr-3Al，再次之是 Beta21s。Ti-8Mo-8V-2Fe-3Al 和 Beta-C 的耐蚀性也优于 Gr.2 纯钛和 Ti-6Al-4V，只有 Ti-15V-3Cr-3Sn-3Al 合金的耐蚀性最差，其原因是合金中高含量的钒(V)，表明 V 是降低钛合金耐蚀性合金元素。

比较 Beta-C 和 Beta-C/Pd 合金的耐蚀性，充分表明铂族金属钯(Pd)对耐蚀性的神奇作用，只在 Beta-C 合金中添加了 0.05%（质量分数）Pd，就使 Beta-C/Pd 成为耐蚀钛合金。

比较 Ti-15Mo-5Zr-3Al 和 Beta21s(Ti-15Mo-2.7Nb-3Al-0.2Si)合金的合金化元素,可以发现,高含量的合金元素钼(Mo)是耐蚀性好的主要原因。因为合金元素锆(Zr),其特性与钛(Ti)类同。5%(质量分数)Zr 对提高钛合金耐蚀性作用优于 2.7%(质量分数)Nb+0.2%(质量分数)Si。

比较 Ti-8Mo-8V-2Fe-3Al 和 Beta-C(Ti-3Al-8V-6Cr-4Zr-4Mo)合金的合金元素不难发现,合金元素钼(Mo)对提高合金耐蚀性的作用。即 4%(质量分数)Mo+2%(质量分数)Fe 的作用优于 6%(质量分数)Cr+4%(质量分数)Zr 的作用,表明了 Mo 是提高钛合金耐蚀性合金元素。

总之,合金元素 Pd 和 Mo 是提高钛合金的耐蚀性最佳元素,V 是降低钛合金耐蚀性的合金元素,而 Nb、Cr、Fe、Si、Al、Sn、Zr、Al 等元素对钛合金耐蚀性的作用尚需进一步研究。

2.4　钛的特殊腐蚀形式

表 2-9~表 2-10 的数据都是以钛的腐蚀速度出发列表讨论的,但是腐蚀速度的概念基本上只适用于全面腐蚀或一般腐蚀的情况,对于钝化型金属钛,腐蚀破坏尤其是设备的破坏通常不能以腐蚀速度,即单位面积的腐蚀失重或单位面积的腐蚀深度来表征和判断。因为钛的腐蚀基本上是以局部腐蚀破坏的形式出现的,所以表中的腐蚀数据,对于选材而言,充其量只具有参考意义。以“特殊腐蚀形态”为题提出的钛局部腐蚀,虽然并不是钛独有的,但至少可以说钛是特别突出的。因此,在了解钛的全面腐蚀的基础上,继续讨论钛的局部腐蚀,这不仅仅是一种内容的信息补充,而且是钛的腐蚀性能不可缺少的、绝不可分的组成内容,或许可以说,对于钛的选材而言具有特别重要的意义。钛的局部腐蚀形式特别突出的有燃烧与着火、吸氢与氢脆、点腐蚀、缝隙腐蚀和焊区腐蚀五类,其中燃烧与着火及吸氢与氢脆是特别严重的腐蚀破坏形式。

表 2-9　钛合金 Ti-0.2Pd 在其他介质中的腐蚀速度

介　质	状　态	质量分数/%	温度/℃	腐蚀速度 /mm·a^{-1}
盐　酸		5	沸　腾	0.178
盐　酸		10	沸　腾	0.813
盐　酸		15	沸　腾	6.78
盐　酸		20	沸　腾	19.6
盐　酸	氢气(H_2)饱和	1～15	室　温	<0.025
盐　酸	氢气(H_2)饱和	20	室　温	0.102
盐　酸	氢气(H_2)饱和	25	室　温	0.279
盐　酸	氢气(H_2)饱和	1	70	0.076
盐　酸	氢气(H_2)饱和	5	70	0.076
盐　酸	氢气(H_2)饱和	10	70	0.178
盐　酸	氢气(H_2)饱和	15	70	0.330
盐　酸	氢气(H_2)饱和	20	70	1.55
盐　酸	氢气(H_2)饱和	25	70	4.29
盐　酸	氢气(H_2)饱和	3	190	0.025
盐　酸	氢气(H_2)饱和	5	190	0.102
盐　酸	氢气(H_2)饱和	10	190	8.89
盐　酸	氢气(H_2)饱和	15	190	41.1
盐　酸	氧气(O_2)饱和	3	190	0.127
盐　酸	氧气(O_2)饱和	5	190	0.127
盐　酸	氧气(O_2)饱和	10	190	9.34
盐　酸	氯气(Cl_2)饱和	3,5	190	<0.025
盐　酸	氯气(Cl_2)饱和	10	190	29.0
盐　酸	空气饱和	10	70	0.050
盐　酸	空气饱和	15	70	0.152
盐　酸	空气饱和	20	70	0.660
盐　酸	空气饱和	25	70	1.98

续表 2-9

介　质	状　态	质量分数/%	温度/℃	腐蚀速度 /mm · a^{-1}
盐　酸	+5 g/L $FeCl_3$	10	沸　腾	0. 279
盐　酸	+16 g/L $FeCl_3$	10	沸　腾	0. 076
盐　酸	+16 g/L $FeCl_3$	20	沸　腾	2. 87
盐　酸	+16 g/L $CuCl_2$	10	沸　腾	0. 127
盐　酸	+16 g/L $CuCl_2$	20	沸　腾	3. 71
硫　酸		5	沸　腾	0. 05
硫　酸		10	沸　腾	1. 5
硫　酸		20	沸　腾	5. 3
硫　酸	氮气(N_2)饱和	5	室　温	<0. 025
硫　酸	氮气(N_2)饱和	10	室　温	0. 025
硫　酸	氮气(N_2)饱和	40	室　温	0. 229
硫　酸	氮气(N_2)饱和	60	室　温	0. 864
硫　酸	氮气(N_2)饱和	80	室　温	16. 4
硫　酸	氮气(N_2)饱和	95	室　温	1. 73
硫　酸	氮气(N_2)饱和	5	70	0. 152
硫　酸	氮气(N_2)饱和	10	70	0. 254
硫　酸	氮气(N_2)饱和	40	70	2. 21
硫　酸	氮气(N_2)饱和	60	70	4. 67
硫　酸	氮气(N_2)饱和	80	70	5. 74
硫　酸	氮气(N_2)饱和	96	70	1. 57
硫　酸	氮气(N_2)饱和	1	190	0. 127
硫　酸	氮气(N_2)饱和	5	190	0. 127
硫　酸	氮气(N_2)饱和	10	190	1. 50
硫　酸	氮气(N_2)饱和	20	190	9. 02
硫　酸	氧气(O_2)饱和	1	190	0. 127
硫　酸	氧气(O_2)饱和	5	190	0. 076

续表2-9

介质	状态	质量分数/%	温度/℃	腐蚀速度 /mm·a^{-1}
硫酸	氧气(O_2)饱和	10	190	0.127
硫酸	氧气(O_2)饱和	20	190	1.50
硫酸	氧气(O_2)饱和	30	190	62.0
硫酸	氯气(Cl_2)饱和	1,5	190	0.025
硫酸	氯气(Cl_2)饱和	10	190	0.05
硫酸	氯气(Cl_2)饱和	20	190	0.38
硫酸	氯气(Cl_2)饱和	30	190	77.7
硫酸	空气饱和	5	70	0.08
硫酸	空气饱和	10	70	0.10
硫酸	空气饱和	40	70	0.94
硫酸	空气饱和	60	70	10.0
硫酸	空气饱和	80	70	11.4
硫酸	空气饱和	96	70	2.1
硫酸	+0.5 g/L $Fe_2(SO_4)_3$	10	沸腾	0.18
硫酸	+16 g/L $Fe_2(SO_4)_3$	10	沸腾	<0.025
硫酸	+16 g/L $Fe_2(SO_4)_3$	20	沸腾	0.15
硫酸	+40 g/L $Fe_2(SO_4)_3$	40	沸腾	2.2
硫酸	+10 g/L $FeSO_4$ +15 g/L $CuSO_4$	15	沸腾	0.64
硫酸	+0.1 g/L $CuSO_4$	30	沸腾	27.7
硫酸	+0.5 g/L $CuSO_4$	30	沸腾	33.3
硫酸	+5 g/L $CuSO_4$	30	沸腾	2.01
硫酸	+10 g/L $CuSO_4$	30	沸腾	1.75
海水			93	0
氯化钠		10	190	<0.025

表 2-10　Ti-0.8Ni-0.3Mo 合金在某些介质中的腐蚀速度

介　质	状　态	质量分数/%	温度/℃	腐蚀速度 /mm · a^{-1}
氢氧化铵		30	沸　腾	0(未吸氢)
氯化铝	500 h 试验	10	沸　腾	0
氯化铵	500 h 试验	10	沸　腾	0
氯电解池	3700 h 释出气体		88	0.001
柠檬酸		50	沸　腾	0.013
甲　酸	自然通气	45	沸　腾	0
甲　酸	自然通气	88	沸　腾	0
甲　酸	自然通气	90	沸　腾	0.521
盐　酸		5	49	0.003
盐　酸		5	66	0.005
盐　酸		5	93	29.9
盐　酸		2	93	0.031
盐　酸		2	93	0.031
盐　酸	+2 g/L $FeCl_3$	3.32	91	0.025
盐　酸	+2 g/L $FeCl_3$	4.15	91	0.058
氯化镁	500 h 试验	饱　和	沸　腾	0
氯化钠	500 h 试验	饱　和	316	0
氯化钠	+40 g/L NaCl,500 h 试验：+50 g/L NaOCl	2	沸　腾	0.061
硫　酸		0.54	沸　腾	0.015
硫　酸		1.08	沸　腾	0.899
硫　酸		1.62	沸　腾	14.7
硫酸钠	pH =1,500 h 试验	10	沸　腾	0

2.4.1　燃烧与着火

钛在干氯气、红烟硝酸、液相溴、结晶碘和纯氧气中会引起着火和自燃，甚至发生爆炸。国内外均发生过由于钛自燃和着火引起爆炸等恶性设备事故，钛制设备由于吸氢产生氢脆引起爆炸的事故也时有报道。

钛在“湿”氯气中非常耐腐蚀，这是众所周知的事实，并且在这方面已经进行了广泛的工业应用。但是钛在“干”氯气中却会发生剧烈的腐蚀，甚至着火和自燃引发爆炸。“干”与“湿”的界限是非常重要的，这个界限与环境温度和合金成分等因素都有关系。根据国外报道的数据，工业纯钛在约200℃的氯气中维持钝态的最低水含量可能是1.5%，而在常温下的最低水含量只要保持为0.3%～0.4%就不至于自燃着火，由于气压、流速、温度、冲击和摩擦等多种因素的存在，氯气中水含量规范的下限应该定得稍高一些，以保证安全。钛钯合金和钛镍钼合金可以在更低的水含量下维持金属的钝态，不致发生燃烧。这种钛特有的现象非常值得重视和注意，不能有丝毫的麻痹大意，以避免灾难性事故的发生。

钛与干氯气反应生成四氯化钛，四氯化钛的沸点为136 ℃，也就是说，这是一种具有强烈挥发性的液体。钛与氯气的反应是一个放热反应，如果介质中水含量很低，那么反应释放的热量可以促使钛燃烧，直到干氯气或钛燃烧耗尽。如果氯气中含有水，则生成的四氯化钛发生水解反应，生成白色的氢氧化钛，而氢氧化钛是一种稳定的固体化合物，因此不会由于放热而自燃。

钛在红烟硝酸中的燃烧爆炸也有许多报道，我国早期实验室试验并没有观察到着火，因此低估了红烟硝酸中钛自燃的危险。1979年，国内某厂一个输送红烟硝酸的截止阀操作工人在拧动阀门时突然发生爆炸。事故分析证明，在正常生产条件下，硝酸质量分数约为99%，水质量分数在1%左右，在爆炸前操作参数极不稳定，估计已经发生了腐蚀，一旦拧动阀门时就触发了灾难性的爆炸。国外对于红烟硝酸爆炸事故的分析认为，着火燃烧之前总是以钛表面的剧烈腐蚀开始，而腐蚀反应常常从晶间开始，反应结果是在钛表面残留金属钛的粉末，此时如果有强氧化剂存在，一旦有撞击、摩擦等机械因素的引发，就很容易触发着火爆炸的恶性事故。实验和实践都表明，钛在发烟硝酸中的稳定性与 NO_2 和 H_2O

的含量有关。一般来说，硝酸中 H_2O 的含量低于 2%（英国规范规定低于 1.3%）、NO_2 的含量高于 6%（也有高于 2% 之说）时钛就可能发生着火。如果伴随冲击、摩擦、受热或电火花等因素，则会加大着火的危险性。

在氧含量高的气氛中，也应该密切注意钛着火和燃烧的可能。国外报道，环境的氧含量低于 35% 时钛不会发生着火，但是钛一旦起燃，即使氧含量低于 35% 钛燃烧也会迅速发展。着火危险往往发生在钛的新鲜表面，如断裂面或擦伤面等，这是尤其值得注意的。

2.4.2　吸氢与氢脆

钛是一个活性很强的金属，在高温氢气气氛或含氢气气氛中，还原性酸的腐蚀过程或缝隙腐蚀过程中，非常容易吸收氢。当钛的氢含量达到 0.008% ~0.015% 时，利用金相显微镜就可以观察到钛中有针状氢化物相析出。随着氢含量进一步提高，氢化物的数量增加，并且氢化物的体积增大。钛吸氢形成氢化物导致腐蚀破坏的情况大致有如下几种情况：

（1）表面腐蚀加快。如果氢的扩散速度较慢，氢化物主要集中在钛表面，则表面氢化物发生脆性剥落，从而引起腐蚀，失重明显加大。

（2）氢致开裂。如果氢在应力作用下扩散到应力场集中的位置形成氢化物，由于内部微裂纹在应力作用下的扩散贯通，会形成氢致开裂。

（3）氢脆破坏。如果钛基体从表面开始全面大量吸氢致脆，会导致钛材本身的氢脆破坏。

上述三种情形，尤其是后两种情形，虽然并没有观察到腐蚀速度加快，但往往是更加危险的潜在事故产生的原因，因此，对于钛制设备的破坏常常是更加致命的。

国内工业实践印证了许多钛制设备氢脆破坏的事例，例如氯乙烯生产装置、尿素合成塔和真空制盐一效罐等都有氢脆破坏的典型事例，还有更多的氢脆事故伴生在其他的腐蚀形态当中，有时候很难加以区分和判别，因此，分析钛制设备破坏原因需要进行较多的试验和研究。综合国内外的研究和工业实践，钛的吸氢和氢脆往往具有如下特点和规律：

(1) 钛的氢脆破坏属于氢化物型氢脆破坏，氢化物型氢脆的特点是在高速变形下才出现脆性断裂，而在低速变形时，一般不出现氢脆敏感性。当钛中氢含量高于0.03%时才会影响断面收缩率，而氢含量低于0.05%时，拉伸强度、屈服强度和伸长率基本不变。这表明常规力学性能检验对于判断钛的氢脆是不敏感的，所以有时候容易漏掉正常的预测而误导生产。

(2) 由于钛被铁器擦伤和污染的位置的表面镶嵌了铁的微粒，因此这些地方常常是点腐蚀的引发点，又是氢进入的突破口。而固溶在钛中的杂质铁，甚至作为第二相存在的富铁相，对于点腐蚀或吸氢和氢脆都不十分敏感，这也是容易漏掉正常的预测判断而产生误导的原因。

(3) 钛的氢脆敏感性与点腐蚀一样，表面预处理状态的影响很大。阳极氧化或热氧化的钛表面抗吸氢和抗氢脆的能力最强，酸洗(硝酸加氢氟酸)或退火的钛表面次之，机械磨光或机械喷砂的钛表面抗吸氢和抗氢脆的能力最差。这表明处于活性状态的钛表面，包括新鲜断面或新鲜擦伤面总是最容易吸氢的，钛表面完整的氧化膜是阻止吸氢从而防止氢脆的有效屏障。

(4) 钛吸氢达到固溶度以后，可以形成氢化物相(即 TiH_x)析出。α 和 β 两种形态的钛中的氢的固溶度是不同的，并且氢的固溶度还与环境的温度有关。氢在不同温度下在 α－钛或 β－钛结构中的固溶度见表2-11。

表2-11　氢在不同温度下在α－钛或β－钛结构中的固溶度

钛的结构	温度/℃	原子分数/%	质量分数/%
α	室　温	0.1	0.002
α	300	8	0.18
β	300	44	0.99

(5) 钛的吸氢通常通过下列途径发生：

1) 高温(>300℃)的氢气氛或含氢气氛；

2) 缝隙腐蚀或还原性无机酸腐蚀时产生的初生态氢；

3) 电偶腐蚀或阴极保护时产生的氢；

4) 海水电解中钛处于阴极状态(电位小于 -0.70 V)。因此，为了确保钛不致吸氢，应该将钛在海水中的电位至少控制在 -0.70 V(SCE)以上。

(6) 钛的氢脆环境可以是氢气氛，也可以是电解过程中的初生态氢。后者是初生态的原子氢，因此具有更强的化学活性，更容易被钛所吸收。在钛腐蚀过程中产生的氢或者电解时处于阴极状态产生的氢就是初生的原子态的氢。

(7) 氢气氛中的水含量对于钛的吸氢量影响很大。表 2-12 为在 316℃、5.5 MPa 的氢气氛中水的质量分数对钛吸氢的影响。从表 2-10 中的数据可知，氢气氛中水的质量分数越高，则钛的吸氢量越小。钛在干的氢气氛中吸氢最强，添加一定量的水之后吸氢量显著降低。一般来说，氢气氛中水的质量分数达到 2% 时，阻抑吸氢的效果已经相当明显，这个规律与干氯气中水含量对着火的影响规律是相同的。

表 2-12　氢气氛中水的质量分数对钛吸氢的影响

氢气中水的质量分数/%	吸氢量	氢气中水的质量分数/%	吸氢量
0	0.004486	5.3	0.000017
0.5	0.005100	10.2	0.000011
1.0	0.000698	22.5	0
2.0	0.000007	37.5	0
3.3	0.000010	56.2	0

(8) 在 pH 值为 3 ~ 12 的范围中，钛的氧化膜是稳定的，它是氢渗透的有效屏障。pH 值在 3 ~ 12 范围内时，短期阴极充氢试验没有发现吸氢现象。如果 pH 值在 3 ~ 12 范围之外，预计氧化膜

是不稳定的，因此保护作用很低，氧化膜保护性的缺损有利于氢进入钛基体。长期试验表明，在中性盐水中，阴极电位低于 -0.7 V(SCE)时能够引起氢吸收；在非常大的阴极电流密度下(电极电位比 -1.0 V(SCE)更负)，会加速氢吸收，并最终导致室温下的氢脆现象。

2.4.3 点腐蚀

点腐蚀是钝化型金属特有的一种腐蚀形式。与不锈钢或铝合金相比较，钛的抗点腐蚀性能还是十分优良的。由于钛在高温浓氯化物溶液中应用日益增加，钛制设备的点腐蚀事例逐渐增多。电解锌中的钛制阳极筐、氯化锌溶液中加热的钛制盘管、175℃时72%氯化钙溶液的钛制球阀等都发生过点腐蚀破坏的事例。一般而言，钛的缝隙腐蚀比点腐蚀更加容易，而缝隙腐蚀通常是以缝隙面上的局部点腐蚀形式出现的。

电化学技术可以测定金属的点腐蚀电位，从而可以比较金属的点腐蚀倾向。如果点腐蚀电位超过表面氧化膜的破裂电位，则氧化膜就发生点腐蚀。这是一种简单的试验方法，但不见得是万能的判别试验，充其量只能是一个比较试验方法。

点腐蚀的发生和发展一般有 3 个阶段，即成核、生长和再钝化。点腐蚀的成核条件是钛所处的电位高于膜的破裂电位，点腐蚀电流随时间的增长表明成核之后腐蚀点(孔)的生长情况。但是，由于腐蚀孔的总面积并不是固定不变的，所以电流大小不可能作为腐蚀孔生长的定量尺度。再钝化抑制“点腐蚀”的发展。在某些情形下，点腐蚀可能停留在第二阶段，第三阶段不一定出现，此时原来的腐蚀孔停止发展。这大致可以由以下情形引起：表面氧化膜的不均匀性消除或改善；腐蚀孔内的电位变动(如孔中电阻增加)而发生钝化；金属表面电位发生变化(如电化学保护)等。

综合国内外的研究和工业实践，钛点腐蚀的影响因素很多，从钛的冶金因素和环境的介质因素等考虑，可以归纳出以下的特征

和规律:

（1）点腐蚀电位的电化学测量不能代替具体的点腐蚀试验。在氯化物或溴化物溶液中,温度升高可提高钛的点腐蚀敏感性。pH 值对钛抗点腐蚀的能力实际上影响不大,但电化学测量表明 pH 值对点腐蚀电位的影响比较敏感。这就提出一个非常实际的问题,电化学测量尽管是一个快速简单的比较试验方法,但是不能完全代替实际的点腐蚀试验。试验数据表明,钛在硫酸盐或磷酸盐溶液中的破裂电位非常高,大约在 100 V 左右,因此不必担心点腐蚀的问题。而钛在氯化物溶液中的破裂电位约为 8 ~ 10 V,在溴化物或碘化物溶液中可能只有 1 V 左右,因此需要考虑钛在卤化物溶液中点腐蚀的可能性。但是,具体判断点腐蚀的可能性时,还必须依靠点腐蚀的实际试验,而不是仅仅依靠点腐蚀电位的比较。

（2）铁含量高时可提高钛点腐蚀的敏感性。钛中铁含量高的时候,点腐蚀的敏感性上升,因为金属钛中的钛铁(Ti-Fe)相通常是点腐蚀的成核位置。当氯碱工业中使用的氧化钌涂层钛阳极中杂质铁的含量较高时,由于钛自身的点腐蚀,氧化钌涂层会遭到破坏。

（3）表面预处理状态对点腐蚀有明显影响。表 2-13 列出四种表面预处理状态对工业纯钛点腐蚀电位的影响。从表 2-11 中数据可知,热氧化和阳极氧化的表面点腐蚀电位最高,即点腐蚀敏

表 2-13　表面预处理状态对工业纯钛点腐蚀电位的影响

（沸腾,1 g/L NaBr, pH = 6）

表面预处理条件	点腐蚀电位(SCE)/V		
	TA1	TA2	TA3
400 湿砂纸抛光	1.05	1.16	1.23
700℃,10 min 真空退火	1.21	1.37	1.43
2% 硫酸,2 V,10 min 阳极氧化	1.24	1.39	1.42
600℃空气,10 min 热氧化	1.16	1.30	1.35

感性最小;湿砂纸抛光的表面点腐蚀的敏感性最大。在同一种表面预处理的条件下,TA3 的纯钛的点腐蚀电位最高,这表明点腐蚀的敏感性最小。表 2-13 中三种级别的工业纯钛,其氧的含量分别为:TA1 是 0.0655%,TA2 是 0.0955%,TA3 是 0.2145%。因此,钛中氧含量提高可以提高点腐蚀电位,这表示钛中氧含量可以改善抗点腐蚀性能。

(4) 表面粗糙或用锌、铁、铝、锰或铜等摩擦的钛表面,均会促进点腐蚀的发生。介质中某些阴离子(如硫酸根、硝酸根、铬酸根、磷酸根和碳酸根)可以提高钛的抗点腐蚀性能。

2.4.4 缝隙腐蚀

缝隙腐蚀是在紧密的隙间位置发生的局部腐蚀现象,隙间可以是结构产生的(如法兰连接面或垫片面、管与管板胀接处以及螺栓或铆钉的连接面等),也可以是结垢或沉积物下的覆盖面引起的,后者也称为垢下腐蚀。早期认为钛在海水、盐雾中根本不发生缝隙腐蚀,后来在高温氯化物介质(如海水热交换器)、湿氯气(如湿氯气列管式冷凝器)、氧化剂缓蚀的盐酸溶液、甲酸和草酸溶液等介质中都相继发生设备的缝隙腐蚀破坏,这才开始注意到钛缝隙腐蚀的普遍性。

钛的缝隙腐蚀与环境温度、氯化物种类和浓度、pH 值以及缝隙的大小和几何形状等许多因素有关。此外,钛与聚四氟乙烯、钛与石棉等非金属组成的缝隙比钛与钛组成的缝隙更加具有缝隙腐蚀的敏感性。

综合国内外的研究和工业实践,钛的缝隙腐蚀具有以下的特征和规律:

(1) 缝隙腐蚀的发生都有一个孕育期,孕育期长短与许多因素有关,如环境温度、氯化物种类和浓度、氧化剂浓度、与钛接触的材料、溶液的 pH 值以及缝隙的大小和几何形状等。钛在氯化钠溶液中,氯离子浓度越高、温度越高、pH 值越低,那么缝隙腐蚀的孕育期越短,也就是缝隙腐蚀的敏感性越强。

(2) 缝隙中的溶液成分和 pH 值是与本体溶液完全不同的。一般来说,缝隙中的氧浓度较低、氯离子和氢离子浓度较高(pH 值低于本体溶液),缝隙内的 pH 值可下降到小于 1,缝隙中的电极电位变得更负,从而使得缝隙中的钛处于活性状态。实验室电化学测定表明,各种卤化物离子的缝隙腐蚀电位顺序为:$Cl^- < Br^- < I^-$,即钛在氯化物中的缝隙腐蚀敏感性最大,这与钛的点腐蚀敏感性顺序正好相反。

(3) 钛的缝隙腐蚀通常发生在缝隙面的局部位置,一般不会在整个缝隙面上全面发生腐蚀,这也是缝隙腐蚀的一般规律。缝隙腐蚀的孕育期结束之后,一旦“成核”,则由于自催化机理使得腐蚀迅速发展,最终导致局部穿孔而破坏。

(4) 钛缝隙腐蚀的发生过程中常常伴随吸氢,甚至使用金相显微镜可以观察到缝隙腐蚀位置的钛材中有针状氢化物的存在。随着吸氢量的增加,表面的氢化物不断增加,使得腐蚀全面加快。与此同时,氢不断地渗透到金属内部,内部的氢化物沉淀可能成为应力腐蚀开裂的裂纹源,导致外应力作用下的开裂。

(5) 钛缝隙腐蚀的“几何因素”包括缝隙长度、缝隙宽度和缝隙内外的面积之比等因数。这些数值一般需要通过具体体系试验确定,并不是理论预测可以得到的。由试验可知,窄缝的缝隙腐蚀倾向比宽缝大得多,一般发生腐蚀的缝隙宽度总是在 0.5 mm 以下。

(6) 为了改善钛在还原性无机酸中的耐腐蚀性,降低缝隙腐蚀的敏感性,使用 Ti-Pd 合金、Ti-Ni-Mo 合金都比工业纯钛的性能优越,尤其是 Ti-Pd 合金。在钛表面缝隙位置采用镀钯、热氧化或阳极氧化等表面处理技术均可以改善耐缝隙腐蚀的性能。

(7) 经过多年的研究,钛的缝隙腐蚀过程的物理图像已经比较清楚。简单地说,它分为两个阶段:孕育期和活性溶解期。在孕育期的开始阶段,缝隙内外进行着同样的反应。其阴极反应消耗了缝隙溶液中的氧，当缝隙中氧贫乏之后，阴极反应只在缝隙外进行，缝隙内主要进行阳极反应，即钛的阳极溶解。随着缝隙内钛离子的不断增加，为了维持缝隙中正负离子的电荷平衡，氯离子不断迁移进入缝隙中。同时，钛离子在缝隙中积聚发生水解反应，生成白色的腐蚀产物氢氧化钛，氢氧化钛脱水之后的白色腐蚀产物经鉴定为 TiO_2。水解反应使得缝隙内的 pH 值下降，进一步破坏了钛的钝态。所以，缝隙腐蚀的孕育期一旦结束，其发展是非常迅速的，这就是“自催化作用”。

2.4.5 焊区腐蚀

焊区腐蚀包括焊缝（熔化区）和热影响区的择优腐蚀，以及焊缝与热影响区界面或热影响区与基体界面的择优腐蚀，后者常称为高温热影响区腐蚀或低温热影响区腐蚀。钛制设备不可避免要进行焊接操作，因此钛的焊区择优腐蚀时有报道。焊区腐蚀不论发生在焊缝、热影响区或热影响区与母材的交界位置，都与金属的组织结构变化及第二相的析出有关。现实操作中需要特别注意的是，有些所谓的“焊区腐蚀”实际并非焊区的组织变化引起的，应该注意鉴别，切勿误判。有研究者曾经发现焊接操作失误造成铁污染，由此加快焊区的吸氢而加快腐蚀；也有焊接法兰的焊接面处于缝隙面上，曾经疑为焊区腐蚀，但实际上是缝隙腐蚀。

国内发现的焊区腐蚀的钛制设备有浓缩柠檬酸的列管式热交换器、回收电镀铬溶液（含氟硼酸根）的薄膜蒸发器、输送氯化氢气体的焊接钛管等，它们都发生在焊区的热影响区与母材的交界处，形成明显的腐蚀沟槽。国外也报道过硝酸、二氧化氯、含氧化剂的乙酸、含二氧化钛的硫酸、含氟硼酸盐或氟硅酸盐的电镀液等都有焊区优先腐蚀的事例。

钛的焊区腐蚀与钛中的铁含量和其他 β 稳定元素的含量有关，我国对各级别工业纯钛中铁含量的规定分别为 0.15%（TA0）、0.15%（TA1）、0.3%（TA2）和 0.4%（TA3）。这些数据均超过铁在钛中的固溶度极限,因此必然存在 Ti-Fe 第二相的析出。铁在 α-钛中的固溶度约为 0.05% ~0.10%。为了防止焊区腐蚀的发生,英国的规范规定在硝酸体系中,钛中的铁镍总含量应低于 0.05%。焊区腐蚀的原因常常与焊区中晶间的第二相金属间化合物的择优阳极溶解有关系,其腐蚀形态、特征和机制与不锈钢或锆的焊区晶间腐蚀的本质相仿。由于在钛的焊接过程中必然引起 Ti-Fe 第二相析出的数量、大小、形态及分布的差异,因而明显制约钛焊区腐蚀的本质和速度。

2.5　提高工业纯钛耐腐蚀性的途径

提高工业纯钛耐腐蚀性的途径主要是从钛材本身(研制耐腐蚀钛合金)、从介质改性(使用缓蚀剂)、从钛材表面(实行表面处理)和界面体系(采用阳极保护)来实现。

2.5.1　耐腐蚀钛合金的研制

钛合金研制的主要目的和大量工作是针对力学性能的改进,耐腐蚀钛合金的研制相对而言投入比较少。由于还原性介质对钛耐腐蚀性的要求较高,工业纯钛已经不能满足性能的要求,因此在客观上存在研制耐腐蚀钛合金的需求。国内外曾经开发过高韧性又抗海水腐蚀的 Ti-6A1-2Nb-1Ta-0.8Mo 和 Ti-2.25Al-1Mo-11Sn-5Zr-0.05Si 等合金,也开发了诸如 Ti-5Ta、Ti-32Mo、Ti-32Mo-2.5Nb、Ti-15Mo-0.2Pd、Ti-0.2Pd、Ti-0.15Pd、Ti-0.8Ni-0.3Mo 等耐腐蚀合金。其中,已经得到广泛应用并已经列入中国钛合金牌号的是 Ti-0.2Pd(即 TA9)和 Ti-0.8Ni-0.3Mo(即 TA10)。

Ti-0.2Pd 是 α-钛合金,其工艺性能和力学性能与工业纯钛相仿。Ti-0.2Pd 和工业纯钛在某些还原性无机酸的腐蚀速度见表 2-14,数据表明,Ti-0.2Pd 的腐蚀速度显著低于工业纯钛,并且没有焊区腐蚀的迹象。

表 2-14 Ti-0.2Pd 和工业纯钛在某些还原性无机酸中的腐蚀速度

腐蚀介质	质量分数/%	温度/℃	腐蚀速度/mm·a^{-1}	
			Ti-0.2Pd	工业纯钛
HCl	5	25	<0.01	0.08
	5	沸 腾	0.18	25
	10	25	<0.01	0.20
	10	沸 腾	0.5	>25.0
	15	沸 腾	0.75	>25.0
	20	25	0.13	0.75
H_2SO_4	5	25	<0.01	0.13
	10	25	<0.01	0.23
	40	25	0.20	1.8
H_3PO_4	5	沸 腾	0.31	5.3

Ti-0.8Ni-0.3Mo 也是 α-钛合金，它可焊性好，塑性高，耐腐蚀性与 Ti-0.2Pd 接近。由于该合金成本较低，可以节省贵金属，因此市场竞争力更强。

TB7 是一种在高浓度还原性酸（H_2SO_4、HCl）中具有优异耐蚀性能的耐蚀钛合金，其名义成分为 Ti-32Mo，是稳定 β 型钛合金。该合金可用于铸造化工机械的泵、阀等零件，也可以生产包括锻件、棒材、板材和管材等形式的半成品。在化工行业中主要用于纯钛及其他钛合金难以胜任的强还原性酸工况环境。而且没有焊区腐蚀的迹象。

TB7 合金和其他钛钼合金在各种介质中的耐蚀性见表 2-15 ~ 表 2-18。表中数据表明，Ti-30Mo 和 Ti-32Mo 合金在还原性酸中是最好的耐蚀钛合金材料，但这两种合金在氧化性介质中的耐蚀性较差。同时还发现，在 260℃、20% H_2SO_4 介质中，TB7 合金会发生氢脆。研究表明，添加钯的钛钼合金（Ti-15Mo-0.2Pd）可以改善其在氧化性介质中的耐蚀性。

表 2-15　Ti-30Mo 的耐蚀性

介质	浓度（质量分数）/%	温度/℃	腐蚀速度/mm · a^{-1}
HCl	10	沸　腾	0.1
	20	沸　腾	0.25
	浓	20	0.1
H_2SO_4	15	沸　腾	<0.1
	50	沸　腾	0.2~0.4
	60	沸　腾	0.8~19
	60	100	0.2
H_3PO_4	70	沸　腾	5~20
	70	100	0.2
	80	沸　腾	30
	浓	沸　腾	>1000
	50	沸　腾	0.1
	60	沸　腾	0.15
	70	沸　腾	0.15
	80	沸　腾	0.8（点蚀）
HNO_3	25	沸　腾	10
	25	20	0.1
草　酸	10	沸　腾	0.7
$CuCl_2 \cdot 2H_2O$	10	沸　腾	<0.01
$FeCl_3$	40	沸　腾	0.02
$AlCl_3$	30	沸　腾	0.08
$AlCl_3$	过饱和	沸　腾	0.1

表 2-16　Ti-32Mo 在硫酸中的耐蚀性

浓度（质量分数）/%	腐蚀速度/mm · a^{-1}			
	室　温	50℃	75℃	90~93℃
10	0.009	0.002	0.095	0.190
20	0.007		0.062	0.106

续表 2-16

浓度（质量分数）/%	腐蚀速度/mm·a^{-1}			
	室温	50℃	75℃	90~93℃
30	0.001	0.007	0.047	0.073
40	0.000	0.003	0.013	0.038
50	0.000	0.004	0.023	0.030
60	0.000	0.006	0.017	0.044
80	0.000	0.011	0.017	0.085
90	0.014	0.115	0.660	

表 2-17 Ti-32Mo 在盐酸中的耐蚀性

浓度（质量分数）/%	腐蚀速度/mm·a^{-1}			
	室温	50℃	75℃	90~93℃
10	0.009	0.004	0.024	0.035
20	0.057	0.004	0.024	0.096
36~37	0.012			

表 2-18 Ti-Mo 钛合金在盐酸中的耐蚀性

合金成分（质量分数）/%	腐蚀速度/mm·a^{-1}							
	室温		50℃		75℃		90~93℃	
	10%	20%	10%	20%	10%	20%	10%	20%
Ti-32Mo	0.009	0.057	0.004	0.004	0.024	0.024	0.035	0.096
T-32Mo-2Nb	0.009	0.006	0.002	0.000	0.001	0.040	0.066	0.063
Ti-32Mo-5Nb	0.009	0.062	0.001	0.003	0.018	0.043	0.042	0.067
Ti-25Mo-15Nb	0.007	0.034	0.004	0.006	0.006	0.069	0.116	0.112
Ti-15Mo-0.2Pd	0.000	0.011	0.008	0.167		1.13	0.255	0.109
Ti-32Mo 焊接	0.008	0.057	0.002	0.004	0.021	0.025	0.044	
Ti	0.017	0.204	4.11	12.5				
Ti-0.2Pd	0.000	0.000	0.015	6.67	0.008		1.04	

2.5.2　钛的缓蚀剂的使用

钛在还原性无机酸和某些有机酸中,由于不能维持钝态氧化膜,腐蚀速度比较快,加入缓蚀剂是降低腐蚀的有效措施。缓蚀剂有贵金属离子、重金属离子、氧化性无机化合物、氧化性有机化合物、络合性有机缓蚀剂等。贵金属离子价格很高,很少用作还原性无机酸的缓蚀剂;重金属离子 Cu^{2+} 离子和 Fe^{2+} 离子具有非常明显的缓蚀作用,但是需要达到一个临界浓度之后才可以起作用;氧化性无机化合物有硝酸、氯气、氯酸钾、重铬酸钾、高锰酸钾、过氧化氢等;氧化性有机化合物有硝基或亚硝基化合物、氮化合物、蒽或蒽醌衍生物等;络合性有机缓蚀剂与氧化性有机化合物不同,它可以在任何浓度下起到缓蚀作用,没有临界浓度的概念,只是作用大小不同而已。

2.5.3　表面处理

通过表面处理是提高钛的耐腐蚀性很有效的方法,表面处理的方法有阳极氧化、热氧化、氮化和涂镀层技术。表2-19为阳极氧化、热氧化和钯涂层对钛发生缝隙腐蚀时间的影响,数据表明,钯涂层提高钛耐腐蚀性的效果最为明显,甚至还优于 Ti-0.15Pd 的耐腐蚀性。

表2-19　各种表面处理技术对钛耐缝隙腐蚀的效果

各种表面处理技术	未处理的钛	阳极氧化的钛	热氧化的钛	钯涂层的钛	Ti-0.15Pd
发生缝隙腐蚀的时间	16 h	20 h	50 h	435 d	240 d

钛的阳极氧化通常是在 5%～10% $(NH_4)_2SO_4$ 溶液中、外加 25 V 直流电压进行长时间的阳极处理,阳极氧化膜的厚度可以达到 300～500 nm。阳极氧化处理可以有效除去钛表面的铁沾污,有效延长钛的钝化时间,防止铁沾污引起的吸氢。因此,国外规范

要求所有的钛制设备必须进行阳极氧化处理。为了提高阳极氧化的效果，阳极氧化溶液用铂酸钠替代硫酸铵，这样耐腐蚀的效果更好。

钛在空气中热氧化可以生成比阳极氧化膜更加厚的、结晶度高的金红石型的热氧化膜，其耐腐蚀性优于阳极氧化膜。钛的热氧化膜是在温度为600～700℃、时间在10～30 min之间生成的，温度太高或者时间过长效果反而不好。

钛的涂镀层中以含钯涂层效果最佳，含钯的涂层通常是氧化钯涂层或钯合金化涂层。氧化钯涂层 $PdO\text{-}TiO_2$ 的典型制备方法是，将 $PdCl_4$ 和 $TiCl_3$ 溶液涂敷到钛表面，在500～600℃加热10～50 min，可以重复操作几次，使得涂层厚度达到1 g/m^2 以上。钯合金化涂层首先用电镀或真空沉积钯的薄层，再进行诸如激光重熔表面或离子注入等表面合金化处理技术，其附着性和耐腐蚀性均优于氧化钯涂层。

2.5.4 阳极保护

钛与所有钝化型金属相同，可以通过阳极钝化达到保护的目的。钛的钝化电位很宽，实现阳极钝化保护更加方便和可靠，因此，在工业实践中已经运用。例如，人造丝生产中的列管式钛换热器（含约8% H_2SO_4）和赛璐粉生产的钛加热器（含约10% H_2SO_4）已经使用多年，未发生腐蚀。在40%和78% H_2SO_4 溶液中，致钝电流密度分别为0.3 mA/cm^2 和1.5 mA/cm^2，而维钝电流密度只需要0.1～1.0 μA/cm^2 和0.1～0.2 μA/cm^2。在25% HCl和15% HCl溶液中，维钝电流密度只有1～2 μA/cm^2 和0.5～1.0 μA/cm^2。

3 钛的表面处理技术

钛及钛合金具有优良的热稳定性和高的比强度，是能迅速生成氧化膜的活泼金属，也称为“阀”金属。钛合金的钝化性能优于铝合金和大多数不锈钢。钛合金熔点高，可以弥补铝合金等无法在高于425℃条件下使用的不足。近年来，随着钛合金在国防尖端科技领域和民用工业方面均得到广泛应用，表面处理技术也得到飞速发展。这就意味着钛的原始钝化氧化膜在很多场合下不能满足各种不同的性能要求，化学氧化、电化学阳极氧化、微弧氧化、各种涂镀层技术受到越来越多的重视。从理论和应用创新的研究课题到结合实际工程应用的技术研发，乃至一些公司推出的表面处理新技术、新设备、新工艺的经营，以及专利的申请，这些表面处理技术均十分踊跃，并且在各个不同领域的应用也展现出新的大好局面。在航空航天方面，钛合金由于具有高的比强度，应用于新一代飞机生产上的量越来越大，因此钛合金表面处理技术（阳极氧化）逐渐形成了航空系统的行业标准。在医学上，钛合金与人体排斥性低，广泛应用于牙齿、骨骼及血管内支架等方面，成为一种引人注目的生物金属材料，由此引出了很多增加钛合金钝化性能、提高其表面生物活性的研究成果。在建筑上，由于钛合金独特的特点，其用量逐年增加，一些发达国家相继建起了钛材建筑物，表面处理技术更是必不可少的。

钛合金在性能上的一些不足之处，如抗粘连能力差，导致它比不锈钢、镍基合金等许多金属材料的耐磨性差，电导率和热导率低，不易承受钎焊等，这在一定程度上限制了它的应用。但经过适当的表面处理，钛合金可获得优良的独特表面状态和性能，可以在很大程度上改善钛合金的这些先天不足。为了进一步扩大钛合金的应用领域，对钛合金表面进行改性处理的研究工作悄然兴起。

表面改性的方法很多,从目前的研究和应用情况来看,进行阳极氧化是一种行之有效的方法。钛合金阳极氧化膜具有比钛更高的硬度、强度、耐蚀性及耐磨性,随着膜层厚度的变化,其表面可呈现各种颜色,是理想的装饰层和保护层。作为新技术,阳极氧化乃至阳极微弧氧化都处在迅速发展并逐步向工程化水平挺进的阶段。

钛材加工过程中有可能过度氧化或受到污染,因此需要进行表面处理,这就构成钛材的表面净化处理技术。每种钛材加工前后都必须经过热处理。在大气环境下经过热态加工,钛合金的基体表面生成一层氧化膜(较厚的称为氧化皮),这层氧化膜结构很致密,而且与基体黏附很牢,其厚度和成分直接与热处理的温度和时间有关。氧化皮结构很复杂,是由 TiO_2 及钛的其他低价氧化物构成的非计量化合物,包括 TiO_2、Ti_3O_4、TiO 等。加工的精整阶段,必须要清除这些氧化皮和残留的润滑剂涂层,以获得光亮整洁的钛材。

像钢、铝等金属材料在生产过程中必须采用表面处理技术来进行表面处理一样,随着钛工业的发展,钛合金表面处理技术已经形成了一套独立的工艺技术,成为不可或缺的加工辅助工艺。该技术包括两个方面内容:

(1) 钛表面净化处理。经过高温热加工的钛材,必须进行脱脂和去除高温形成的表面氧化皮;新的钛设备或使用一段时间后的旧钛设备(及钛零件),常有沉积物及污染物黏附,要清洗干净这些污物。

(2) 钛表面防护处理。加工出的钛设备或零件如果是为了专门的目的,如防腐、耐磨、提高生物活性、防高温、延长使用寿命等,就需要对钛材表面进行成膜处理,其目的是使表面层达到某种特殊的性能,也包括提高装饰效果。表面防护的方法可分为表面转化膜和涂镀层两大系列。直接将基材表面转化为不同类型的膜层,如表面氧化处理、氮化处理等,可归结为表面转化膜处理系列。钛的阳极氧化着色以及微弧氧化等都属于转化膜的范畴,而且它们是非常活跃的研究领域,正在发展成为有着广阔工程应用前景的表面处理技术。涂镀层的制备是在材料表层涂装上有机或无机的膜层，通常直接涂装上去的称为涂层，通电使金属离子还原到施镀表面上成膜的称为镀层。离子镀 Ti – Pd 合金或火焰喷涂硬质合金等耐磨材料等属于涂镀层表面处理的范畴。

表面净化处理与表面防护处理的功能和作用并非截然分开的。有时候，防护的工程也能达到净化的效果。在氧化成膜过程中，消除钛表面的铁沾污起到了修复机械划伤造成膜破裂的作用，也杜绝了钛表面由于铁沾污引起的吸氢。正因为如此，英国钛设备制造规范中规定要进行阳极氧化处理，美国也对炼油厂用的钛热交换器先进行阳极氧化处理，之后再进行组装。

在拉拔加工过程中，钛合金材料表面形成一层阳极氧化膜可以改善钛材表面吸附润滑剂的能力，又能使金属基材与模具（工具）不直接接触，防止黏结，因而大大改善了拉拔工艺性能。与空气中加热氧化比较，阳极氧化生成的氧化膜致密均匀，成膜过程易于控制，金属基体氧含量低。因此，钛等稀有金属在线材拉拔工序之前全采用阳极氧化。

3.1 表面净化

3.1.1 清洁钛设备

对钛表面的维护通常不需要太繁杂的程度。一般来说，不需要为腐蚀防护而清洁钛的表面，这一点跟不锈钢类似。同时，钛在作为冷凝管使用时，与冷却水等介质不会发生反应，不会使原本很薄的表面氧化膜转变成较为粗糙的矿物质沉淀，这一点跟铜的情况是不同的。

热交换管的表面经常有海洋生物污浊的问题，经常是通过电解海水放出氯气来控制这种情况出现。这种处理方法不会对钛产生任何负面影响。钛的冷凝管表面可以使用这种方法保持清洁，也可以使用橡胶球或尼龙刷来进行连续清洁，同样也不会产生任何不利的后果。

有时需要用酸洗的方法来清理钛表面的沉积物。常规酸洗过程都通过添加适当的缓蚀剂来进行。有些缓蚀剂,比如胺类成膜缓蚀剂对钛无效。氯化铁一类的铁离子在酸溶液中对钛是很好的缓蚀剂。例如,0.1%(质量分数)的氯化铁就能抑制钛在盐酸中的腐蚀。室温条件下,在25% HCl中使用钛设备时,使用 $FeCl_3$ 作缓蚀剂效果很好。

硝酸是钛的优良的钝化剂,可以单独使用,也可以与盐酸混合使用来清理钛的表面。用于钛合金设备的典型清洗液见表3-1,表中同时列出了相应的缓蚀剂。

表3-1 用于钛合金设备的典型清洗液

清洗介质	温度范围/℃	质量分数/%	缓蚀添加剂
盐 酸	<66	10	1 g/L $FeCl_3$ 或 1 g/L $CuCl_2$ 或 0.5~1 g/L CrO_3
硫 酸	<66	10	1 g/L $FeCl_3$ 或 1 g/L $CuCl_2$ 或 0.5~1 g/L CrO_3
磷 酸	<66	10	1g/L $FeCl_3$ 或 1g/L $CuCl_2$ 或 0.5~1g/L CrO_3
草 酸	<93	25	自然充气
硝 酸	<93	65	无
氢氧化钠	<93	15	10g/L 氯酸钠或次氯酸钠

刷洗钛表面时,不能使用钢丝刷来去除钛表面上的沉积物。因为从钢丝刷上带来铁的颗粒会插进钛材上,使钛的腐蚀敏感性大幅度上升。科学对待钛的这些独特性能,可以使钛的加工设备很多年保持正常使用而无需维修。相反,使用不当、采用不适当的清洗方式或者是错误操作,都会导致钛设备的早期腐蚀失效。另外,如能认真研究一些钛的表面防护措施,特别是关于提高耐腐蚀和耐磨损性能的有效措施,都能明显延长钛设备的使用寿命。

3.1.2 脱脂

经塑性加工后的钛材表面沾有油污,必须及时清除,随后才可以考虑下一步的表面处理程序。比如需要进行碱洗、酸洗、真空退火或精整等之前都必须先脱脂。原则上说，对不同的金属材料，脱脂的方法是不需要加以区别的，但事实上仍要根据不同情况（包括不同的金属）而区别对待。后续表面处理工序对脱脂严格程度的要求不同。金属自身受到酸碱性侵蚀的敏感性不同，都决定了在脱脂工序上应该选择更为适合的方法和溶液。

常用脱脂的方法有：有机溶剂脱脂、化学脱脂、电化学脱脂、擦拭脱脂、滚筒脱脂和超声波脱脂等。各种脱脂方法的特点见表3-2。

表3-2　各种脱脂方法的特点

脱脂方法	特　点	适用范围
有机溶剂脱脂	脱脂快，不腐蚀工件，但是不够彻底，通常需要用化学或电化学方法进行辅助或加强；有机溶剂通常易燃、有不同程度的毒性和环境污染；成本较高	适用于形状复杂的（有接缝、有盲孔状的）小零件，以及带有严重油污的工件的预清洗
化学脱脂	方法简便，设备简单，成本相对较低。但脱脂时间较长，废液排放前应严格处理	一般零件脱脂
电化学脱脂	脱脂效率高，又分为阳极和阴极两种方法：阳极法靠金属表面的溶解和剥离实现脱脂，阴极法通过大量气泡的撞击来实现脱脂过程。阴极法易渗氢，不适合钛的脱脂；复杂零件深孔处的油很难除净；需有电源	一般零件脱脂，阳极法可去除侵蚀残渣
擦拭脱脂	操作灵活方便，不受零件限制，但劳动强度大，工效低	大、中型零件或不适宜用其他方法脱脂的零件
滚筒脱脂	工效高，质量好，但不适用于大零件和易变形的零件	精度不太高的小型零件
超声波脱脂	脱脂效率高，对基体无腐蚀，净化效果好。复杂零件的边角、细孔、盲孔以及空腔内壁等都能彻底脱脂	形状复杂的特殊零件

3.1.2.1　有机溶剂（或水蒸气）脱脂

加工残留油脂溶于一定的有机溶剂，从而可以将其从工件表面去除。工厂常用的有机溶剂有：汽油、煤油、丙酮、甲苯、酒精、三氯乙烯和四氯化碳等。其中,汽油价格相对较低,毒性小,使用面广。

水蒸气可将油脂从工件表面吹掉,达到脱脂的目的。

在钛合金加工材生产中,有机溶剂脱脂多为手工操作,多用于小型产品的脱脂。有时也在化学脱脂之后再采用有机溶剂擦洗,以提高脱脂效果。但大多数有机溶剂都是易燃的,有着高低不同的闪点(一个高于该温度即有可能遇明火发生混合气体爆炸的温度点),如果使用它们就必须对它们的闪点有所了解,从而辅以妥善的保管以及可靠的防火措施。比如,常备灭火器、石棉板等覆盖品,一旦着火,迅速封闭溶剂槽灭火。有机溶剂的毒性较大,应该采取通风、防火、防爆等安全措施。有些溶剂,如三氯乙烯,在潮气中受到紫外光照射会分解出剧毒的光气和强腐蚀性氯化氢,因此应避免带水入槽,避免日光直接照射。

当有机溶剂中油污混入量达到25% ~30%时(体积分数),最好更新溶剂,以保证脱脂效果。

3.1.2.2 化学脱脂

化学脱脂是利用化学剂(碱或碱性溶液)与油脂发生“皂化”或“乳化”作用,使油脂从工件表面除去的方法。有些油脂不能皂化,需要添加表面活性剂对油脂进行乳化去除。这些做法统称为脱脂。

A 皂化作用

碱液可以皂化油(动、植物油),使其分解生成易溶于水的脂肪酸盐——肥皂和甘油,从而从工件表面除去。碱液脱脂既便宜,又好管理,因此使用广泛。碱液中,氢氧化钠(苛性钠)是主要成分,但其含量不宜过多。

硬脂酸甘油酯与苛性钠的反应方程式为:

$$(C_{17}H_{35}COO)_3C_3H_5 + 3NaOH = 3C_{17}H_{35}COONa + C_3H_5(OH)_3$$

即 硬脂酸甘油酯 + 苛性钠 = 硬脂酸钠(肥皂) + 甘油(丙三醇)

反应生成的硬脂酸钠易溶于水而形成胶体溶液,而甘油本身具有较好的水溶性。这样油脂就从工件表面被除去了。

B 乳化作用

矿物油脂为非皂化性的,只能通过添加表面活性剂起到乳化作用来除去。在碱液中,油膜破裂成为不连续的油滴黏附在工件表面,碱液中的乳化剂具有除低水—油界面张力的作用,减小了油滴的附着能力而从工件表面进入溶液中;同时乳化剂吸附在油滴的表面,使小油滴不能再聚集起来。例如,在煤油、粗汽油中添加一些表面活性剂,并加入适量的水,除油液便具有乳化作用。这种乳化液脱脂速度快,效果好,最适用于驱除大量油脂,尤其是黄油、抛光膏等。但选择表面活性剂是乳化除油液性能好坏的关键。

适当提高溶液温度和搅拌速度可以提高脱脂效率和质量。

化学脱脂一般在碱液(NaOH)或含有乳化剂的碱液中进行。常用的乳化剂有水玻璃、肥皂、脂肪酸、糊精、动物胶和各种蛋白质等。苛性钠含量太低时,脱脂效果较低;苛性钠含量太高时,对肥皂的溶解不利。稀有金属加工材的化学脱脂工艺制度见表 3-3。

表 3-3　化学脱脂工艺制度

序号	溶液成分(质量分数)	温度/℃	时间/min
1	(30% ~40%)NaOH + (5% ~10%)Na_3PO_4 + (0.5% ~3%)肥皂 + 余 H_2O, pH≥11	70 ~80	
2	(0.3% ~0.9%)OP 剂 +25% Na_2SiO_3 + 余 H_2O	>70	10 ~20
3	1 L 溶液中含有(20 ~30)g NaOH + (50 ~100)g Na_3PO_4 或 Na_2CO_3 + (3 ~10)gNa_2SiO_3 或肥皂	70 ~90	10 ~30

用碱液脱脂时,温度和脱脂时间要在预先小批量试验后进行严格控制,以防被处理的合金遭受腐蚀。

化学脱脂操作过程是:脱脂槽中浸泡→热水冲洗→热水或冷水槽中浸泡→烘干。

3.1.2.3　电化学脱脂

电化学脱脂分为阴极脱脂、阳极脱脂和混合脱脂三种方式。

阴极脱脂是将待脱脂的工作设定为电化学过程的阴极,靠通电后电极上析出的大量气泡的机械搅拌和剥离作用,加速电化学液对油脂的皂化和乳化作用,使油膜从工件表面迅速去除。

阳极脱脂是将工件设定为整个电极过程的阳极,通过阳极上发生的电化学反应包括工件的阳极溶解来去除表面的油污。

阴阳极混合脱脂是交替进行阴极和阳极脱脂,发挥两者的优点,这是最有效的电化学脱脂方法。

与化学脱脂相比,电化学脱脂具有速度快、效率高和脱脂彻底等优点。但是,对于不同的材料,选择不同的电化学脱脂方法是十分重要的。对钛合金而言,阴极脱脂具有使钛合金发生吸氢过程的可能性,这是必须考虑的问题。对钛合金进行阴极极化,超过系统的临界吸氢电位时,钛合金发生氢吸收,氢被吸进钛合金内,达到一定浓度时,即可生成 TiH_x 脆性相,使钛合金存在着发生脆性断裂的潜在危害。因此,必须制定合理的脱脂工艺,以避免这种危害产生。阳极脱脂会使金属工件发生一定量的消耗,因此也要严格控制其槽液、电流密度等工艺条件。电化学脱脂工艺制度见表3-4。

表3-4 电化学脱脂工艺制度

序号	电解液成分(1L溶液中含量)	温度/℃	时间/min	电流密度/$A \cdot dm^{-2}$
1	20g NaOH + (47 ~ 48) g Na_2CO_3 + 4g Na_2SiO_3 或 (10 ~ 15) g NaOH + (20 ~ 30) gNa_2CO_3 + (50 ~ 70) g Na_2SiO_3	室温	2 ~ 3	3 ~ 5
2	(10 ~ 15) g NaOH + (20 ~ 30) g Na_2CO_3 + (50 ~ 70) g$Na_3PO_4 \cdot 12H_2O$ + (5 ~ 10) g Na_2SiO_3	70 ~ 90	20	10 ~ 15

电化学脱脂液的成分与碱液脱脂基本相同,只是浓度稍低,并且不宜使用高泡表面活性剂。高泡表面活性剂产生的泡沫覆盖在液面上或溢出槽外,容易在通电过程中引起漏电,甚至爆鸣。

3.1.3 除氧化膜

工业生产中,钛合金的氧化程度可能有很大不同。如果前道工序的氧化严重,如在高温条件下严重氧化,成为氧化皮,则必须经过喷砂处理。经过喷砂后的工件,还需要再经过后面各道工序(碱洗和酸洗)处理。如果氧化膜较薄,不需要喷砂处理,可直接进行酸洗。

二氧化钛是两性化合物，它的碱性略大于酸性。二氧化钛热稳定性很好，仅在非常高的温度下才发生分解。其化学稳定性也很好，在温度较低时，它在许多无机和有机介质中都具有很好的稳定性。它不溶于水和许多其他溶剂，也不溶于除氢氟酸外的各种稀酸。二氧化钛也很难溶于浓硫酸中。但二氧化钛可溶于热的浓硫酸、硝酸和氢氧化钠溶液中，这使得可以对钛及其合金进行碱洗和酸洗。

3.1.3.1　碱洗

A　碱洗的一般原理

钛合金包括其他稀有金属的碱洗是在熔融碱液中进行，其目的是将钛合金表面的氧化皮从工件表面除去。碱液与氧化皮作用可以除去氧化皮。但是，要使氧化皮从工件表面被除去，同时避免由此带来的副作用，必须要在 NaOH 熔融液中添加氧化剂（$NaNO_3$ 或 KNO_3）。

碱洗的化学过程分步进行。

钛及其氧化物与含有氧化剂的熔融碱作用生成可溶性钛酸盐。反应式 3-1 和式 3-2 是钛氧化膜随着碱液浓度的不同而给出的不同氧化形式，最后过渡到钛金属的直接腐蚀（见式 3-3）。其具体反应式如下：

$$TiO_2 + 4NaOH \longrightarrow Na_4TiO_4 + 2H_2O \qquad (3-1)$$

$$TiO_2 + 2NaOH \longrightarrow Na_2TiO_3 + H_2O \qquad (3-2)$$

$$2Ti + 4NaOH + O_2 \longrightarrow 2Na_2TiO_3 + 2H_2 \qquad (3-3)$$

B　碱洗工艺参数选择

影响碱洗工艺的主要参数是碱液成分、碱洗温度和时间。

碱液成分的选择主要考虑在碱洗中钛的吸氢过程如何被抑制。从反应式 3-1 ~ 式 3-3 可知，钛及其合金碱洗时能够放出氢气，这就提供了吸氢的可能性。吸氢造成氢脆，而碱液成分对其吸氢量有显著的影响。添加除氢氧化钠以外的某种成分，对钛碱洗时吸氢量和金属损失均有明显的影响。

碱液成分对吸氢量的影响如图 3-1 所示。从图 3-1 可以看出:钛板在纯氢氧化钠溶液中碱洗将造成大量吸氢,吸氢的最高质量分数达到了0.06%;加入5% $NaNO_3$ 后,吸氢量大大减少,最低已经降到了0.002%以下。原因可以解释为:钛的吸氢过程首先需要有氢离子被还原成氢原子的机会;$NaNO_3$ 加热分解出的氧充当着腐蚀过程的氧化剂,使钛的表面在不断被氧化和被腐蚀的过程中逐渐向基材内推进;氧参与整个钛腐蚀的阴极还原过程,碱洗时放出的氢离子不易被还原成氢原子,而是与氧离子结合成HO的形式,吸收氢也就一定程度地得到抑制。

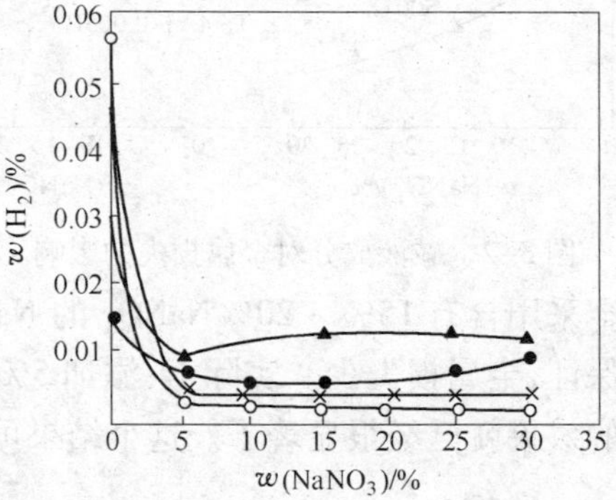

图3-1 碱液成分对吸氢量的影响
(碱洗温度500℃,时间3 min)
▲—Ti-6Al-6V-2Sn-0.5Cu-0.5Fe(原始氢质量分数为0.0085%);
●—Ti-4Al-0.005B(原始氢质量分数为0.0090%);
×—Ti-5Al-4V(原始氢质量分数为0.0056%);
○—Ti-2Al-1.5Mn(原始氢质量分数为0.0060%)

碱液成分对金属损失的影响如图3-2所示。从图3-2可知:钛板在纯碱溶液中碱洗,金属损失较大。当加入 $NaNO_3$ 后,金属损耗相应减少。但是,这种氧化剂组分在添加超过一定的限度时,在高温下对某些钛合金是有害的,反而会使碱洗时的金属损耗量增大。如碱液中 $NaNO_3$ 质量分数超过20%时,金属损失逐渐增加,图中Ti-5Al-2.5Sn就是一个明显的例子。对这种现象,可以解释为过度氧化剂的添加促进碱洗过程的洗涤速度和不平行发展。由此决定的表面状态也不会令人满意。

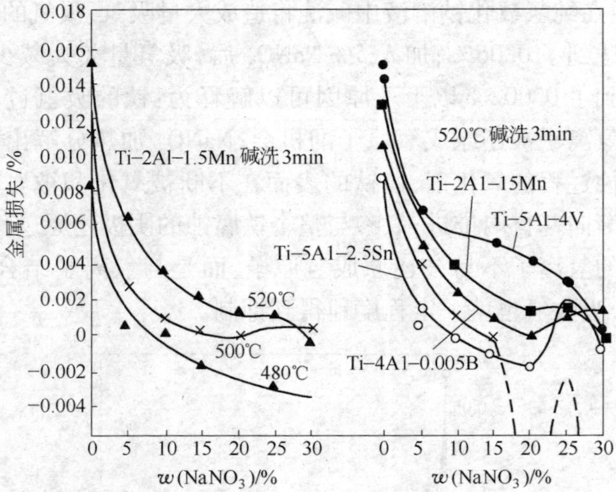

图 3-2　碱液成分对金属损失的影响

钛及其合金采用含有 15% ~20% $NaNO_3$ 的 NaOH 溶液碱洗，质量基本可以保证，金属损失少。实际上，添加 5% $NaNO_3$ 抑制吸氢和降低损耗的效果就已经很显著了。这个结果可以在生产中参照使用。

在一定范围内，碱液温度越高，金属与碱液反应越剧烈，碱洗速度越快，生产效率越高。但是，温度高会使反应剧烈，甚至于难以控制，并增大金属损耗，还有可能引起钛材碱洗着火。碱液温度低于一定范围时，反应速度会比较缓慢，引起的后果是长时间达不到碱洗的目的，从而使生产率下降。此外，随着碱洗时间的延长，被吸到钛基材中的氢得到向基体合金内扩散的机会，不仅使吸氢量增加，也促进了 TiH_x 这种脆性相的生成，使钛合金的韧性受到严重破坏。

当温度低，碱洗时间不得不被延长时，前面已经谈到，有吸氢量增加、金属损失大的结果。例如，在 480℃ 的 NaOH 碱液中洗 9 min，金属质量损失高达 45.3%，同时出现氢脆。但是当温度适合时，试验指出，控制碱洗时间也十分重要：厚 1.5 mm 的 TC10 板材在 520℃ 的纯 NaOH 碱液中洗 32 s，金属质量损失 1.3%；洗 1 min，金属质量损失 3.6%（而不是 2.6%）。

C 碱洗工艺制度和流程

通过上述讨论,得到钛及钛合金碱洗工艺制度见表3-5。

表3-5 钛及钛合金碱洗工艺制度

金属及合金	碱液成分	碱液温度/℃	碱洗时间/min
钛及其合金	(80% ~ 95%) NaOH + (20% ~ 5%) $NaNO_3$(或 KNO_3)	420 ~520	3 ~15

碱洗工艺流程为:熔融碱槽中处理→水淬→高压水(5 ~ 10 kg/cm^2)冲洗。

D 钛及其合金碱洗注意事项

钛材碱洗容易着火燃烧,尤其钛薄板的碱洗更易着火。关于钛材碱洗着火的原因和机理仍在探讨中。

钛在碱液中的化学活性高,它在含有氧化剂的熔融碱液中碱洗时,整体碱液温度过高或局部温度过高都是造成钛材燃烧的原因。许多研究指出:由于钛与钢制工具(碱洗框)在熔融碱液中存在电位差,存在着原电池效应,当钛与钢接触时形成电偶电流,而接触点越小,电流就越大。接触处的过大电流密度引起局部过热,使得钛合金经常从这两种金属的接触点处开始燃烧。

实验测定了钛合金自身及其与某些钢材在熔融碱液中的电位差,见表3-6。

表3-6 钛合金自身及其与某些钢材在熔融碱液中的电位差

材　料	电位差/V	材　料	电位差/V
钛合金 TC1—碳钢	1.0	纯钛 TA2—不锈钢	0.80
钛合金 TC1—镀锌铁丝	0.87	纯钛 TA1—TA2	0
钛合金 TC1—带锈铁丝	0.89	纯钛 TA2—TA7	0
钛合金 TC1—TA_7	0	不锈钢—不锈钢	0
钛合金 TA7—碳钢	0.84	带氧化皮钛板—镀锌铁皮	0.1 ~0.8
纯钛 TA2—碳钢	0.87 ~0.88		

为防止和减少钛材碱洗时着火,可采取如下措施:

(1) 选用合理的碱洗液成分。试验指出,(85% ~95%)NaOH+(15% ~5%)$NaNO_3$ 碱洗液效果较好。

(2) 严格控制碱液温度。在上述成分的碱液中碱洗,温度应严格控制,无论是整体还是局部,均应严格控制在 480 ~520℃ 范围内。

(3) 采用耐高温涂层或耐高温绝缘垫片对碱洗框进行绝缘处理。如采用不锈钢碱洗框可垫上陶瓷条或陶瓷片,使钛材与钢框架隔开,这样也可避免着火。

碱洗过程中,碱液不断地被工件带走或蒸发,因此需要补充碱液。补充碱液时要定期对 NaOH 和 $NaNO_3$ 进行成分分析,适时进行调整,从而使碱液成分保持相对稳定。

碱洗时,不溶性的氧化皮渣沉淀在槽底,影响着槽体良好的导热性能,并且由于沉淀造成的缝隙,使得钢槽极易发生电化学腐蚀,大大缩短了其使用寿命。因此,对沉渣要及时清理。采用一个活动槽底收集渣子是常采取的办法。在需要消除沉积物时,只需将活动槽底吊走即可。

E　碱洗槽设计实例

碱洗槽尺寸为 3500 mm(长)×1500 mm(宽)×1800 mm(高);碱洗槽材质为锅炉钢;可装碱质量为 15000 kg(NaOH 85% +$NaNO_3$15%);加热方式为电阻丝外加热;发热体材质为镍铬丝;加热电源功率为 180 kW;碱液最高温度为 540℃。

3.1.3.2　酸洗

酸洗是钛合金加工材去除氧化皮的重要方法。酸洗方法用于熔融碱洗或机械破鳞、喷砂等处理之后。在 600℃ 以下形成的钛合金上的较薄的氧化膜可直接通过酸洗去除。

A　酸洗的基本原理

金属在酸洗液中溶解,伴随着金属原子上的电子转移,因此以电化学腐蚀现象为主。金属原子失去电子的结果是形成金属离子。如钛在还原性酸中失去电子,成为三价钛离子,反应式为：

$$Ti \longrightarrow Ti^{3+} + 3e$$

钛加工材的酸洗是在含有氢氟酸或氟化物的混合酸液中进行的。酸洗时，氢离子可能被还原而形成原子氢或分子氢，即：

$$H^{+} + e \longrightarrow [H]$$

$$[H] + [H] \longrightarrow H_2$$

原子氢有扩散到金属内部的倾向，可能导致金属氢脆。

钛与氢氟酸的反应为简单的氢还原反应，即：

$$2Ti + 6HF \longrightarrow 2TiF_3 + 3H_2$$

当钛被置于含有氟离子的硝酸液中酸洗时，钛被氧化，硝酸被还原，最后的产物是形成氟化钛络合物、水和无色一氧化氮。其反应式为：

$$3Ti + 4HNO_3 + 12HF \longrightarrow 3TiF_4 + 8H_2O + 4NO$$

如暴露在大气中，一氧化氮遇到空气中的氧就迅速被氧化成棕色有毒的二氧化氮，挥发出来，反应式为

$$2NO + O_2 \longrightarrow 2NO_2$$

因此，在酸洗时应设法将二氧化氮通过通风迅速地排出。如果在酸洗液中加入 0.5% 左右的 H_2O_2，则可使 NO 在溶液中被氧化而不逸出液面，使空气的污染被适当减轻。

将钛材置于含有 5% ~7% 氟离子的硝酸液中酸洗时，若氧化剂硝酸的质量分数低于 15%，溶液中各种还原反应的过电位决定了氢离子有更多被还原的机会，并在还原成氢原子后以一定的比例吸入钛的内部，扩散到合金的某些部位聚集，或生成钛的氢化物而引起氢脆。因此，为防止钛材酸洗时吸氢，要经常保持硝酸与氢氟酸的配比大于 5。但硝酸含量过大，则会使反应缓慢，降低生产效率，并生产大量烟气，使操作困难。

B　酸洗工艺

钛及其合金加工材酸洗工艺制度见表3-7。

表3-7　钛及其合金加工材酸洗工艺制度

处理条件	酸液成分	酸洗温度/℃	酸洗时间/min
碱洗后酸洗	(30% ~ 40%) HNO_3 + (5% ~ 7%) HF + (53% ~65%) H_2O	>50	3 ~10

酸洗操作过程为:酸洗→热水洗→冷水冲洗→烘干。酸洗过程中,搅动可以加快酸洗速度。酸洗时应注意观察表面情况,防止过酸洗或酸洗不足现象产生。

C　废酸回收及无害化处理

钛材生产要消耗大量的硝酸和氢氟酸。每槽酸洗液的使用寿命由其中的酸含量决定,使用过程中硝酸是不断补充的。当硝酸质量分数低于17%和氢氟酸质量分数低于1.5%,而Ti质量分数达到1.5%以上时,可认为酸液不能继续使用。废酸回收不仅可以收回酸液,而且可以消除大量废酸对环境的污染,这是国民经济可持续发展的保证,绝对不可忽视。

目前已初步摸索到钛材酸洗废液(硝酸和氢氟酸)的蒸发回收工艺。可将废酸液回收为含硝酸16.9%和氢氟酸0.45%的再生酸。其中硝酸回收率达95%以上,氢氟酸回收率约为30%。再生酸可用于重新酸洗钛材,效果良好。一种典型的处理钛材后的酸洗废液成分见表3-8。

表3-8　一种典型的处理钛材后的酸洗废液成分

成　分	HNO_3	HF	Ti^{4+}	Al^{3+}	Fe^{3+}	Cr^{3+}	V^{5+}	H_2O
质量分数/%	17.5	1.49	1.47	0.05	0.04	0.02	0.01	79.57

废酸回收设备由四氯乙烯浸渍的石墨加热器、冷凝器、塑料蒸发器及真空机组等组成。废酸回收工艺流程如图3-3所示。

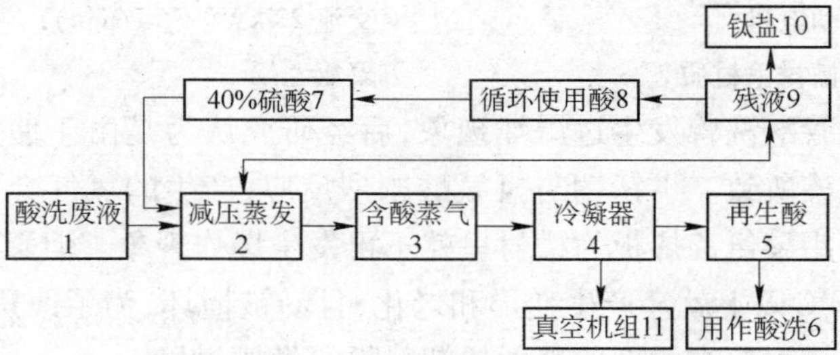

图 3-3 废酸回收工艺流程

回收工艺条件:真空度(以系统计)为 90.66 ~ 91.99 kPa(680 ~ 690 mmHg);蒸发温度(以循环硫酸假沸点计)为 57 ~ 65℃;外加蒸汽压力(表压)为 1.0 ~ 1.5 kg/cm^2 循环硫酸质量分数为 40%;循环硫酸加入量为 45 L。

加热蒸气压力与温度的关系见表 3-9,蒸发速度与蒸气压力的关系见表 3-10。

表 3-9 加热蒸气压力与温度的关系

压力/kPa	101.325	151.99	202.65	253.31	303.98	308.98
温度/℃	119.6	126.8	132.2	138.2	147.2	151.1

表 3-10 蒸发速度与蒸气压力的关系

压力(表压)/$kg \cdot cm^{-2}$	0.1	0.2	0.3	1.0	1.3	1.5
速度/$L \cdot h^{-1}$	30	38	42	50	52	54

目前回收流程设备的防腐材料的考核、生产自动化技术等问题,还有待进一步试验和研究。

板材酸洗机组主要性能为:

酸洗槽尺寸(长×宽×高)	3500 mm×1310 mm×1800 mm
酸洗液温度	60℃
酸液加热方式	蒸气加热
装框量	1000 kg
摆动次数	30 次/min
摆动振幅	450 mm

驱动电机	交流 28 kW(975 r/min)
酸槽衬里材质	聚氯乙烯

钛管酸洗曾发生过爆炸现象,后经研究认为是由于使用了不锈钢酸槽所致。不锈钢与氢氟酸剧烈反应,产生的氢气会引起爆炸。改用聚氯乙烯板为槽衬里就不再发生爆炸现象。但聚氯乙烯板在 60℃以上就会产生变形和老化,且易被撞坏,为了改进工艺,可以选择耐更高温度的聚丙烯塑料板等做槽衬里。

3.2　钛的表面氧化

3.2.1　钛合金化学氧化到阳极氧化的发展

钛与氧能形成多种氧化物,其相容性起至关重要的作用。采用化学氧化法和大气加热氧化法均能使钛表面生成较厚的钝化膜而增强钛的耐蚀性,其中以大气加热法效果最好。另外,钛表面不同厚度的氧化膜由于光的干涉会产生不同的颜色。在新鲜的钛表面可快速形成 5～10 nm 厚的氧化膜。在一定条件下,该氧化膜可以生长。例如,人们发现在口腔中使用 6 年的牙种植体表面的氧化膜厚度可以达到 200 nm 之多。可见钛表面的氧化物相对于金属钛的重要性。用一定的方法增厚钛表面氧化膜即可提高其包括耐腐蚀性在内的多种性能。氧化的方法包括化学氧化法、大气加热氧化法和阳极氧化法。为了提高表面硬度,后面还要重点介绍的是微弧阳极氧化。

化学氧化法钝化膜是一般金属由活化的溶解状态转化为钝态的过程,称为钝化。钝化现象若是因金属与钝化剂的自然作用产生的则称为“化学钝化”。对于钛而言,在大多数介质中,钛的钝化电位 E_p 比氢的标准电极电位还要负,即使在能溶解钛的非氧化性酸中(如 HCl、H_2SO_4 等),只要存在溶解的氧或其他氧化剂,均能使钛发生钝化。硝酸是一种强氧化剂,因而是常用的一种钝化剂。将钛浸泡于常温下的20%～40%硝酸溶液中,至少要 30 min 钛可被“化学钝化”;如温度在 49～60℃,浸泡时间可缩短至 20 min,钛即被"化学钝化"。通过这种处理方法使钛表面的氧化膜适当加厚，可使其耐腐蚀性增强。

为改善钛的抗缝隙腐蚀性，选用干燥环境中与氧反应的方法最为适宜：在400～700℃实施大气加热氧化时，所能达到的防缝隙腐蚀效果最佳。钛之所以在常温下的空气中保持稳定性，是因为它与氧发生反应，形成一层致密的氧化薄膜，这层表面氧化膜可防止氧继续向内部扩散，具有明显的保护作用。钛在500℃以下的空气中很稳定，在低于100℃时，钛的氧化反应也能进行，但很慢。500℃时钛表面被氧化，随着温度的升高，表面氧化膜开始在钛中溶解，氧开始向金属内部晶格扩散，在700℃时，氧还没有大量进入金属内部晶格。超过700℃时，氧向金属内部的扩散加速，从而使得表面氧化膜的保护作用消失了。钛及钛合金在特定的溶液中进行阳极氧化处理，随着工艺条件（主要是电压和时间）的变化，所形成的氧化膜厚度不同，由于光的干涉会产生不同的颜色。钛阳极氧化技术工艺成熟，设备简单，制备技术容易掌握，生产规模便于扩展。与化学钝化的膜层相比，电化学阳极氧化制得的膜层具有良好的附着力、厚度和各种优良的性能，因此，从20世纪60年代起，电化学阳极氧化迅速地发展起来。

钛的阳极氧化技术是将钛材放置在一些氧化性介质中，将钛材定为阳极，在外加电压的作用下，对钛材进行阳极极化。钛阳极氧化可形成比空气中热氧化厚的氧化膜，从而提高其耐腐蚀性、耐磨性和耐候性。钛材通过阳极氧化可以达到多种效果。以往的工艺生成的氧化膜厚度比较薄，通常为300～500 nm，达到提高钛材性能的效果；近年来，随着不断深入地研究，从槽液、电源以及处理工艺上进行改进，钛合金阳极氧化的膜层厚度增大，达到几微米甚至是几十微米的厚度。

目前，国内外钛及钛合金的阳极氧化电解液主要分为三种：酸性、中性和碱性。酸性电解液的各种成分分别是硫酸、磷酸、硼酸、有机酸以及这些酸的混合酸；碱性电解液由氢氧化钠配制成；中性电解液是由硫酸钠、磷酸钠、铝酸钠、钼酸钠等盐类组成。电解液主要成分的选择和用量与配比，经历了使用大量试验工作来确定的过程。溶液的选择重要的是保证成膜过程与膜层的溶解过程之间存在一个动态平衡，膜形成的速率要高于被溶解的速率。这不仅是由溶液的组成及其浓度决定的，也与加电的大小及其方式密切相关。在电解液的选择过程中，曾有过使用含氟铬酸溶液的阶段，但随后的研究表明，这种电解液所形成的膜层虽然很厚，但是疏松多孔。这是由于 F 离子对氧化产物有强的溶解作用所致。

电源的选择也开展了大量的工作。直流电源的选用可分为恒流阳极氧化和恒压阳极氧化。恒流阳极氧化比恒压阳极氧化能获得厚度更大的膜层。恒压阳极氧化的膜层厚度只能达到几个纳米到几百个纳米，而即使在电流密度较小时（$<1\ A/dm^2$），恒流阳极氧化的膜层厚度也能达到几百纳米到微米的范围内。由于膜厚的不均匀，此时阳极氧化所形成的膜为干涉膜，其颜色由成膜电压及膜层的厚度决定。即阳极氧化膜表面与钛基体表面分别反射出光波，发生干涉，干涉光的颜色取决于两束反射光的光程差（膜层厚度）。

钛的氧化着色与电压的关系见表 3-11。

表 3-11　钛的氧化着色与电压的关系

电压/V	5	7	10	15	20	25	30	40
颜色	灰黄	褐色	黄色	紫色	深蓝	浅蓝	海蓝	灰蓝
电压/V	50	55	60	65	70	80	85	90
颜色	黄色	红黄	玫瑰红	金黄	浅黄	玫瑰紫	粉绿	绿色

在钛及钛合金的阳极氧化着色试验中，着色电源的波形对着色膜性能有影响：使用脉冲直流电源、半波整流电源、全波整流电源、平滑直流电源在同种电解液中对同种钛材进行阳极氧化处理时，脉冲直流电源可获得更好的彩色膜耐腐蚀性和耐磨性。

脉冲阳极氧化膜具有致密、硬度高、绝缘性好、无粉化等特点，从而也就提高了钛合金零件的表面硬度和耐磨性能。用于在其上涂敷有机涂层，脉冲阳极氧化膜也可以提供出较高的结合力。此外，脉冲阳极氧化工艺成膜时，钛合金工件的力学性能也可以得到保证,包括强度、塑性以及疲劳极限等都不会降低。所有这些益处,都取决于脉冲阳极氧化自身的特点,即可以通过调整占空比和峰值电流在瞬间给出很大的氧化电流,随后存在一个间隙时间,对由此产生的后果给以缓冲,不会溶解乃至破坏具有较大绝缘作用的氧化膜。

钛合金阳极氧化工艺方面的研究除了前面所述的对电解液组成及浓度的确定之外,还有对前、后处理方法的研究,电解液温度的控制,电流密度、氧化时间的选择,搅拌速度的影响,以及阴阳极面积比的影响等。

针对不同的钛合金可满足不同的工程需求,摸索出一整套钛合金阳极氧化工艺,并得到合格的产品,已在实际中应用,这推动着钛合金阳极氧化技术的不断发展。

3.2.2　钛阳极氧化的基本原理

图 3-4 所示为阳极氧化原理及设备示意图。阳极氧化反应如下:

阳极反应　$Ti + 2H_3O^+ \longrightarrow TiO_2 + 6H^+ + 4e$　(酸性)

$Ti + 4[OH]^- \longrightarrow TiO_2 + 2H_2O + 4e$　(碱性)

阴极反应　$2H^+ + 2e \longrightarrow H_2$　(酸性电解质)

$2H_2O + 2e \longrightarrow H_2 + 2OH^-$　(碱性)

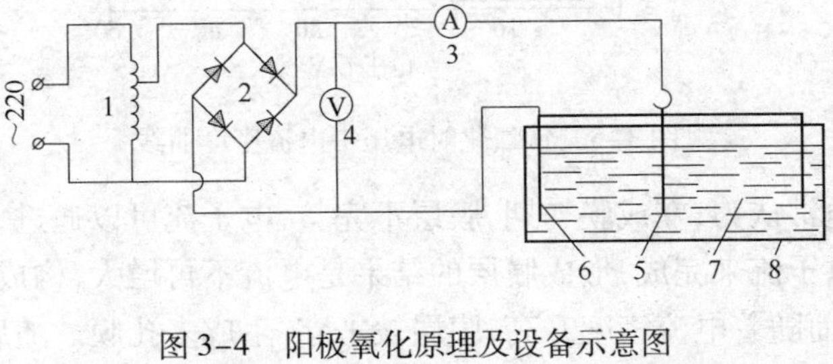

图 3-4　阳极氧化原理及设备示意图

1—变压器;2—整流器(输出 250 V,20 A);3—直流电流表(0~25 A);
4—直流电压表(0~250 V);5—阳极(工件);6—阴极(铅板);
7—电解液(1% H_2SO_4 水溶液);8—电解槽(塑料槽)

钛直流阳极氧化过程和许多转化膜形成过程类似,也存在金属溶解和膜形成两个过程。图 3-5 所示为研究者记录的典型的钛氧化时电压—电流密度曲线。由图 3-5 中曲线可以看出，在 0 ~ 45 V 的氧化电压区间内，曲线存在两个平台，分别对应着电压增大时电流没有明显增大的区域。低电压区是一个平台，电流没有随电压的增大而明显增大，形成明显的钝化区。随后是电流密度上升区间，此时钛阳极活化溶解，此阶段为活化区，钛随后进入一次钝化阶段，电流密度基本不变；紧接着，电流密度开始显著上升，并在随后出现一个明显的钝化区。电流密度上升是在电压 20 ~ 30 V 时发生的，此时钛转变为二价钛离子，氧化膜开始形成。在到达一个确定值之后，随电压的上升，电流密度不再上升，反而有所下降，这表明钝化膜层已经形成，并不断增厚，遂使电流稍有下降。该过程发生钛形成高价离子的转变，伴随有大量离子流的迁移，直至膜层被击穿。

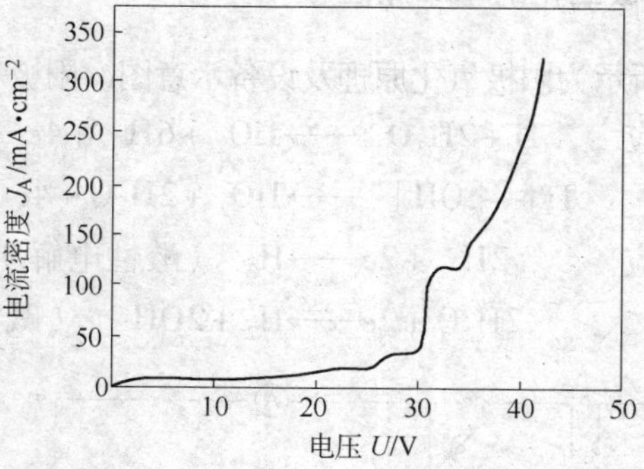

图 3-5　钛氧化时电压—电流密度曲线

通常认为，在成膜初期，膜层不完整，电子流可以通过，导电主要由电子流来完成，形成膜层的结果是电流不再增大，构成一次钝化区；而随着电流密度升高，膜层被击穿，生成多孔膜。随后，阳极氧化膜层不断增厚并趋于完整，导电过程转化为主要依靠离子流向表层的迁移。图 3-5 中电流密度大约为 120 mA/cm^2 时，处于成膜效率最高的条件下。当电压超过 35 V 后，电流密度随电压增大急剧上升，膜层再次被击穿，此阶段为二次过钝化区。这说明钛阳极氧化是发生在二次钝化区（微弧放电区），生成的产物是以

TiO_2 为主的氧化物。

在膜层的形成过程中,电压加到了形成的膜层上,电流密度稍有下降,这表明膜层的电绝缘性大于合金基体。同时也表明,电极内有物质流起到导电作用。钛基体内的钛离子流在强大电压的作用下受到驱动,从基体内迁移到表层放电。控制氧化电压避免击穿的发生,对钛合金的阳极氧化来说比较困难。击穿伴随火花的出现,这就是所谓的阳极效应。很多金属都可以找到相对准确的击穿电压。钛的情况比较特殊,击穿电压范围很宽,在很多情况下,出现击穿却没有火花的发生,因此,阳极氧化条件的严格控制以达到氧化效果的重现比较困难。由于电压升高往往伴随着水的电解,因此电解槽中会出现大量气泡。不同的电解液配方产生不同的电解程度,钛表面的钝化也就经历着不同的氧化效率。单一氢氧化钠组成的电解液,电解发生强烈,并且也伴随着火花的出现,添加了其他盐类(如硅酸盐、碳酸盐、磷酸盐等)后,电解程度大大降低。在不同的电解液中,火花的出现与否有所区别,火花的颜色和形态也不尽相同:

氢氧化钠、硅酸钠、偏铝酸钠	有火花
饱和氢氧化钡	有火花,银白色
钨酸钠	细碎火花,银白色
草酸钠	有火花,橘黄色
酒石酸铵	无火花

在电场作用下,钛阳极表面形成钛的氧化物,而在阴极,无论是酸性还是碱性电解质,都发生了氢离子还原、产生氢气的反应。

在碱性溶液中,由于反应时 Ti 电极电位为 -1.0 V(VSSCE)左右,电解液的 pH 值为 12.5 左右,查阅 25℃时 Ti-H_2O 体系的电位 - pH 值图可知,这组数据(-1.0,12.5)使得该反应产物落在最稳定的 TiO_2 钝化区。另一方面,对膜层的 X 射线衍射结构分析(见图 3-6)也可以证实:经过直流阳极氧化后的工业纯钛表面生成的氧化膜层确实是以 TiO_2 为主。

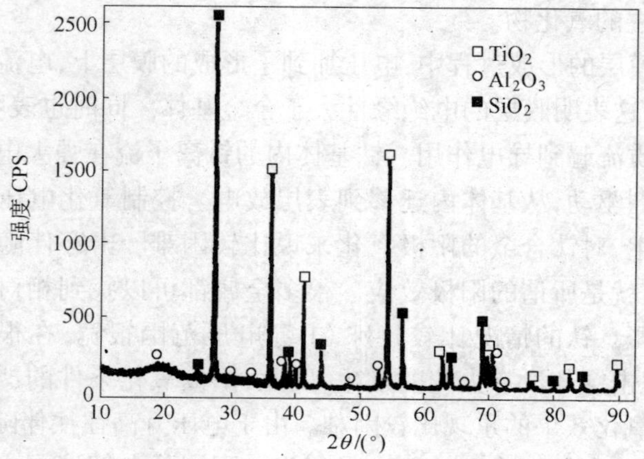

图 3-6　对钛阳极氧化膜的 X 射线衍射结构分析

3.2.3　钛阳极氧化的工艺参数

无论钛材是为了满足何种用途,需要的都是钛材表面有致密且厚度合适的氧化膜。

氧化膜的质量主要取决于阳极氧化的工艺参数。这些参数包括恒压电压、氧化时间、电解液成分、温度和电流密度等。

常用的阳极氧化电解液有 H_3PO_4、Na_2SO_4、Na_3PO_4、H_2SO_4 等水溶液。阳极氧化电解液浓度过高或温度过高都会加速氧化膜的溶解。在这样的条件下,即使生成氧化膜,也会是疏松多孔容易破碎的,无法应用到工程上。电解液温度过高时应强制冷却。操作温度以室温条件比较适宜。

电流密度同样也影响氧化膜的质量。电流密度过大,氧化膜成膜速度快,膜层容易变得疏松。过大的电流密度甚至使生成的氧化膜变得质脆、疏松、易脱落。电流过大还有可能引起工件被电击穿或被烧毁。

阳极氧化时,在 1 ~ 1.5 min 内平稳地将电压升至规定值,随恒压电压的升高,氧化膜变厚,电流下降,因此,为保持电流密度的恒定,必须每隔一段时间增加电压。但电压过高,生成的氧化膜质脆疏松。阳极氧化结束电压取决于阳极氧化膜层厚度,在最大膜层厚度情况下，槽电压不超过 250 V。

为使溶液温度保持在给定范围内，应强制冷却溶液。

钛合金阳极氧化的电流密度为 5 ~ 10 A/dm^2，电压为 20 ~ 90 V，在氧化着色溶液中着色 15 ~ 30 min，漂洗后在去离子水中封闭处理 15 ~ 30 min；在 110 ~ 130℃下烘干处理 30 ~ 60 min。之前要经过碱洗和酸洗步骤。钛阳极氧化工艺步骤少，操作简单，易于维护。着色后的阳极氧化膜表面硬度高，结合力与耐蚀性能好，色泽光亮，均匀无杂色，装饰效果好。

氧化时间对膜增重的影响是：随时间增长膜增重到某值后，由于电阻增大，抗氧化性提高，氧化膜生长速度减慢；再继续延长时间，对膜增重影响不大。

钛阳极氧化技术起源于 20 世纪 60 年代，其发展变化首先是在槽液的组成上，从最初的硫酸、硫酸和磷酸混合液到碱性溶液。我国航空系统在这期间制定了两个钛合金氧化的行业标准。1996 年发布的标准中槽液是磷酸溶液，而在 2002 年发布的标准中，槽液为 4 种，根据其用途不同而采用不同的槽液，其中包括沿用的酸性槽液、硫酸型、硫酸加磷酸型和碱性槽液。硫酸型阳极氧化主要适用于有机涂层底层；硫酸加磷酸型阳极氧化用于防止钛合金接触腐蚀和提高耐磨性；碱性阳极氧化主要用于防止钛合金的黏结以及适用于有机涂层底层。

4 种典型的阳极氧化的溶液配方和工艺条件见表 3-12。

表 3-12　4 种典型的阳极氧化的溶液配方和工艺条件

工艺编号	氧化液用酸 /mL · L^{-1}		氧化液主成分 /g · L^{-1}		溶液温度 /℃	电流密度 /mA · cm^{-2}	时间 /min	电压 /V
	硫酸①	磷酸②	氢氧化钠	磷酸钠				
1			18 ~ 20		90 ~ 94	30 ~ 70	10 ~ 20	14 ~ 16
2				50 ~ 100	室温		60	22.5 ~ 25
3③	200 ~ 210	10 ~ 20			0 ~ 10	20 ~ 100	10 ~ 20	80 ~ 220
4③	180 ~ 220				室温		2 ~ 15	18 ~ 21

① H_2SO_4，$\rho = 1.84$ g/mL；② H_3PO_4，$\rho = 1.7$ g/mL；③ 脉冲频率为 1 Hz，持续时间为 0.2 s。

酸性溶液阳极氧化时,因其废液中硫酸根、磷酸根离子的存在,使得水处理成本增加,近年来人们一直致力于研究在环保型电解液中制备具有较高硬度、耐磨性、耐腐蚀性优异、膜层色泽饱满的钛氧化膜的方法。经过研究,发现工业纯钛在碱性环保型电解液中阳极氧化可获得较厚的膜层。一种厚膜碱性阳极氧化液成分及工艺条件见表3-13。

表3-13　一种厚膜碱性阳极氧化液成分及工艺条件

工艺条件	氧化液主要成分/g·L^{-1}				溶液温度/℃	电流密度/mA·cm^{-2}	时间/min	电压/V
	硅酸钠	氢氧化钠	偏铝酸钠	添加剂				
范围	0~20	6~120	6~20	5~20	10~60	30~200	5~200	30~90
最佳		70	15		25	120	60	35

通过对氧化膜的性能进行较系统的研究,得到纯钛上的氧化膜为白色、多孔状的陶瓷膜层,膜层厚度可达40 μm以上,膜层主要成分为TiO_2,氧化膜的显微硬度远高于基体硬度;氧化膜的耐蚀性明显高于钛基体,可以达到生物医用材料的要求。

有关钛及钛合金阳极氧化中电源波形对着色膜性能的影响曾经做过一些探讨。采用4种波形的电源分别进行氧化实验,4种波形电源为半波整流电源、全波整流电源、脉冲直流电源、平滑直流电源等。氧化着色电解液配方是在以下配方范围内选取不同比例及浓度进行试验,选出最佳电解液配方:磷酸50~200 mL/L;草酸5~20 g/L;高锰酸钾2~8 L;用$NaC_6H_{11}O_7$调节pH值,pH值为1~3。

着色电源的波形对钛合金阳极氧化行为的影响见表3-14。

表3-14　着色电源的波形对钛合金阳极氧化行为的影响

着色电源	试验名称		
	点滴试验时间/s	盐雾试验	摩擦试验
半波整流	72	差	差
平滑直流	73	中	良
全波整流	79	良	良
脉冲直流	100	优	优

前面叙述过脉冲电源对阳极氧化成膜有利，氧化的能量消耗少。对于成膜质量而言，以膜层耐蚀、耐磨性能进行评价，也可以看出不同电源波形的差异极大。表3-14使用简单的氧化膜滴液腐蚀的方法，以及盐雾试验、摩擦试验等方法进行评价，可以看出膜层质量相差很大。耐腐蚀性能采用盐雾试验机进行中性盐雾(NSS)试验100 h，观察试件腐蚀情况。滴液腐蚀试验使用氢氟酸和硝酸(HF($d=1.13$)1%，HNO_3($d=1.42$)10%(体积分数))溶液点滴着色膜表面，记录从试件着色膜接触点滴液体起到第一个气泡的时间。色膜耐磨性能采用橡皮施以35～40 N(约0.185 MPa)的压力擦拭试件表面100次，观察色膜是否有颜色变化的现象出现。由表3-14可见，脉冲电流的各项检验结果表明，该电流施加方式制备试样的性能都是最佳，远远优于其他电源波形的结果。而半波整流的效果最差。

3.2.4 钛的氧化膜及其性能

钛氧化时，能生成简单的三种氧化物：TiO_2、Ti_2O_3和TiO。其中，以TiO_2的性能最为稳定。

金属钛是密排六方(HCP)结构或体心立方(BCC)结构，前者是在常温下稳定的，称为α相，后者是在高温区稳定的，称为β相。纯钛在882.5℃发生同素异构转变。合金化元素中，Al、Sn、O、N是α相稳定剂，而V、Cr、Mn、Fe、Mo、Si、Zr和Nb是β相稳定剂。由此可知，钛合金氧化膜的组成和结构一定是随着不同合金类型、不同的相结构以及生长环境条件而异的。工业纯钛等溶液组成、溶液的pH值、温度以及外加电流条件等，都构成了影响钛合金氧化膜组成及性能的环境因素，从而也就影响着钛合金氧化膜的强度和耐蚀性等主要性能。毫无疑问，工程应用过程中受到的载荷是影响钛合金氧化膜性能的力学因素，在一定介质条件下承受载荷时，无论是恒定载荷还是交变载荷，对于钛合金材料表面膜层的稳定性的影响，在工程设计中是必须给予考虑的。

大量研究工作表明，就工业纯钛而言，表面氧化膜的结构类型也不是单一的。最表层接触空气或介质的一面，以 TiO_2 为主，逐渐过渡到 Ti_2O_3，在氧化物和金属基体的界面，通常都以 TiO 为主，还会存在中间的非化学当量的氧化物。在 TC4（Ti-6Al-4V）的氧化膜中，膜层由 TiO_2 和 Al_2O_3 组成。

钛合金的耐蚀性能主要取决于氧化膜的保护作用。我国环境腐蚀网站对国产金属材料在海水中腐蚀试验了 20 多年，工业纯钛（TA2）和 6Al-4V 钛合金（TC4）在海洋不同环境中暴露 16 年，仍然未发现可测量的腐蚀现象。究其原因，是钛原子与氧的亲和力较强。氧原子进入钛表面后，明显降低钛原子的结合能，且随氧原子质量分数的增加，钛原子的结合能降得更低（见表 3–15）。该方法的依据是采用递归法计算电子结构参数。表 3–15 使用原子结合能可任意解释为什么钛的氧化膜有较强的稳定性。表 3–15 中的原子结合能表示，氯原子的进入虽使钛原子的结合能得到进一步降低，但是都比氧原子降低的幅度小。这就说明只要有氧化膜存在，氯原子很难取代钛氧化膜中的氧，从而使钛的氧化膜在海水中仍然十分稳定，保护作用仍然十分突出。

表 3–15　使用递归法计算钛原子结合能

原子团	Ti	Ti—O	Ti—2O	Ti—3O	Ti—Cl
E_{bind}/eV	−310.6317	−342.6372	−374.7199	−407.9540	−341.2079

注：表中 O，2O，3O 分别表示计算胞元中有 1 个、2 个、3 个氧原子。

前面所述脉冲阳极氧化技术的优势具体体现在阳极氧化膜的性能上。

近年，为了有效提高钛合金阳极氧化膜抗电偶腐蚀的性能，采用脉冲阳极氧化工艺，使用表 3–12 中以硫酸和磷酸为主的电解液来实现。大幅度提高浓度，大幅度提高电压，使 H_2SO_4 达到 300 ~ 400 g/L，H_3PO_4 达到 50 ~ 120 g/L，电流密度提高达 2 ~ 3 A/dm^2，温度仍保持在 0 ~ 10℃ 的情况下，采用脉冲阳极氧化技术制备了一种钛合金阳极氧化膜。脉冲频率是 $f = 10$ Hz，幅度 10% ~ 20%，占空比 1∶4。操作中，施加 200 V 阳极电压，当电压达到 120 V 时，停止阳极氧化。阳极氧化约 10 min 左右。该阳极氧化膜厚度为 2 ~ 3 μm,是多孔膜。

采用电化学技术对该阳极氧化膜的耐蚀性能和抗电偶腐蚀性能进行了测试。结果表明:阳极氧化后,TC6 钛合金在 35 g/L NaCl 溶液中的开路电位从 −207 mV(VSSCE)上升到 132 mV(VSSCE),腐蚀电流密度从 2.3×10^{-2} μA/cm² 下降到 1.4×10^{-3} μA/cm²,表面膜的极化电阻从 2.647×10^{5} Ω · cm² 上升到 6.109×10^{7} Ω · cm²。电偶腐蚀测量则表明,与 300 钢偶接,阳极氧化降低钛合金电偶腐蚀电流 1/5 以上,其电偶腐蚀的敏感性降到了 B 级。这表明脉冲阳极氧化膜能有效提高钛合金抗电偶腐蚀性能。

将上述钛合金 TC6 脉冲阳极氧化膜的性能与使用直流碱性阳极氧化的膜层性能做一个比较:同样是在 35 g/L NaCl 溶液中测试,使用直流碱性溶液氧化,工业纯钛上形成阳极氧化膜的膜层厚度达到了大于 40 μm,极化电阻为 2.462×10^{4} Ω · cm²,腐蚀电流密度为 2.55×10^{-1} μA/cm²;而在上述使用脉冲阳极氧化的例子中,使用酸性溶液氧化 TC6 钛合金,其极化电阻高出 3 个数量级,腐蚀电流密度下降 2 个数量级。由于每项研究工作,均有自身的应用对象,所处理的效果并非一定要达到最高耐蚀性能指标,满足各自的技术要求应是各自研发的目的。这里只是想说明,不同的钛合金阳极氧化工艺制备出氧化膜的耐蚀性能可以具有几个数量级的差异。

3.3 钛的表面硬化处理

3.3.1 钛表面硬化的主要方法

表面硬化的目的是提高耐磨性,并消除在摩擦条件下工作的零件发生相互黏附的危险性。在硬度提高的同时,有可能耐蚀性能及疲劳强度也有所提高。这里首先关注表面硬度的提高,关注工艺本身及其对表面硬度提高的影响。

钛合金渗碳在表面上生成 TiC 相，具有非常高的硬度。但是 TiC 层与基体的结合力很差，妨碍实际使用。钛表面渗硼生成 TiB_2 相，硬度也很高。据文献报道，将酸洗后的钛零件包埋在无定型硼粉和 Al_2O_3 粉各半的混合粉末（其中加有 0.75% ~1.0% 的 $NH_4F \cdot HF$）中，在 1010℃保温 48 h，即可生成 TiB_2 层。在上述条件下，该涂层的厚度依合金不同而异，工业纯钛上生成的涂层厚度为 25 μm，TC4 合金上形成厚度为 20 μm，硬度在 HV2800 ~3450 的范围。渗硼的温度要求高，这使其应用受到一定限制。如果先在钛上电镀铁，之后进行硼化，可以降低硼化温度到 870℃，镀层厚度可达 40 μm，硬度可到 HV2300。

3.3.2　表面氮化（渗氮）处理

在钛的表面硬化处理中，氮是一种良好的硬化剂。在经过表面氮化处理后，钛的表面形成了氮化钛层。氮化钛是一种间隙化合物，具有高熔点和高硬度。坚硬耐蚀的表面氮化钛层，使得经氮化处理后的各种钛制件在化工、电镀、洗印、电子、冶金等行业中具有推广应用的意义。此外，氮化钛层的金黄色光泽也起到了装饰作用。

已经报道的钛的氮化方法有气体渗氮、离子渗氮、离子注入、激光氮化、电解质溶液等离子氮化。

气体渗氮是最先发展起来的工艺，它是将钛合金零件置于 800 ~1000℃的含氮介质中进行氮化（炉内充满氮气，保温十几个小时至数十个小时）。由于钛吸收氮气，氮化时也可以在高温炉内直接通入氮气。

氮化后，零件上可生成 0.1 ~0.15 mm 的氮化层。氮化层通常由 TiN（δ 相）、Ti_2N（γ 相）和氮在 α-Ti 中的固溶体 α-Ti（N）三相组成。随着氮化温度的升高，时间的延长，TiN（δ 相）含量增加，Ti_2N（γ 相）、α-Ti（N）含量减少。在氮和钛开始反应时，首先形成氮在钛中的固溶体，随着浓度的增加，依次形成 Ti_2N 和 TiN，TiN 和 Ti_2N 各自的相对含量随温度和时间的改变有很大变化，但其总量变化不大。若把 TiN、Ti_2N 和 α-Ti(N)三相的含量关系视为厚度关系,则可认为:当温度较低,时间较短时,TiN 层较薄,而 Ti_2N 层较厚;随着温度的升高、时间的延长,氮通过 TiN 层继续扩散,TiN 层厚度增加,Ti_2N 层厚度相对减小。TiN 和 Ti_2N 层的总厚度虽向基体有所扩展,但变化不大。由于 δ 相性脆,会导致合金的韧性降低,所以渗氮时间和温度条件应掌握在形成 δ 相分布在 γ 相中的结构最为理想。

欲进行钛的氮化,采用纯氮气作氮化源时,对氮气的纯度要求较高,通常采用 99.9% 以上的高纯氮气,否则由于微量氧气会加速钛合金表面的氧化反应,因此会使氮化反应难以进行。此外,氮化前需要对系统除氧,保证设备始终处于真空状态,否则即使炉内的氮气纯度能够保证,也可能会因设备的轻微泄漏造成工件的不同部分发生不同程度的氧化、工件表面有轻微紫色或者发出火花。如果在氮化气体中添加一定量的氢,由于氢离子具有还原作用,钛表面的氧化膜难以稳定存在,因而氮化反应易于进行。虽然氢在氮化过程中起着良好的保护作用,但是也存在一定问题,即在氮化后,钛材试样中氢含量增加,存在着氢脆的危险。用氨进行氮化时,由氨分解出来的氢是一个活性基,它既能去除钛材表面原有的氧化膜,又能阻止氮化过程中新的氧化反应,有明显的还原作用。在氢的作用下,工件表面一直保持在无污染的活性状态,易于氮化。工作实践表明,使用氨氮混合气体进行氮化,当氢的质量分数小于 0.015% 时,钛材仍保持良好的塑性;而使用氮氢混合气体进行氮化,当钛材中氢的质量分数达到 0.012% 时,就会发生氢脆。

钛及钛合金经氮化后,表面硬度成倍提高。例如,工业纯钛的硬度一般不超过 HV225,氮化后表面硬度可达 HV800 ~ 1000;两相钛合金 TC4 未氮化时硬度约为 HV380 ~ 400,氮化后硬度可达 HV1385 ~ 1670。

氮化后的硬度随着温度、氮化时间以及氮气压力的改变而改变。随着氮化温度升高,时间延长,表面硬度增加。在 1000℃ 氮化,试样表面出现凸浮,影响使用,应予避免。在相同氮气压力下

(比如115～12 kPa),低于1000℃时,在4 h前,表面硬度随时间的延长急剧升高;4～8 h以内变化趋于平缓,8 h后;硬度基本变化不大(见图3-7)。

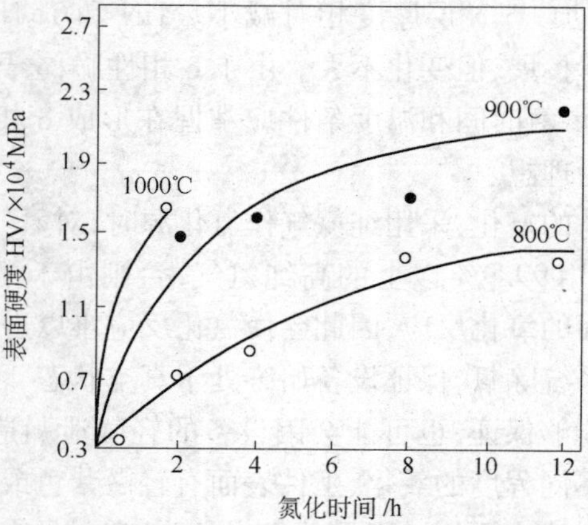

图3-7　氮化试样的表面硬度(熔炼加工钛)

氮化层硬度分布具有一个显著特征,即在表层60 μm之内,硬度从最大值急剧下降,随后达到一个平稳硬度区域。氮化层硬度测量如图3-8所示,图中所列是两种不同工艺制备的钛合金,分

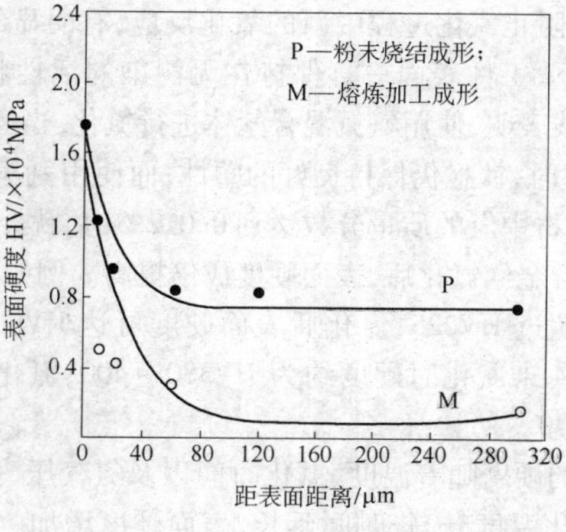

图3-8　氮化层硬度测量

别是粉末烧结成形(P)和熔炼加工成形(M)。在相同的温度和氮气压力条件下,两种工艺试样的表层硬度相当,但内层硬度差异显著,粉末试样具有明显的内层氮化而使硬度增大的效果。这与粉末试样内部具有较多的孔隙相关。由此也可对钛合金气体氮化的过程和机理有进一步的认识。

试样温度、氮气压力和流量、氮化时间等均对氮化后钛表面硬度构成一定的影响。

3.3.3 其他渗氮方法简介

通过气体氮化工艺,氮化质量和效率都不能令人满意,因此大有被离子氮化取代的趋势。离子氮化在离子氮化炉中进行。它是将工件放在充有几百帕氮气或氨气的炉子中,在工件与炉壳之间加上电压,使两者之间发生辉光放电,氮气电离成氮离子,在电场中被加速,轰击工件表面,并与表层的钛发生反应,形成 TiN 相;通过连续轰击,使得氮离子或氮分子不断地向内部扩散,氮化厚度不断得到增加。通过控制辉光放电的功率来控制工件的温度,从而也就控制着氮化速度和氮化层的厚度。钛合金离子氮化工艺见表 3-16。离子氮化工艺氮化层的硬度分布如图 3-9 所示。

表 3-16 钛合金离子氮化工艺

材　料	离子氮化温度/℃	氮化时间/h	氮气压力/Pa
TA2	860 ~ 880	4	1066.6
TC4	930 ~ 950	4	1066.6

激光表面氮化应用于钛合金上,也在文献中有所报道。工作者使用二氧化碳激光器连续或者脉冲激射钛合金表面,使得表面迅速熔化并与氮反应形成 TiN 和 Ti_2N 相。在激光处理过程中,钛材受到氮气保护,使其避免受到氧化。也可以把钛工件放到液氮中进行激光表面合金化。同样,氮化层的厚度以及硬度,受到表面激光处理形成的局部温度高低的影响,直接取决于激光照射的功率密度。激光表面氮化的氮化层厚度通常可达 0.5 mm,硬度可达

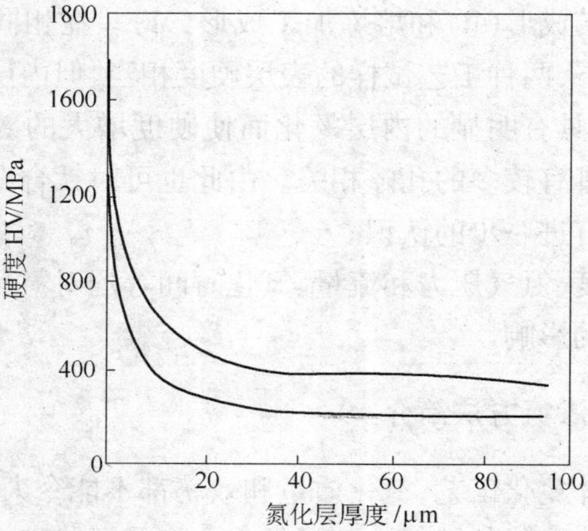

图 3-9 离子氮化工艺氮化层的硬度分布

HV1400。很明显,激光表面氮化厚度大于其他氮化工艺。由于是表面合金化,不会影响到基体合金的形状和力学性能。

3.3.4 微弧氧化陶瓷技术与设备

3.3.4.1 微弧氧化的研究概况

微弧氧化是在偶然之间发现的。研究发现浸在电解液中的金属在高压电场作用下,表面会出现火花放电现象,而这种放电火花对金属表面既有破坏作用,在一定条件下又可能被利用,生成氧化膜。此技术最初是针对铝及其合金的研究开始的。20 世纪 70 年代以后,苏联、美国、德国等国都开始加快了对微弧氧化的研究。苏联在 20 世纪 80 年代开始了钛合金微弧氧化涂层的研究,侧重于对电解液配方的优化、膜层化学成分的分析及其对防护性能的影响,在研究与开发应用方面均属先进。美国和德国的一些单位则侧重于用直流或单向脉冲电源开始在铝、钛等轻金属表面做火花放电沉积膜。20 世纪 80 年代中后期,微弧氧化发展成为一项在国际上研究热门的有色金属表面原位生长氧化物陶瓷层的新技术,成为在阳极氧化理论的基础上做出的重大突破。

国内在20世纪90年代中期开始了此项技术的研究,在铝、镁、钛及合金表面微弧氧化制备耐磨、耐腐蚀膜层的技术及设备研制等方面,分别由北京师范大学的薛文斌及北京有色金属研究总院的朱祖芳等人申请到国家自然科学基金,通过不同的技术路线,他们开始了钛合金在硅酸盐体系、偏铝酸钠体系中微弧氧化陶瓷层的组织结构、成分分布,以及陶瓷层硬度、弹性模量、耐蚀性能等方面的研究。其后,陆续开展了微弧氧化溶液的组成与浓度对陶瓷层生长速度、相组成的影响,硅酸盐体下电参数对钛合金微弧氧化陶瓷涂层的生长速率、组织形貌和相组成的影响等研究工作。

近几年来,由于在含钙和磷组分的电解液中生成的钛微弧氧化涂层具备较高的抗磨损、抗腐蚀与生物相容性,在骨移植方面引起潜在的兴趣,现已开展了大量研究工作。

总体而言,国内外关于微弧氧化钛合金表面技术仍有待于进一步探索和研究。随着该项技术研究的不断深入及其应用领域的不断拓宽,微弧氧化技术必将显示出广阔的发展前景。

3.3.4.2 钛合金脉冲微弧氧化的原理

微弧氧化或称微等离子体表面陶瓷化技术,是指在普通阳极氧化的基础上,利用弧光放电增强并激活在阳极上发生的反应,从而可使包括钛在内的金属及其合金工件表面形成优质的强化陶瓷膜。该氧化的方法使用的电源功率达到30~400 kW(频率为50~2000 Hz);电流为0~500 A(正、负);额定电压为800 V;占空比在5%~95%之间调节;具有选择恒流、恒压和恒功率三种输出功率。

低温脉冲微弧阳极氧化技术的特点是电流间断通过电解槽,钛合金零件在电解液中接阳极。电压升至近百伏时,开始形成该种防护性氧化膜。由于钛合金的这种氧化膜具有很高的绝缘性,要通过不断升高电压击穿先前生成的阳极氧化膜,保持工件的电流密度恒定,使氧化膜增厚,形成连续的、多孔的、高绝缘性的分层分布的氧化膜。在这样的工艺条件下,在钛合金表面形成膜层的硬度类似陶瓷膜,从而达到工件表面强化的目的。

金相试样断面检测了这种氧化膜的微观形貌,可以看到微弧氧化膜分三层。氧化工艺过程分为三个阶段。阳极氧化的最初阶段，贴近基体的、最初生成的一层称为阻挡层，这一层最致密，是高阻值的绝缘层，但厚度仅为 1 μm 以下。发生的反应可推断为：

阳极　$Ti + 2OH^- \longrightarrow TiO + H_2O + 2e$　(3-4)

$Ti + 4OH^- \longrightarrow TiO_2 + 2H_2O + 4e$　(3-5)

$2Al + 6OH^- \longrightarrow Al_2O_3 + 3H_2O + 6e$　(3-6)

阴极　$2H + 2e \longrightarrow H_2 \uparrow$　(3-7)

阻挡层覆盖了金属表面时，电流快速降低，使氧化进入第二阶段，即生成加强层。若要使氧化膜增厚，电压要不断升高。由于电化学的极化作用引起了材料表面形成大量的等离子体微弧，即弧光放电现象。在电场力的作用下，氧化物不断地生成，使氧化膜逐渐增厚，膜孔也在“长”大。同时氧化膜的薄弱区不断变化，在微弧的作用下，钛合金表面形成瞬间的高压高温区，生成的氧化膜部分地熔融。脉冲断流时，等离子体微弧消失，电解液迅速将热量带走，熔融物体迅速凝固，氧化膜相互叠起来，使阳极导电面积大幅度下降，电流再次下降。脉冲电流间断时，阳极上溶解下来的游离的钛离子的一部分与槽液中 H_3PO_4 解离出来的 HPO_4^{2-} 形成水合酸式磷酸钛的沉淀，沉积在氧化膜的微孔中。X 射线衍射检查出 $Ti(HPO_4)_2H_2O$ 化合物。随着电压的不断升高，膜孔不断长大，熔融沉淀物也增多，使得氧化膜快速增厚，这一增厚层称为加强层。氧化膜的厚度可以通过控制最终电压的大小来控制。阳极氧化进入第三阶段时，根据图纸所规定的厚度，将电压升至规定的值。随后电流逐渐变小，保持到规定的时间。这一过程为氧化、熔融、凝固相对平衡阶段。这一层微观结构致密，氧化膜孔被部分封闭，因此，也称为封闭层。

3.3.4.3　微弧氧化技术的一般特点

微弧氧化技术是采用高压电源、大电流，在无污染的电解液中以微弧放电的形式，在钛合金表面生成氧化物陶瓷膜层。因此，与其他表面处理技术相比，该技术具有以下特点：

(1) 膜层致密，孔隙率低，这决定了具有高耐腐蚀性能、高强度和硬度以及高性价比。

(2) 作为转化膜,陶瓷层从基体上生长,与基体的结合紧密,不容易脱落。

(3) 通过改变工艺条件和在电解液中添加胶体微粒实现了膜层的功能设计,可以调整膜层的微观结构、特征,也可以获得新的微观结构,如通过羟基磷灰石使氧化膜的生物活性增强(见图3-10)。

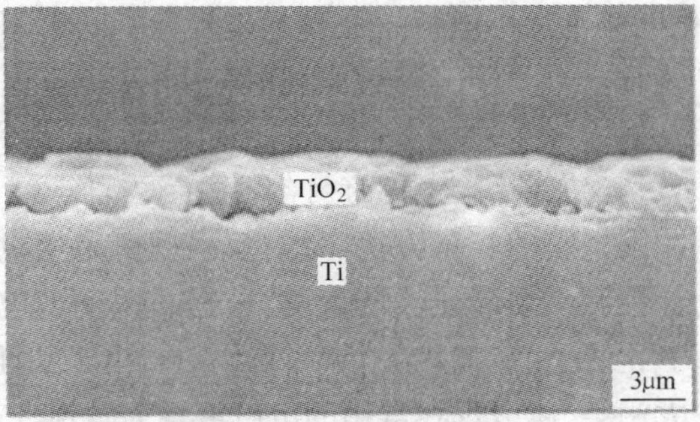

(a)

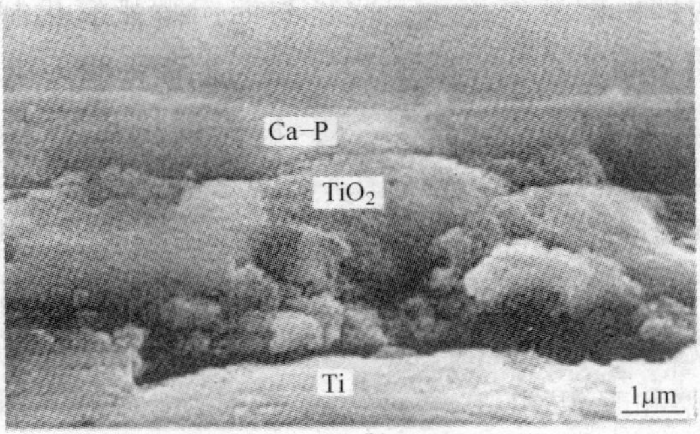

(b)

图3-10 微弧氧化膜截面扫描电镜成像

(a) 在工业纯钛表面的微弧氧化膜;(b) 使用溶胶凝胶法在氧化膜表面沉积出羟基磷灰石(HA)活性层

(4) 操作简单,不需要真空或低温条件,前处理工序少,能在内外表面、形状复杂的部件及空心部件上生成均匀膜层,扩大了微弧氧化的适用范围。

（5）陶瓷膜层厚度易于控制且处理的效率高，一般硬质阳极氧化获得 50 μm 左右的膜层需 1 ~ 2 h，而微弧氧化只需 10 ~ 30 min。

（6）对材料的适应性宽，除钛合金外，还能在 Al、Zr、Mg、Ta、Nb 等金属及其合金表面生长陶瓷膜层。

微弧氧化是从普通阳极氧化发展而来的，它突破了传统的阳极氧化电流、电压法拉第区域的限制，把阳极电位由几十伏提高到几百伏，氧化电流也从小电流发展到大电流，由直流发展到交流，致使在样品表面上出现电晕、辉光、微弧放电，甚至火花放电等现象。

3.3.4.4　微弧氧化陶瓷膜的制备工艺

微弧氧化陶瓷膜的制备方法有很多，根据所采用电解液的种类可以分为酸性和碱性氧化法两大类：根据所采用的电源特征可以分为直流氧化法、交流氧化法、脉冲氧化法。由于酸性电解液对环境存在较大污染，所以现在常用的电解液均为碱性。

（1）酸性电解液氧化法。这是初期用微弧氧化制备陶瓷膜的方法。它可在 500 V 左右的电压下，以浓硫酸为电解液制成陶瓷薄膜。另外，采用磷酸或磷酸盐溶液可以获得较厚的氧化膜。

（2）碱性电解液氧化法。碱性氧化法比酸性氧化法对环境的影响较小，且在其阳极生成的金属离子还可以转变为带负电的胶体粒子而被重新利用。同时，电解液中其他的金属离子也可以进入膜层，调整和改变膜层的微观结构，使其获得新的特性。目前常用的电解液有硅酸盐体系、氢氧化钠体系、铝酸盐体系和磷酸盐体系，其中以硅酸盐体系最为常见。

（3）直流氧化法。在 20 世纪 30 年代初期，有研究者发现在高压电场下，浸在某种电解液里的金属表面出现火花放电现象，可生成氧化膜。此技术最初采用直流模式，主要应用在镁合金的防腐性能研究上。

（4）交流氧化法。微弧氧化研究表明，采用交流电源模式，使用的电压比火花放电阳极氧化的电压高,并称之为微弧氧化,后来发展为不对称交流电源。

(5) 脉冲氧化法。采用单向脉冲电源进行此项技术的研究,并命名为火花放电阳极氧化。脉冲交流电源因脉冲电压特有的针尖作用,使得微弧氧化膜的表面微孔相互重叠,膜层质量获得提高。微弧氧化过程中,通过正、负脉冲幅度和宽度的优化调整,微弧氧化层性能能达到最佳,并能有效地节约能源。

3.3.4.5 微弧氧化制备陶瓷膜层的影响因素

微弧氧化膜的性能与膜层的表面质量、膜层总厚度及膜层中致密层和疏松层的比例密切相关。致密层占总膜厚的比例越大,膜的硬度和耐磨性、耐蚀性越好。制备陶瓷膜层时的影响因素主要有以下几个方面:

(1) 电流密度。电流密度越大,氧化膜的生长速度越快,膜厚度不断增加,但易出现烧损现象:随电流密度的增加,击穿电压升高,氧化膜表面粗糙度增加,氧化膜硬度也增加。

(2) 氧化电压。低压生成的膜层孔径小、孔数多,高压生成的膜层则相反,但成膜速度快。电压过低,成膜速度小,膜层薄,膜颜色浅、硬度也低;电压过高,易出现膜层局部击穿,对膜层的耐蚀性不利。

(3) 氧化时间。随氧化时间的增加,膜层厚度增加,但存在极限氧化膜厚度,当膜表面微孔密度降低,粗糙度变大。若氧化时间足够长,达到溶解与沉积的动态平衡,对膜表面有一定的平整作用,表面粗糙度反而减小。

(4) 溶液温度。温度低时,膜层的生长速度较快,膜致密,性能较佳;但温度过低时,氧化作用较弱,膜厚和硬度值都较低;温度过高时,碱性电解液对氧化膜的溶解作用增强,致使膜厚与硬度显著下降,且溶液易飞溅,膜层易被局部烧焦或击穿。

(5) 溶液浓度及酸碱度。溶液浓度对氧化膜的成膜速率、表面颜色和粗糙度都有影响;酸碱度过大或过小,溶解速度都加快,氧化膜生长速度减慢,所以一般选择弱碱性溶液。

3.3.4.6　钛合金微弧氧化的应用

微弧氧化技术的应用总是与其膜层的特性联系在一起的。微弧氧化膜层从特性来分，可分为腐蚀防护膜层、耐磨膜层、电防护膜层、装饰膜层、光学膜层、功能性膜层等，归纳起来，微弧氧化膜层的应用领域见表3-17。

表3-17　微弧氧化膜层的应用领域

微弧氧化膜层	应用领域
腐蚀防护膜层	化学设备、建筑材料、泵部件
耐磨膜层	纺织机械、发动机部件、管道
电防护膜层	电子、化工设备、能源工业
装饰膜层	仪器仪表、土木建筑
光学膜层	精密仪器
功能性膜层	催化、医疗设备、医用材料

表3-17中未包括的还有航空航天和军事工业。在该技术出现并成功地制备了微弧氧化陶瓷膜层后，钛及其合金克服了表面硬度较低、耐磨性较差的不足，因此在机械、汽车、国防、电子、航天、航空、建筑及医学等领域有了广泛的应用空间。

微弧氧化后生成的 TiO_2 膜层具有绝缘性好、介电常数高等优良特性，可用于电子材料中；在生物医用材料中，钛及其合金微弧氧化陶瓷膜，在微弧氧化过程中，由于击穿形成的放电通道，可使硬组织植入材料朝内生长，因此较好地改善了与新生骨的机械啮合，缩短愈合时间；钛合金人工牙、人工关节、人工骨表面经过微弧氧化处理后不仅提高了耐磨、耐蚀性，而且将钙、磷元素直接渗入氧化膜层中，提高了生物相容性，在临床植入体手术中已有少量的探索性应用：在现代船体结构中，利用微弧氧化技术可在复杂形状及线尺寸相差很大的零件上形成均匀且足够坚硬的镀层，防止在使用中与钛合金接触的由铜、钢、铜基合金制造的管道、管道附件及其他船舶制造零件在海水中腐蚀，同时提高钛及其合金的抗腐蚀性。相信在不久的将来，随着研究工作的不断发展和深入及该技术的不断改进和完善，微弧氧化技术一定会体现出更大的技术价值和经济效益。

3.4 钛的涂镀层技术

前面介绍的钛氮化处理、渗碳及渗硼处理等，都属于扩散成膜的处理方法。此外，阳极氧化和热氧化膜耐蚀涂层有时也可以被认为是涂层，但严格来讲，它们应归为表面转化膜技术，而不是涂镀层技术。

钛和钛合金总体来说耐蚀性能优良。在氧化性和中性介质中，钛的耐蚀性能够很好地显示出来；但在酸性还原性介质中，比如氢氟酸中，钛的耐蚀性能较差。与一般钝态金属一样，钛合金有发生缝隙腐蚀的倾向。加上在钛的腐蚀过程中常伴有吸氢现象，引起氢致脆性断裂，因此钛合金在化学工业中的应用也就受到一定的限制。

已经研究出一些方法来提高钛合金的耐蚀性能。发展耐蚀钛合金，如 Ti-0.2Pd、Ti-32Mo、Ti-0.3Mo-0.8Ni 以及一些含钼和镍的钛合金，均可改善钛合金在还原性介质中的耐蚀性能和抗缝隙腐蚀的能力；向腐蚀介质中加入氧化剂，也是达到提高钛合金耐蚀性能的目的的一种方法；对钛合金进行阳极保护，使它处于钝化状态，在工程上也颇为常用。与钢材的保护一样，采用保护涂层也是提高钛耐蚀性能的方法之一。

钛合金的耐蚀涂层主要有：$PdO-TiO_2$ 涂层、RuO_2-TiO_2 涂层等。

3.4.1 $PdO-TiO_2$ 和 RuO_2-TiO_2 涂层的耐蚀性能

$PdO-TiO_2$ 和 RuO_2-TiO_2 涂层能明显地提高钛的耐蚀性能，特别是耐缝隙腐蚀的性能。Toshio Fukuzuka 介绍了 $PdO-TiO_2$ 涂层的制备方法和保护性能。通常的方法是：采用含氯化钯和三氯化钛的溶液刷涂到钛合金的表面上，干燥后经 500 ~ 700℃ 热氧化几十分钟，最终使其转变为氧化物涂层。上述操作重复几次，直到涂层增重达到 1 g/m^2。涂层中 PdO 和 TiO_2 的质量比通常为 7∶3。这种涂层能与钛合金形成很轻的附着力，其技术诀窍在于溶液的配制。酸性溶液将钛合金表面腐蚀并生成一层氢化物层，通过高温将其氧化分解，这是获得氧化物涂层优良附着力的关键。

有 PdO-TiO_2 涂层的纯钛与纯钛在 70℃ 盐酸、硫酸和磷酸中的腐蚀速度如图 3-11 所示。从图 3-11 中可以看出：PdO-TiO_2 涂层能明显地提高钛在盐酸、硫酸以及磷酸中的耐蚀性能。特别是磷酸，涂层的腐蚀速率平稳，几乎不随酸质量分数的增加而增大。该涂层的抗缝隙腐蚀性能也以表格形式示出（见表 3-18）。对于沸腾的氯化钠溶液，在 3 种 NaCl 质量分数（每种质量分数下都调成 3 个 pH 值）的条件下，使用相同的试验方法，涂层试样都不发生缝隙腐蚀。甚至在 120℃ 氯化锂溶液中，质量分数达到 47% 也无缝隙腐蚀发生。只有在 42% 沸腾氯化镁溶液中才有缝隙腐蚀发生。而工业纯钛在以上所有溶液中均可见缝隙腐蚀发生。

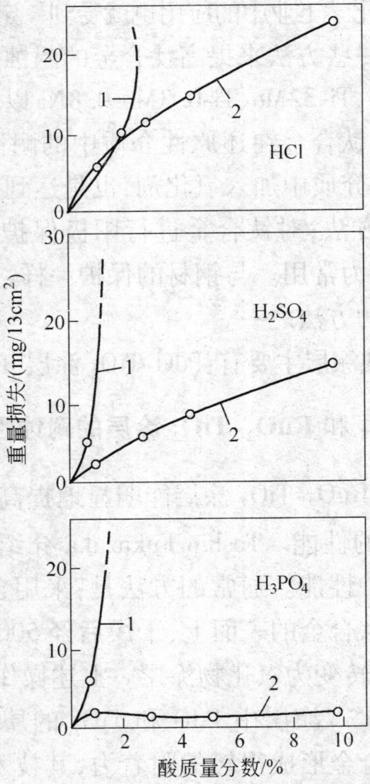

图 3-11　纯钛在 70℃ 盐酸、硫酸和磷酸中的腐蚀速度

1—纯钛；2—有 PdO-TiO_2 涂层的纯钛

表 3–18 $PdO-TiO_2$ 涂层与纯钛抗缝隙腐蚀性能比较

试验条件				缝隙腐蚀	
溶液类型	质量分数/%	pH 值	温度/℃	涂层	纯钛
NaCl	10	1	沸腾	无	有
		2		无	有
		5		无	有
	20	1	沸腾	无	有
		2		无	有
		5		无	有
	30	1	沸腾	无	有
		2		无	有
		5		无	有
MgCl	42		沸腾	有	有
LiCl	47	4.5	120	无	有

根据文献中报道，日本发展了一种以 RuO_2 代替 PdO 得到的 RuO_2-TiO_2 涂层，厚度控制在 0.9～2.2 μm，耐蚀性能有进一步提高。其制备工艺与 $PdO-TiO_2$ 涂层相似。在涂装大型工件时，热氧化可以用喷枪加热喷涂，温度要求达到 700℃左右。这种涂层的应用正在逐渐推广。当钛合金作为工件用于某些酸性介质时，例如用于制备热偶套管、搅拌棒和搅拌叶片等，都需要特殊的耐酸涂层；用于制备法兰时，需要特殊的耐缝隙腐蚀涂层。由于氧化钌的电化学催化活性，因此它可作为钛电极的涂层，代替传统的镀铂钛电极，其需求量已经越来越大。

3.4.2 钛的表面合金化

钛上镀钯后，通过不同的方法加热，可使镀钯层向钛的表层区域扩散，形成表层的钛钯合金化层，从而可提高耐蚀能力。加热扩散或者激光表面重熔，原则上都是可行的。使用激光器照射钛表面，使其迅速融化和凝结，能使预先真空沉积的 150 μm 的镀钯膜迅速熔化形成钛钯合金。在表面上，钯的摩尔分数仅为4%。将这种表面合金化的钛合金放入盐酸溶液中腐蚀，3 h后，表面上钯的摩尔分数达到稳定的15%。也有人利用离子注入的方法实现钛表面的钯合金化。

钛表面的钯合金化也可称为是一种涂层，它与在钛上涂装钯的氧化物涂层相比，具有结合力好、耐磨、耐蚀等优点（见表3-19）。与钛钯合金（Ti-0.2Pd）相比，钯的表面含量高，节约了贵金属钯，降低了成本，又具备优良的性能。

表3-19 激光表面钯合金化前后的纯钛在沸腾盐酸中的腐蚀数据

盐酸浓度/mol·L^{-1}	浸泡时间/h	腐蚀速度/m·a^{-1}	
		纯 钛	合金化
1.1	2	21.7	0.71
2.0	3	37.7	1.07

钛表面渗铝能够降低钛的吸氢倾向。最好的渗铝条件是将88%的Al_2O_3、4% AlF_3和8%铝粉混合后包覆在钛工件上，温度为810℃。渗铝层厚度和结构依赖于保温时间。使用包渗法渗铝，短时间扩散可得到约2 μm厚的薄涂层，结合力好，不影响基体的力学性能。涂层主要由$TiAl_3$相组成，形成了非常有效地防止氢渗透的阻挡层（见表3-20）。

表3-20 纯钛渗铝对吸氢性能的影响

渗铝条件:810℃，时间/h	吸氢条件:500℃，3 h，压力/Pa	钛中氢的质量分数/%
0.5	1333	0.0065
	6665	0.0080
8	1333	0.0055
	6665	0.0115
20	1333	0.0065
	6665	0.0070

续表 3-20

渗铝条件:810℃,时间/h	吸氢条件:500℃,3 h,压力/Pa	钛中氢的质量分数/%
40	1333	0.0145
	6665	0.0040
未渗铝	未渗氢	0.0019
	1333	0.0390
	6665	0.1790

钛的表面硬化处理,如表面氮化,能使表面生成 TiN 相,由此显著增加表面的耐磨性能。除此之外,试验表明,该相的耐蚀性能也优于纯钛。工业纯钛 TA2 在盐酸和在硫酸中的腐蚀速度见表 3-21 和表 3-22。氮化处理后的钛表面具有高硬度和高耐蚀性的双高性能,使得它在耐磨耐蚀环境的应用中受到了重视。

表 3-21 氮化试样在盐酸中的耐蚀性能

腐蚀条件	10% HCl,35℃,625 h		10% HCl,60℃,192 h		20% HCl,35℃,524 h
试 样	纯钛	钛氮化	纯钛	钛氮化	钛氮化
年腐蚀率/mm · a^{-1}	0.7869	0.0002	3.4126	0.0155	0.0073

表 3-22 氮化试样在硫酸中的耐蚀性能

腐蚀条件	10% H_2SO_4,35℃,524 h		10% H_2SO_4,60℃,192 h		20% H_2SO_4,35℃,524 h	30% H_2SO_4,35℃,524 h
试 样	纯钛	钛氮化	纯钛	钛氮化	钛氮化	钛氮化
年腐蚀率/mm · a^{-1}	0.8334	0.0034	5.2437	0.0076	0.0059	0.0099

3.4.3 钛的活化阳极涂层

前面提到了钛涂层的电化学催化性能,这是钛表面涂层的一个重要的应用领域。钛本身的耐蚀性能优良,价格相对低,比强度高,在钛材表面涂上一层活化金属,通常是贵金属或贵金属氧化物,成为钛活化涂层的阳极。钛阳极广泛用于氯碱等化学工业、阴极保护工程等,作为不溶性阳极使用。

镀铂的钛阳极已有多年的使用历史。在钛上镀铂的方法有电镀(熔盐镀)和热分解,也可直接包覆,如爆炸复合。电镀铂通常在氰化物熔盐槽中进行,加入槽中的氰化物配比是53%氰化钠和47%氰化钾,温度为520℃。铂片作为可溶性阳极。镀层的最大厚度为1500 μm,沉积速度为20 ~ 25 μm/h。水溶液镀铂,沉积速度低,得不到较厚的镀层。表3–23 为溶盐和水溶液镀铂的比较。

表3–23 熔盐和水溶液镀铂的比较

电镀液	最大镀层厚度 /μm	硬度 HV		沉积速度 $/\mu m \cdot h^{-1}$
		镀后	800℃退火	
熔　盐	1500	70	48	20 ~ 25
六羟铂钠水溶液	12. 5	120	70	5
DNS 铂水溶液	2. 5	400 ~ 450	70	1. 5

水溶液电镀铂工艺简单,操作方便,但镀层厚度一般不能超过2. 5 μm。如果使用脉冲电镀工艺,可以得到3 ~ 6 μm 厚的光亮铂镀层。水溶液采用 $H_2Pt(NO_2)_2SO_4$,每升溶液含铂5 ~ 10 g,用硫酸调pH 值为1. 2 ~ 2,温度为50℃,电流波形为云波,断通比为5 ~ 9,平均电流密度为50 ~ 100 A/m^2,阳极为纯铂。钛上铱和铂涂层在氯化物中有很低的析氯电位,对这种钛阳极的研究和应用受到更多的重视。利用热分解法制备该类钛电极的工艺与制备钛–钌氧化物电极的情况类似:把铂和铱的氯化物溶解在丁醇和苯甲醚体积比为3∶1 的混合物中,其中贵金属含量为2. 13 mg/cm^3,其中铂和铱的质量比为6∶4。在钛试样上刷涂上这种混合液,干燥后在500℃进行加热成膜。这样共需重复多次,直到达到要求的厚度,厚度通常控制在20 g/m^2 左右。

钛阳极应用最为普遍的是 RuO_2-TiO_2 和 RuO_2-IrO_2-TiO_2 涂层,电极寿命根据使用环境和电流密度而定,总的趋势是寿命在不断提高。钛的活化氧化涂层的研究还在不断发展,继续改变涂层成分，加入Sb_2O_5、SnO_2、MnO_2、PdO、CoO_3等氧化物，改进涂刷和热氧化工艺，可以达到进一步提高涂层电化学性能和使用寿命的目的。

3.5 钛氧化膜的性能检验与机理研究

与其他金属类似，钛合金氧化膜可以通过各种近代金属物理和表面分析的方法来检验，观察其形貌、结构和成分分布等；也可以通过电化学等快速检测方法来评定其耐蚀性能、耐磨蚀性能。

3.5.1 形貌、结构和成分分布检验

前面已经介绍过使用扫描电镜（SEM）和X光衍射探测氧化膜表面（截面）形貌以及表层膜的结构特征等实例。扫描电镜通常带有能谱仪，称为电子探针X射线能量色散谱成分分析（EDXA）。由于电子束的探测深度及X光对金属的穿透深度都在微米数量级，因此，对于达到微米厚度数量级的氧化膜来说，这些方法都是适用的，得到的是微米量级厚度膜层的整体性的结构和成分信息。从放大倍数的角度看，扫描电镜可以放大数千倍，具有把纳米级放大到厘米级的能力，一般的相结构及析出物都可以分辨，图3-12(a)和图3-12(b)所示为扫描电镜二次电子像，表明不同条件下微弧氧化成膜质量不同。图3-12(c)所示为相应部位的成分分析（EDXA）。

此外，金相显微镜在观察膜层的截面结构时，也可以发挥相当大的作用。它的特点是它具有数百倍到上千倍的放大倍数，图像清晰、直观，对膜层及钛基体，特别是界面区域的像结构观察十分真实，极易分辨，其效果决定了它是扫描电镜所不能取代的结构观察方法。

对于氧化膜微观结构的进一步观察，涉及晶界、微小析出相以及缺陷，则必须要通过透射电镜（TEM）来完成。高压透射电子束穿透金属薄膜晶体，像光束通过光栅，发生正常的（理想晶格处）和异常的（晶体缺陷处）衍射，得到衍射斑点和衍衬像。从而可以

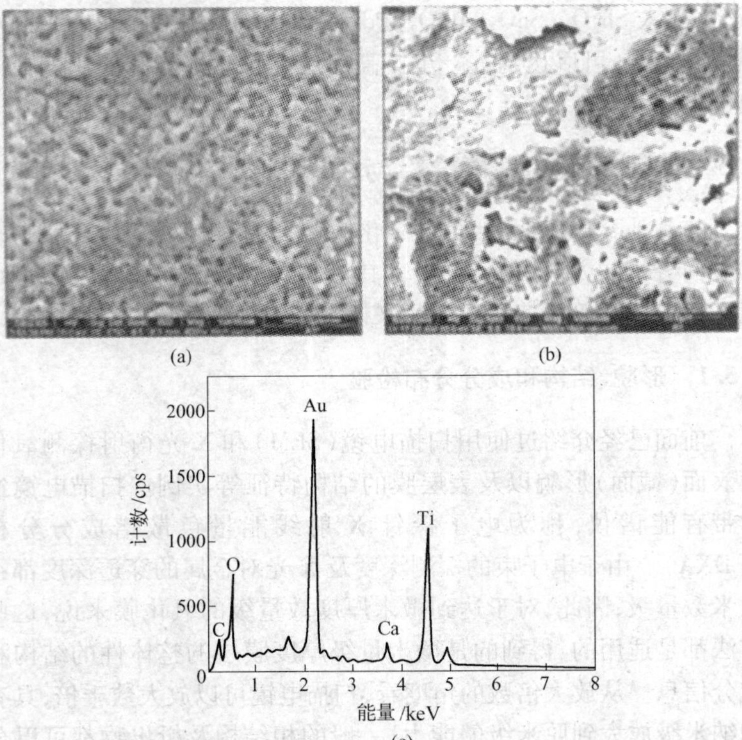

图 3-12　微弧氧化的 TiO_2 膜的扫描电镜二次电子像(SEM)

(a) 0.3 mol $Ca(CH_3COO)_2$ 溶液的电解液(4000×),比例尺为 50 μm;

(b) 0.6 mol Na_2CO_3 溶液电解液(3000×),比例尺为 100 μm;

(c) EDXA 成分分析,表明氧化膜中含有少量的钙(分析试样的形貌像见(a)图,入射束电压为 12.5 keV,试样表面经过喷金处理)

分辨氧化膜的结构类型和所包含的缺陷种类。氧化膜的透射电镜观察的最大难度是制样。能制成带有理想薄区的样品,以供高压电子束穿透,同时要尽量保留膜层在原位时的状态,其难度可想而知。其中,使用离子溅射减薄和电解双喷减薄的制样方法制样过程各有难度,制成的样品各有利弊。后者主要是要选择好电解液,避免电解液对膜层试样不同相结构的选择性溶解。透射电镜也配有 X 射线能谱检测装置,可同时用于分析样品中的成分含量。

上述各种检测方法最大的问题是作为成分分析、结构分析所需要的空间分辨率不能满足要求。

3.5.2 表面分析方法用于钛合金氧化膜的分析

表面分析方法主要包括X射线光电子能谱(XPS)、紫外光电子能谱(UPS)、俄歇电子能谱(AES)、二次离子质谱(SIMS)、电子能量损失谱(EELS)等,它们共同的特点是具有高的空间分辨率,分别可以做表面几个原子层厚度(4 nm)之内的结构、成分以及价态分析。在离子溅射的配合下,通过边溅射边探测的方法,还可以做材料成分、价态、结构沿深度的变化测试,称为深度分析。

XPS是以X射线为探测源(入射束),以其激发出来的光电子为接受信号,来表征材料中所包含的元素种类及其价态,是该方法最擅长的测试手段,也就是作为一种元素化学价态的测试方法,因此XPS也被称为ESCA(Electron Spectroscopy for Chemical Analysis),即化学分析的电子能谱。使用单色的X射线照射待测样品,能量被试样中的某种原子吸收,只要原子中的轨道电子结合能 E_b 小于X射线的能量,它就会被激发,成为具有一定动能的光电子。收集光电子并使用能量分析器准确测得它的动能大小,就可以知道它的束缚能(结合能) $E_{结合}$:

$$E_{动} = h\nu - E_{结合}$$

X射线的能量(式中的 $h\nu$)是已知的,光电子动能($E_{动}$)可以测量,结合能也就可以得到了。对于不同的元素,不同轨道电子的结合能是不相同的,它具有指纹特征,因此可以用来识别待测样品中所包含的各种元素。又由于原子最外层价电子的得失关系不同,也就是价态不同,会使得内层电子的结合能的大小发生变化,测试得到的结合能大小会有所不同,在能谱上表现为峰值的移动,称为化学位移。一定的化学位移对应着一个特定元素的一种化学价态。另外,由于轨道能量与自选能量的耦合,对于2p轨道的电子,测出的结合能有所不同,分别命名为 $2p_{1/2}$ 和 $2p_{3/2}$。钛的单质态、TiO、Ti_2O_3、TiO_2 所对应的 $2p_{1/2}$ 和 $2p_{3/2}$ 能量值见表3-24。

表 3-24　钛单质及其在氧化物状态下的 2p 电子结合能数据　(eV)

状态	Ti	TiO	Ti_3O_2	TiO_2(金红石)
$2p_{3/2}$	454.0 ±0.3	455.3 ±0.1	457.1 ±0.3	458.7 ±0.3
$2p_{1/2}$	464.3			

对于氧化膜样品的分析,使用 XPS 首先做一个全谱分析,能量范围是 1000 eV。随后,再根据需要,在特定能量范围慢扫,获取部分谱图,得到某元素某轨道电子的窄谱,用来进行详细分析。图 3-13 所示分别为钛氧化膜试样的全谱和窄谱。从全谱可以知道,氧化膜中含有 Ti、Ca、S、Na、O、F、C、N 等;窄谱可以看出随着使用离子溅射方法将氧化膜不断地逐层剥除,$Ti2p_{3/2}$ 出现能量的变化,由高到低,表明钛由四价(二氧化钛)到零价(钛金属)整个过程的变化。这就是使用化学位移进行价态分析的实例。显然,这对于认识钛表面处理后的组织结构状态及其对应一定性能的原因,也即是耐蚀耐磨机理,甚至是改进表面处理工艺,都是十分有益的。

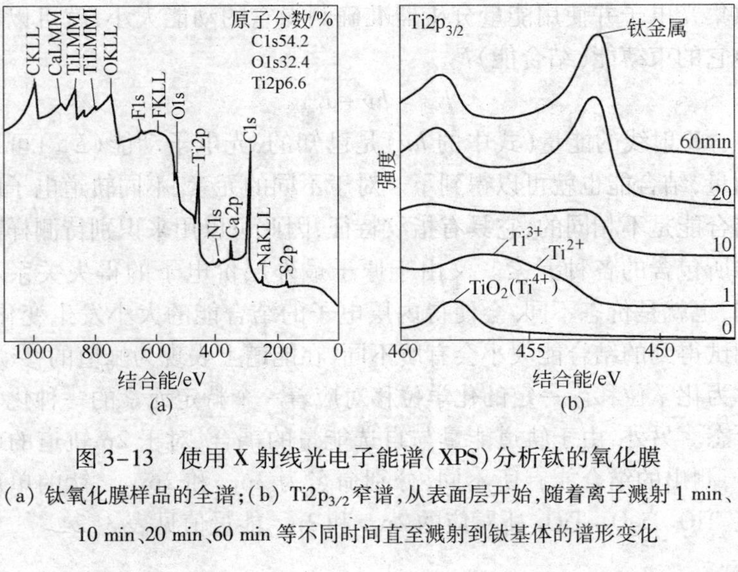

图 3-13　使用 X 射线光电子能谱(XPS)分析钛的氧化膜

(a) 钛氧化膜样品的全谱;(b) $Ti2p_{3/2}$ 窄谱,从表面层开始,随着离子溅射 1 min、10 min、20 min、60 min 等不同时间直至溅射到钛基体的谱形变化

图3-13中含有类似于TiLMM、OKLL等诸多能量峰，称为俄歇峰。它们是被X光激发出来的俄歇电子，也是一种与不同元素对应的特征电子。这类电子是由法国人俄歇(Auger)于1925年从事射线工作时发现的，直到1968年才得以应用到材料科学研究中。俄歇电子能谱(Auger Electron Spectroscopy, AES)可以通过微分形式得到峰对峰高度，从而可以比较容易地进行半定量分析；俄歇电子可以通过电子束入射获得，可以通过对入射电子束的电磁聚焦得到直径为几百纳米的束斑来进行微区探测(X光目前做不到)；它也可以与离子溅射结合，对材料做逐层剥离，得到深度分析结果。这些特点都决定了俄歇电子能谱方法对材料成分的空间分布可以快捷和明晰地得到结果，给出判断，使用起来十分方便。俄歇电子的发生至少涉及原子的两个能级、三个电子、比如TiLMM，表明钛原子的L壳层的一个电子被打掉，M壳层的电子落到L层的空位上，释放出两层之间的能量差值，而另一个M壳层的电子得到这份能量，挣脱了该壳层的结合能，溢出到空间，并具有一定的动能。这种俄歇电子就被命名为LMM。所以这种电子能谱方法不能用于分析核外少于三个电子的氢和氦。

图3-14所示为使用俄歇电子能谱对钛合金阳极氧化膜进行深度分析的结果。两种氧化时间所得结果表明，一味的延长氧化时间，对获得多孔膜层的厚度并没有明显的益处。

这里要强调的是，俄歇能谱法深度分析是在定量或半定量分析的基础上完成的。因为俄歇的定量分析要考虑太多的影响因素，包括激发通量密度、内层能级的电离截面、逃逸到表面的逃逸几率以及仪器自身的能力等。因为常规的俄歇分析一般不能满足这些要求，于是出现半定量分析法。

半定量分析方法中，最常用的是灵敏度因子法。由俄歇能谱仪的仪器供应商经过大量试验工作，把在该仪器上测试每种元素所具有的灵敏度因子(S)提供给用户。试验中得到每次探测的一张图谱，测量每张图中各元素的峰对峰高度(I)，由式3-8得到一

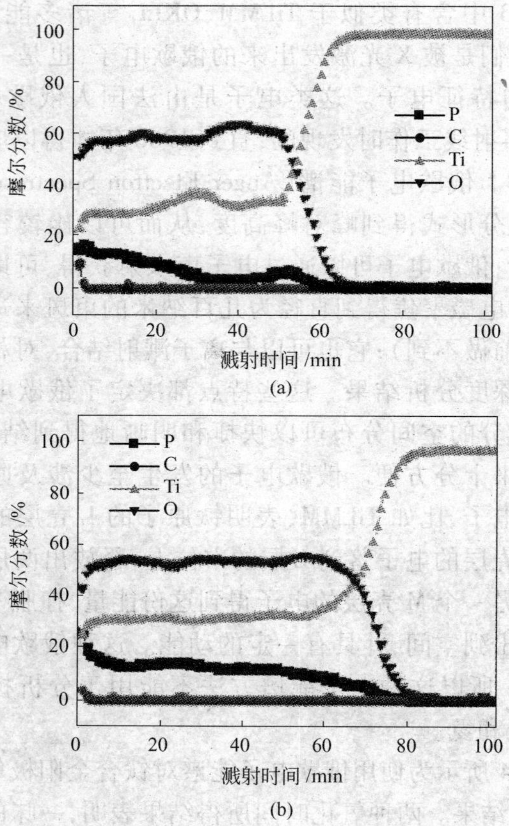

图 3-14　不同氧化条件制备钛阳极氧化膜的俄歇电子能谱(AES)深度分析

(a) 210 V,120 min;(b) 210 V,1000 min

张图谱中的各元素含量。

$$C_x = (I_x / S_x) / \sum_a (I_a / S_a) \tag{3-8}$$

4 钛材焊接

焊接是钛设备制造过程中的一项重要工艺，也是一门综合性科学技术。焊接方法很多，要根据钛设备或构件的设计构造和具体的应用条件来选择适宜的焊接方法。

选择焊接方法所遵循的原则是保证焊接接头的质量、生产效率高、操作简便、成本较低等。其中保证焊缝质量应放在第一位。只有充分认识到影响焊接质量的方方面面的因素，采取有效技术和措施避免不利于焊缝成形的种种因素，才能达到保证焊接接头质量的目的。

4.1 影响钛材焊接质量的因素

4.1.1 气体杂质对焊缝金属性能的影响

钛具有很高的化学活泼性，与空气中的氧、氮有极高的亲和力。在较低的温度下，钛与氧相互作用生成一层致密的氧化膜，随着温度的提高，氧化膜的厚度随之增厚，超过 600℃ 后，钛开始吸氧并使氧溶解到钛中。温度再高，钛的活性就会急剧增加，并与氧发生激烈反应而生成钛的氧化物。钛在 300℃ 以上开始吸氢，在 700℃ 以上开始吸氮。氧和氮对钛污染的结果是使钛强度和硬度增高而塑性降低。氮比氧的影响程度更大，如图 4-1 所示。

钛中氢的质量分数为 0.01% ~0.05% 时，会使焊缝金属的冲击韧性急剧下降，而塑性却下降较少。这说明是氢化物引起的脆性，即“氢脆”。氢也是引发焊缝产生气孔的根源。

熔化焊焊接过程中，熔池像一个小冶金炉，熔融金属暴露在大气中。如果不采取相应的防护措施使熔融的金属钛与空气隔绝，则氧、氮、氢等气体元素就会溶入钛中，形成脆性氧化物或氮化物，

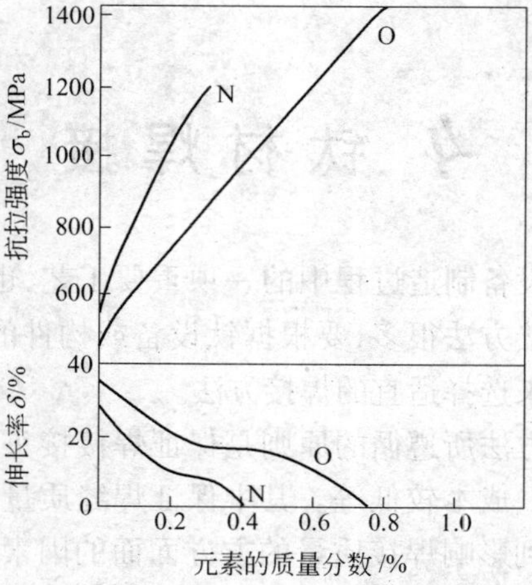

图 4-1　氧、氮对钛力学性能的影响

致使焊缝金属的塑性急剧降低,拉伸强度提高,严重的情况下将发生脆断,塑性等于零。

4.1.2　其他杂质对焊缝金属性能的影响

其他杂质是指除气体杂质外可能溶入熔池的杂质。其来源可能是焊接操作环境不清洁、戴脏手套触摸钛焊件遗留下油污、焊接前用棉纱擦洗接头坡口可能留下的棉絮、焊接生产环境与钢铁焊接生产混合可能产生的铁锈、水分和其他一些有机物等。这些污染物在电弧高温作用下分解出氧、氢、氮、碳等元素,然后溶于熔融的钛中。当这些元素的量超过在钛中的溶解度时,便形成相应的化合物(TiO_2、TiH_2、TiN、TiC)。这些化合物随着熔池结晶而进入钛的晶格中,致使钛的晶格畸变、歪曲,从而改变钛的力学性能。

有些微量元素少量溶入钛中,如果其量不超过允许的范围还是可以的,有时也是人们所希望的。但超量的杂质元素含量是不允许的,特别是有机物杂质,有百害而无一利,这是因为这些杂质元素除使钛焊缝的力学性能变差,降低耐腐蚀性外,还是焊缝中产生气孔的根源。

4.1.3 焊缝金属和接头热影响区的组织变化

钛是有同素异形体转变的金属。在 886℃时开始发生组织的固态转变。886℃以下晶体结构为密排六方结构,称为 α 钛;在高于 886℃时,α 结构的钛转变为体心立方结构的 β 钛。这个转变过程是在熔池由液态变为固态的“瞬间”完成的。而这个“瞬间”长短差异对熔池的结晶形式有影响,“瞬间”越长越有利于柱状晶生长。图 4-2 所示为焊接“瞬间”长短差异对焊缝组织的影响示意图。

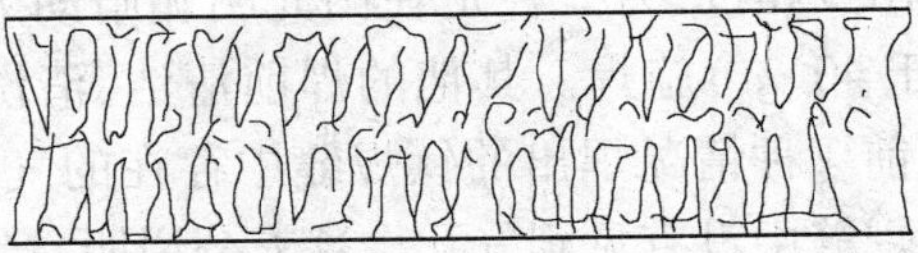

(a)

(b)

图 4-2 焊接“瞬间”长短差异对焊缝组织的影响
(a)“瞬间”较长的焊缝组织;(b)“瞬间”较短的焊缝组织

由于钛具有熔点高(1668℃)、热容量大和导热性能差等特性,所以焊接时焊缝受到焊接线能量大小和焊缝强制冷却的好坏影响,焊缝处于高温下滞留的“瞬间”就有差异。“瞬间”稍长给熔池结晶的柱状晶长大和接头热影响区加宽提供了条件。这也是焊接接头塑性下降的重要原因之一。接头的拉伸强度断口往往发生在焊缝热影响区。为了降低这一不良影响,钛焊接时尽量采用较软的焊接规范,即用较小的焊接线能量和较快的冷却速度。

4.1.4 气孔是钛焊缝中常见和较难避免的缺陷

气孔是钛材焊接中常见的工艺缺陷。气孔生成的机制是:焊接过程中溶入液态金属中的气体经过扩散、脱溶、成核、长大等过程而形成气泡。由于熔池的凝固结晶速度很快,长大的气泡来不及逸出液态金属时就以气孔的形式残留在固态金属中。酿成气孔的氢气和一氧化碳等气体主要是由有机物的污染物经电弧热作用产生的。有时焊前对焊件和焊材做了充分的清洁、清洗,氢气保护的效果也理想,但焊缝中仍然有气孔。这说明起重要作用的污染源还没有彻底清除。实践经验证明,有一个重要的气源往往被忽略,就是空气中的水分。一个对比试验证明了这一点。在两种不同空气湿度的环境中施焊:一种情况是在阴雨天气环境下(相对湿度在90%以上)焊接;另一种是在阳光明媚晴朗天气的环境中(相对湿度小于40 %)施焊。其他的焊前清洁、清洗及焊接操作等完全相同。前一种情况焊出的钛焊缝中存在的气孔既多又大,而后种情况的焊缝中没有见到气孔。这充分说明空气的湿度大小是气孔产生的重要原因之一。

4.2　手工钨极氩弧焊

氩弧焊分为手工氩弧焊和自动氩弧焊两种,其中钛材手工焊为最基本的、用途广泛的焊接方法。

4.2.1　手工钨极氩弧焊设备

钨极氩弧焊属非熔化极电弧焊,是利用钨极与被焊工件之间产生的电弧热熔化被焊件的接缝并使焊件熔在一起,焊接过程中可以添加焊丝也可以不加焊丝,且钨极、熔池、焊缝的近缝区以及添加焊丝的熔化端都应处于氩气的保护中,如图4-3所示。

施焊一般采用非接触式的高频引弧,弧长控制在1.0~1.5倍电极直径。角焊缝时弧长可稍长,焊嘴向后(反焊接方向)倾斜75°。焊接电流是电弧焊的最重要技术参数,它对焊缝熔深、焊速、熔敷金属量以及焊缝质量有直接的影响。钨极氩弧焊焊钛通常采用正接法的焊接电源,即正极连接焊件,负极连接焊把。正接法电弧所产生的热能30%集中在钨极上,而70%的热能集中在被焊件

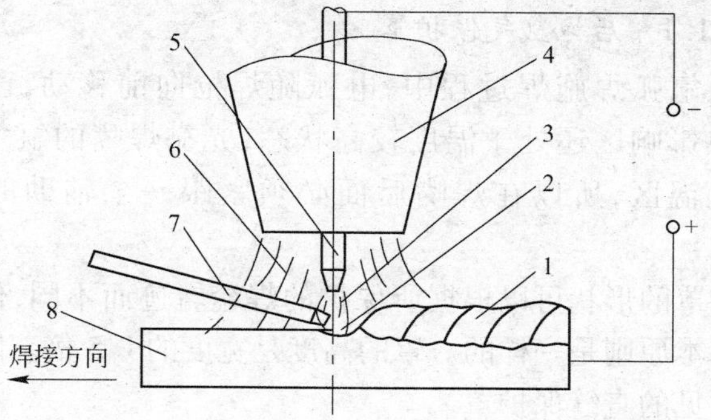

图 4-3 氩弧焊过程

1—焊缝;2—熔池;3—电弧;4—焊嘴;5—钨极;
6—氩气流;7—焊丝;8—焊件

上,所以相对反接法而言,熔深较深。电弧自开始引弧到熄弧必须与氩气供给和停气的时刻相匹配,即电弧引弧前提前供气,而电弧熄弧后氩气必须滞后停气,如图 4-4 和图 4-5 所示。

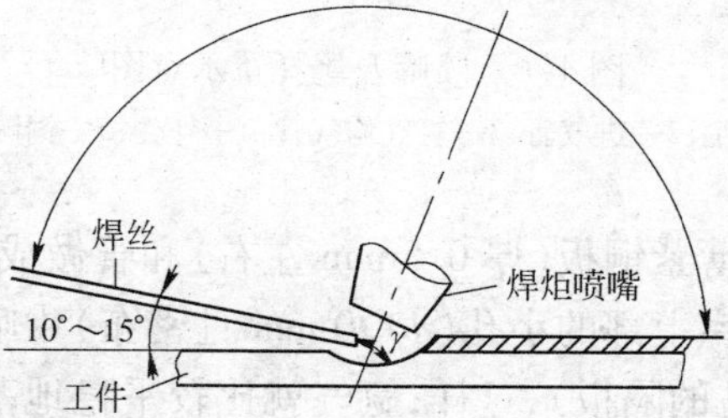

图 4-4 焊丝与工件之间的相对位置示意图

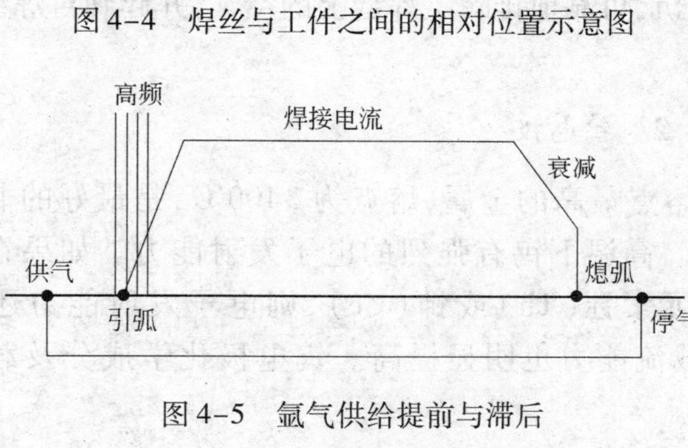

图 4-5 氩气供给提前与滞后

4.2.1.1　后拖氩气保护罩

钨极氩弧焊施焊过程中，电弧随焊枪向前移动，已凝固的焊缝和热影响区还处于温度较高状态，光靠焊嘴的氩气保护不了所有高温区，所以在焊嘴后面必须紧跟一个辅助的氩气保护罩。

保护罩的形状可以根据所保护的焊缝轨迹而不同，但制造保护罩的基本原则是一样的。罩的高度是宽度的1.5倍。图4-6所示为最常见的直缝保护罩。

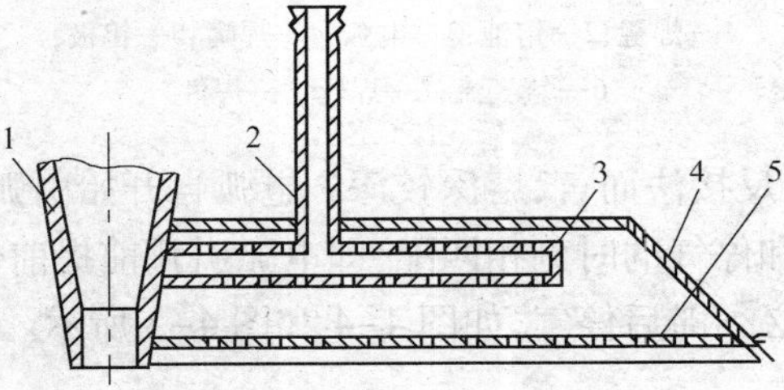

图4-6　喷嘴及尾托罩示意图

1—主喷嘴；2—进气管；3—氩气均气管；4—外壳；5—铜网（筛板）

保护罩用薄紫铜板（厚0.5 mm左右）和管做成。氩气进入氩气室后再从气室上部的小孔（ϕ1.0 mm且密布）中喷出，再回转至筛板（钻有多孔的隔板），这样，氩气就比较平稳地落在焊缝上，且氩气重，下沉，可靠地排除了焊缝上的空气，并起到对焊缝良好的保护效果。

4.2.1.2　钨电极

钨是熔点最高的金属，熔点为3400℃，是最好的非熔化极电极材料。高温下钨有强烈的电子发射能力。如果在钨中加微量稀土元素钍（Th）或铈（Ce），则电子发射能力还能进一步提高，载流能力也明显提高。钨电极化学成分及载流能力见表4-1。

表 4-1 钨电极化学成分及载流能力

钨电极种类	钨电极形状	化学成分(质量分数)/%		钨电极直径/mm	直流正接载流能力/A
		氧化钍	氧化铈		
WTh-7	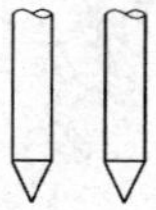	0.10~0.99		ϕ1.0	20~80
WTh-10		1.0~1.49		ϕ1.6	70~150
WTh-15		1.5~2.0		ϕ2.0	100~200
WTh-30		3.0~3.5		ϕ3.0	200~300
				ϕ4.0	300~400
				ϕ5.0	420~520
				ϕ6.0	450~550
WCe-5			0.5	ϕ1.0	20~80
WCe-13			1.3	ϕ1.6	50~160
WCe-20			2.0	ϕ2.0	100~200

市场上供应的钨棒表面有疤痕、裂纹、毛刺等缺陷。作为钨电极用的钨棒要进行打磨,以提高钨棒的同心度,还可以增大焊枪夹头的接触面积,以降低接触电阻。

如果选择的钨电极直径与承载电流不匹配,容易发生钨污染焊缝的情况,特别是当焊接过程中发生电极与焊件短路时,钨电极尖端会陷入熔池中并断在焊缝里。在这种情况下必须立即停止焊接,将钨夹杂渣剔出来并对焊口进行修整,清洗后再继续进行焊接。

4.2.1.3 保护气体

保护气体从焊嘴喷出,覆盖整个钨极长度和电弧熔化的熔池区,避免受空气污染。钨极气体保护焊所用的保护气是惰性气体氩或氦,或氩氦混合气,其他的惰性气体因为自然界存在很少,价格昂贵而不被采用。氩气的导热系数小,在电弧作用下不发生分解吸热,所以氩气的热损耗较少,电弧电压较低,约为 8~15 V。保护效果好坏除与保护气体的纯度(>99.98 %)有很重要的关系外,还与焊嘴几何尺寸设计有关,即要能保证由焊嘴喷出的氩气流为层流而不能是紊流。经验证明，焊嘴（陶瓷焊嘴）的喷口直径要与焊嘴高度相匹配，一般情况下，焊嘴高度为喷口直径的 1.5 倍。如果焊嘴尺寸设计不合理，即使有好的保护气体也起不到良好的保护作用。焊接时保护气体保护示意如图 4-7 所示。氩气流量通过组合一体式的减压流量计调节，流量范围视焊嘴大小而适当调节气体流量，一般流量计调节范围：JL－15 型为 0～15 L/min；JL－30 型为 0～30 L/min。

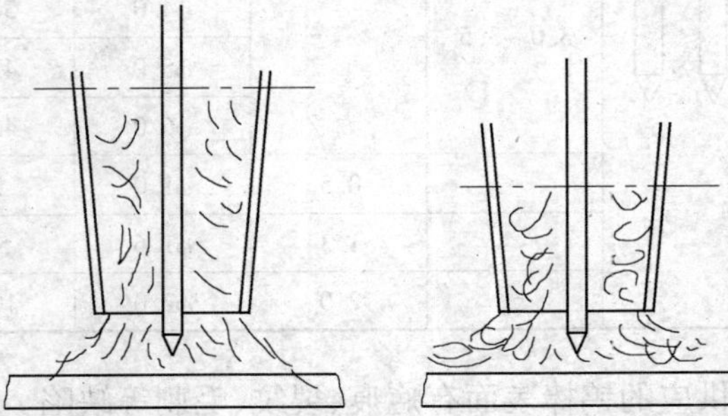

图 4-7　焊接时保护气体保护示意

4.2.1.4　焊枪

钨极氩弧焊焊枪除了夹持钨电极、馈送焊接电流外，还要喷射保护气。小电流焊枪（不超过 200A）需用压缩空气冷却，大电流焊枪（500A 以下）需用水冷却。焊枪的型号与规格见表 4-2。

表 4-2　焊枪的型号及规格

型号	冷却方式	出气角度/(°)	额定焊接电流/A	适用钨极尺寸/mm		开关形式	质量/kg
				长度	直径		
PQ1－150	循环水冷却	65	150	110	ϕ1.6，ϕ2，ϕ3	推　键	0.13
PQ1－350		75	350	150	ϕ3，ϕ4，ϕ5	推　键	0.3
PQ1－500		75	500	180	ϕ4，ϕ5，ϕ6	推　键	0.45
QS－0/150		0(笔式)	150	90	ϕ1.6，ϕ2，ϕ2.5	按　钮	0.14

续表 4-2

型　号	冷却方式	出气角度/(°)	额定焊接电流/A	适用钨极尺寸/mm		开关形式	质量/kg
				长度	直径		
QS－65/700	循环水冷却	65	200	90	ϕ1.6,ϕ2,ϕ2.5	按　钮	0.11
QS－85/250		85(近直角)	250	160	ϕ2,ϕ3,ϕ4	船形开关	0.26
QS－65/300		65	300	160	ϕ3,ϕ4,ϕ5	按　钮	0.26
QS－75/400		75	400	150	ϕ3,ϕ4,ϕ5	推　键	0.40
QQ－0/10	气冷却(自冷)	65	10	100	ϕ1.0,ϕ1.6	微动开关	0.08
QQ－65/75		0～90(可变角)	75	40	ϕ1.0,ϕ1.6	微动开关	0.09
QQ－0～90/75		85(近直角)	75	70	ϕ1.2,ϕ1.6,ϕ2	按　钮	0.15
QQ－85/100		0～90	100	160	ϕ1.6,ϕ2	船形开关	0.2
QQ－0～90/150		85	150	70	ϕ1.6,ϕ2,ϕ3	按　钮	0.2
QQ－85/150－1		85	150	110	ϕ1.6,ϕ2,ϕ3	按　钮	0.15
QQ－85/150		85(近直角)	150	110	ϕ1.6,ϕ2,ϕ3	按　钮	0.2
QQ－85/200			200	150	ϕ1.6,ϕ2,ϕ3	船形开关	0.26

4.2.1.5 判断氩气保护效果

根据焊后焊缝及热影响区表面的颜色可以判断出氩气保护的效果。焊缝表面颜色与氩气保护效果之间的关系见表 4-3。

表 4-3　焊缝表面颜色与氩气保护效果之间的关系

钛焊缝颜色	银白、金黄	橙　黄	蓝　紫	青　灰	有一层氧化钛粉
氧化皮厚度/nm	34～34.9	43.6～49.2	51～51.5	53.6～54.2	>55
保护效果判定	最好	良好	较好	不良	最坏

根据焊缝表面颜色判断氩气保护效果，只是对第一次引弧到熄弧这一短时间内的表现效果，并不能完全说明焊缝金属的氧化程度和氧含量。如果焊缝金属因氩气保护不好已呈蓝色，再重新调整氩气保护措施并在旧焊缝上再焊一遍，焊缝金属的颜色又会呈现银白色，这不能说明氧化膜厚度又减薄了，而是氧化膜部分被

焊缝金属溶解吸收了。焊缝金属中的氧含量增加了,焊缝金属的硬度也有所增高。因此,钛焊缝应尽量避免重复焊接,修补焊要有次数限制。

4.2.1.6 钨极氩弧焊机

钨极氩弧焊机分手工和自动两类。手弧焊机由焊接电源及控制系统、焊枪、气路、冷却水路等部分组成,图 4-8 中所示的焊接电源是具有陡降外特性的直流电源,如直流弧焊发电机、磁放大器式弧焊整流器、可控硅整流弧焊电源、晶体管弧焊电源、逆变式直流电源等皆可用于钛的钨极氩弧焊。钨极氩弧焊电源都配有高频振荡引弧装置,目的是避免接触引弧可能造成的钨极对焊缝金属的污染。高频振荡引弧器串接在焊接电流回路中,其工作频率为 150 ~ 260 kHz, 1500 ~ 3000 V 的高频高压电,借以击穿钨电极与工件之间的空隙而引燃焊接电弧。引弧后自动切断高频振荡器的电源,以防止高频高压伤人。

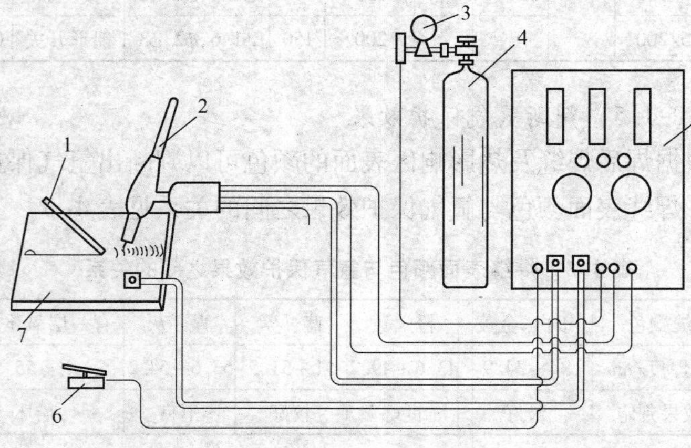

图 4-8　手工钨极氩弧焊机

1—填充金属;2—焊枪;3—流量计;4—氩气瓶;5—电源;6—脚踏开关;7—焊件

4.2.1.7 焊接电源衰减装置

常见的焊缝缺陷之一是在焊缝的结尾处出现焊缝下陷弧坑,并伴随出现龟裂,这是由于焊接电流突然断路,熔池的冷却速度骤增，熔融金属凝固过快又缺乏液态金属对结晶缩孔的补充所致。

焊接电流衰减装置的作用是在焊接停止时，引导焊接电流逐渐减小，降低熔融金属在凝固时的冷却速度，使弧坑得以填满，避免了龟裂缺陷出现。

焊接电流衰减功能对直流弧焊机而言实现比较简单，它是切断原动机电源后利用旋转惯性实现焊接电流衰减；对整流式焊接电源，则利用控制绕组中的电流衰减和控制给定信号来实现焊接电流衰减。

4.2.2　钨极氩弧焊焊接工艺

4.2.2.1　接头与坡口制备

在钛设备制造和钛材焊接构件中，各种接头形式都会遇到，如对接、搭接、角接、管板焊接等接头形式。板厚一般为 1.0 ~ 10 mm，在特殊用途时甚至用更厚的钛板，还有不同厚度钛板相接使用的。接头与坡口制备对获得优质焊缝是很重要的。各种形式的接头尺寸见表 4–4。

表 4–4　各种形式的接头尺寸

接头形式	坡口形式	简　图	板厚 δ/mm	间隙 b/mm	备　注
对接接头	单卷边	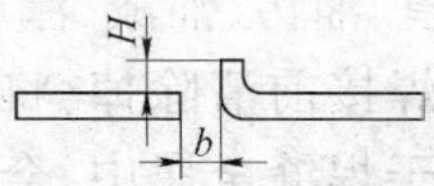	≤1	0 ~ 0.5	H 为 2 mm
	双卷边	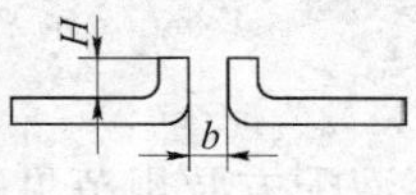	≤1	0 ~ 0.5	H 为 3 mm
	I 形坡口	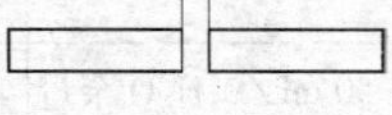	<0.6	0 ~ 0.15	
			0.6 ~ 0.8	0 ~ 0.2	
			1 ~ 2	0 ~ 0.3	
			2 ~ 3	0 ~ 0.4	
			3 ~ 4	0 ~ 0.5	

续表 4-4

接头形式	坡口形式	简图	板厚 δ/mm	间隙 b/mm	备注
对接接头	I 形坡口	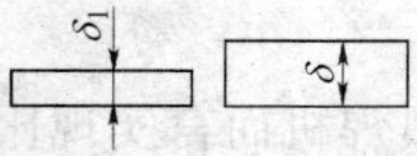	0.8~2	0~0.4	$\delta>2\delta_1$
		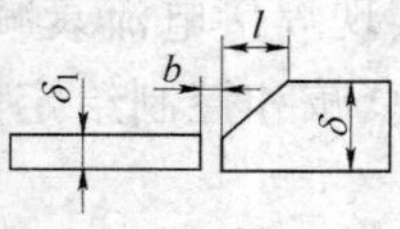	约 1	0~0.2	$\delta>2\delta_1$; $l>2\delta_1$
			1.6~2.0	0~0.3	
			2~3	0~0.4	
	V 形坡口	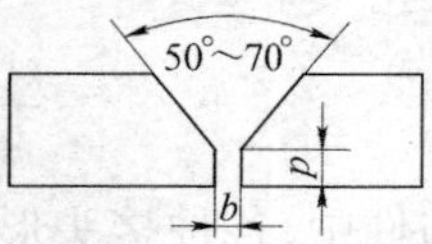	3~4	0~0.5	p 为 1.5~2 mm; 加添加金属
			3~12	0.5~1.0	
	X 形坡口	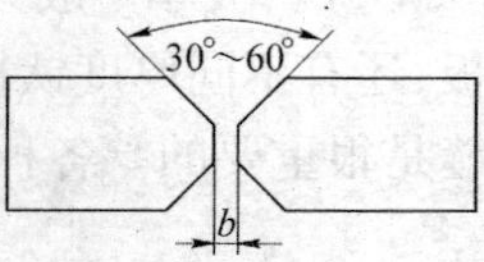	6~18	钝边 0.75~1.0	加添加金属
				0~1.2	

4.2.2.2 焊前清理

钛材焊件以及焊丝(填充丝)很容易被污染,如钛材生产过程中用的润滑剂残留以及氧化膜、油污、油漆、涂层、手印等都是污染源。如果这些污染物不在焊接前清除掉,将会在焊接时与电弧热作用分解出有害杂质溶于焊缝金属中,会对焊缝质量产生不良影响。

A 化学清理

用于钛材去氧化膜的酸洗溶液配方及规范见表 4-5。

表 4-5 钛材酸洗溶液配方及规范

配方号	组 分	浸洗时间	冲洗
1	HCl 350 mL/L, HNO_3 60 mL/L, NaF 50 mL/L, H_2O 余量	室温下 3 min	冷净水
2	HF 10%, HNO_3 30%, H_2O 60%	室温下 1 min	

B 机械清理

钛件的焊口、坡口表面机械清理也很重要,用刮的方法最为适宜。打磨、喷砂、打砂纸等都会在焊口区留下粗糙的表面,粗糙表面极易藏有微粒污染物,且用丙酮或乙醇等擦拭时也易被残留棉絮所污染,但刮后钛材焊口表面有较高的光洁度,没有污染物存在。

C 组装(装配)与焊接

钛材的构件和设备一般都是薄壁构件。因为钛材的价格昂贵,所以钛材构件设计者和使用者不得不考虑这个因素,即使对构件的强度要求很高的情况也不会允许采用过厚的钛构件,采用钛钢复合板可以替代厚度大的纯钛构件。

薄壁钛材构件在焊接过程中很容易变形,所以往往采用一些辅助夹具将构件夹紧后再焊接,如薄板较长的焊缝应采用琴键式气动夹具将构件夹紧,琴键式气动夹具如图 4-9 所示。

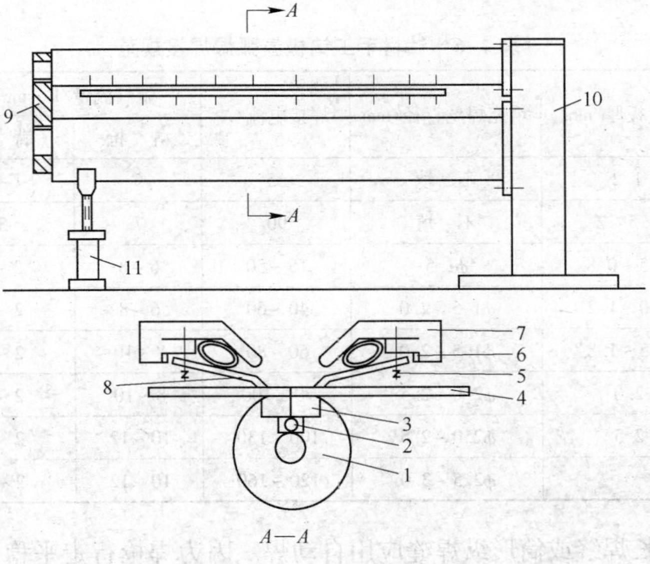

图 4-9 琴键式气动夹具

1—支撑台;2—背面通气管;3—铜垫板;4—焊件;5—螺丝 + 弹簧;6—气袋;7—气袋支撑架;8—琴键压块;9—连接锁;10—台架;11—千斤顶

气动夹具操作顺序为:钛焊件放在铜垫板上,铜垫板的纵向长度就是整个夹具的长度,沿夹具长度纵向排列安装数个(或数十个)琴键压块,这些琴键压块其一端用螺丝加上弹簧固定在气袋支撑架上,而且上下有一定的活动范围。当气袋即水龙带里充满压缩空气时,气袋就膨胀并将琴键压块压下,同时压紧焊件。因为琴键是单个固定在支架上的,所以承受气袋压力也是均衡的,整个焊件板面受压力也是均匀的。再通过背面氩气送气管提供背面保护气后即可施焊(手工焊或自动焊)。再说明一点,左右两个气袋支撑架与支撑台之间有一个可拆卸的连接锁,气袋充气前必须将连接锁装上。焊接完毕后,通过气阀将压缩空气放掉,卸下连接锁,焊件即可拿出夹具。

若遇焊件的形状复杂,焊缝轨迹不规则,宜用点固焊装配后采用手工焊,这样比较方便可行。钛材手工钨极氩弧焊焊接规范见表4-6。

表4-6　钛材手工钨极氩弧焊焊接规范

对接板厚/mm	填充焊丝直径/mm	焊接电流/A	氩气流量/L · min^{-1}	
			焊　枪	背　面
1.2	不　填	65	5	1~2
1.5~2	不　填	90	7	3
0.5~0.8	ϕ1.5	15~50	6~8	2~3
1.0~1.2	ϕ1.5~2.0	40~60	6~8	2~3
1.5~1.8	ϕ1.5~2.0	60~80	8~10	2~3
2.0	ϕ2.0~2.5	70~100	8~10	2~4
2.5	ϕ2.0~2.5	100~130	10~12	2~4
3	ϕ2.5~3.0	120~160	10~12	2~4

长焊缝或筒形纵焊缝应用自动焊。因为焊枪行走平稳,自动焊丝速度均匀,焊出的焊缝美观,焊缝质量高,生产效率高。缺点是焊接成本高,因此其焊前辅助时间较长,应用并不普及。钛材自动钨极氩弧焊焊接规范见表4-7。

表 4–7 钛材自动钨极氩弧焊焊接规范

对接板厚 /mm	填充丝直径/mm	焊接电流 /A	焊速 /m·h^{-1}	氩气流量/L·min^{-1}		
				焊枪	后拖	背面
0.8	不用	40~80	20~40	6~8	3~5	12~15
1.0	不用	65~100	25~40	6~8	3~5	12~15
1.2	不用	70~120	25~40	6~8	3~5	12~15
1.5	不用	70~140	25~40	6~8	3~5	12~15
1.8	不用	80~140	25~40	6~9	3~5	12~15
2.0	不用	100~150	25~40	6~9	5~7	12~15
2.5	不用	140~200	25~30	7~10	5~7	15~17
3.0	不用	180~200	25~30	7~10	5~7	15~17
1.0	ϕ1.5	80~120	25~40	6~8	3~5	12~15
1.2	ϕ1.5	100~140	25~40	6~8	3~5	12~15
1.5	ϕ1.5	140~180	25~40	6~8	3~5	12~15
2.0	ϕ2.0	180~200	25~30	6~8	5~7	12~15
3.0	ϕ2.0	200~260	22~25	7~10	5~7	12~15

4.2.3 薄壁钛焊接管(实例1)

4.2.3.1 薄壁焊接钛管的需求情况

钛有很显著的特点,即它的耐蚀性能好。因为它在一些氧化性介质中,在其表面上能生成一层致密的氧化膜,这层氧化膜能保护钛基体不再受介质的腐蚀作用。在化学工业、石油化学工业、造纸业、冶金工业、海水淡化和热能工业等领域都离不开使用换热器和反应器。钛管,特别是薄壁焊接钛管是用于制造换热器的最佳选择材质。其最大用途还在热能工业上。

热电站、核电站多建于沿海地区的原因是可以利用丰富的海水作为凝汽器的冷却水源。海水不仅经济,而且能缓解全球缺乏淡水的难题。例如,一台 2×10^5 kW 的发电机组,冷却水用量为 $2.7\times10^4\sim2.9\times10^4$ m^3/h,可以想象一座上百万千瓦的热电站的用水量可达 1.5×10^5 m^3/h 以上。不过从另一方面讲,海水固然可以利用,但海水的腐蚀性比较强,特别是被污染的海水、咸淡交替的入海的河口水。另外，盐湖水、苦咸水以及海洋生物等的腐蚀性更强。应用传统的铜基合金冷凝管已经不可能了。在上述的水质中，钛管显示出耐蚀性无比的优越性，钛管比 B_{10}、B_{30}、Ha 177－2A 等冷凝管的耐蚀性高 40～50 倍。

20 世纪 70 年代前，有个别经济发达的国家已采用无缝钛管作为凝汽器换热管兴建了热电站。因为无缝钛管价格太贵，没有更多国家追随采用无缝钛管制作热电站的凝汽器。到 70 年代末，焊接钛管问世，钛管的价格一下就降低了 25% 左右。这样一来，激发了更多的国家大力发展沿海热电站和核电站的动力，前后有十几个国家相继兴建了 15 座核电站（约 1.190×10^7 kW），70 座热电站（约 3.155×10^7 kW）。

到 80 年代初，世界大多数有海岸线的国家都着手兴建沿海热电和核电站。所以薄壁焊接钛管的用量猛增，然而能生产薄壁焊接钛管的国家并不多，最大的焊接钛管供应国有日本和美国。据电站设计部门提供的资料，可以粗略估算出薄壁焊接钛管的年需求量。一台 6×10^5 kW 的发电机组，其凝汽器的换热面积为 2.8×10^4 m^2。若采用规格为 $\phi31.75$ mm×1909 mm（长度）×0.5 mm（壁厚）的薄壁焊接钛管作为排水管，利用管的总数为 14794 根，总长度约为 281 km，其质量约为 62 t。按常规，一座热电站或核电站其总装机容量都在百万千瓦以上。就经济发展和能源建设而言，所要建设的热电站和核电站的数量将不断增加，因此薄壁焊接钛管的用量将是惊人的。

4.2.3.2 我国薄壁焊接钛管的技术现状

我国在“六五”国民经济发展规划中曾列有开发薄壁焊接钛管的课题，并于 1985 年攻克了薄壁焊接钛管的生产技术和工艺难关，同时建成一条生产线，没能投入批量生产的原因是因为国产钛带跟不上供应，跟不上与焊接工艺同步发展的步伐。至今新建的热电站和核电站所需的薄壁焊接钛管仍靠进口。不过我国将于 2010 年后在华东地区建成一整套钛带生产线，实现依靠国产钛带生产薄壁焊接钛管的理想已是指日可待了。

4.2.3.3 薄壁焊接钛管生产

在专业化焊接机系列上用钛带焊制管材，这是大批量生产钛及钛合金管材最有前途的工艺。薄壁焊接钛管工艺流程如图4-10所示。

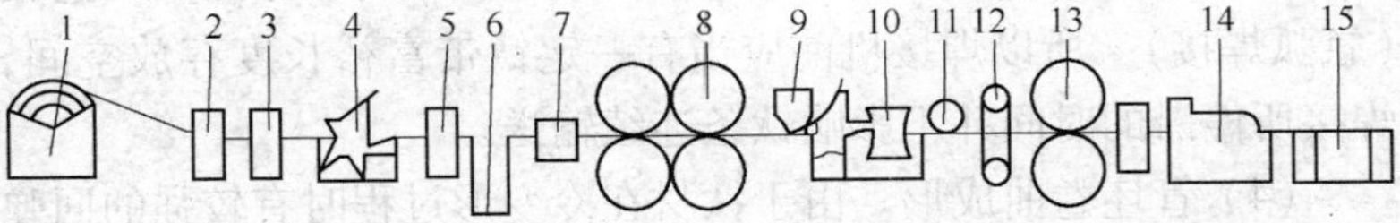

图4-10 薄壁焊接钛管工艺流程

1—开卷机；2—拉辊和矫直机；3—斜刃剪；4—对焊机；5—送进扁带的拉辊；6—活套形成器；7—带材加工设备；8—成形机；9—焊前除油擦拭器；10—焊接部分；11—加工外焊瘤用的针状铣刀；12—带式研磨机；13—定径机；14—矫直机；15—成品管材的堆放支架

具体流程为：

(1) 钛带准备。钛带对焊接钛管而言是外材料。为保证薄壁焊接钛管的质量，首先要对钛带的质量严格控制。钛带的化学成分、力学性能必须符合 GB/T 3620.1—2007、GB/T3620.2—2007 和 GB/T 3622—1999 的规定，厚度公差不大于0.04 mm，不平度小于4 mm/m，钛带退火后的晶粒度应在0.03～0.065 mm之间，钛带厚度规格一般有0.5 mm、0.6 mm、0.7 mm，这是因为凝汽器排管的位置不同，插入凝汽器花板上的钛管壁厚也不同。钛带的宽度应在1000 mm以上，从而才能使钛带破条的成材率提高，从而减低焊接钛管的生产成本。

(2) 钛带破条。它是钛带通过圆盘剪将其按一定宽度要求分剪成若干条钛条，然后脱脂清理和清除钛条两边的毛刺，再成卷。

钛条宽度根据焊接钛管的规格而定，依照经验公式计算得出。以 ϕ25.4 mm 焊接钛管为例，钛带宽度为：

$$B=\pi(D-\delta)+h_s+d_jD$$

式中 D——焊接钛管的公称外径尺寸，mm；

δ——焊接钛管的壁厚，mm；

h_s——焊后收缩系数；

d_j——直径系数。

根据计算，ϕ25.4 mm 焊接钛管的破条宽度 $B=78.45$ mm。

(3) 钛条与钛条焊接连接。钛条的长度有限，在焊接钛管连续生产的过程中，为保证不停机，必须进行钛条与钛条之间的连接（氩弧焊接）。所以焊接机前应当有一定钛带富裕长度存放空间，焊接所停滞的时间并不影响钛条连续输送。

(4) 管坯卷曲成形。由于钛材在冷变形过程时有较强的回弹性，所以采用多排辊渐续成形法进行管坯卷曲成形。九机架双半径卷曲成形比较适宜。管坯卷曲成形步骤如图 4-11 所示。第 1 孔型架对钛带的双边进行管径曲率形变，第 2、第 3、…、第 9 孔架类似逐步变形呈管坯。每两个孔架之间设有立辊孔架，辅助钛带均匀变形。辊型精度高和卷曲形变均匀度好是满足成品管管径精度和圆度要求的保证。

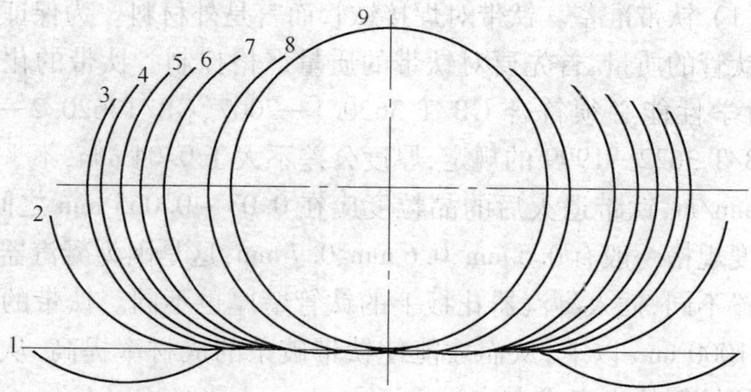

图 4-11　管坯卷曲成形步骤

(5) 焊接。采用钨极氩弧焊直流正接法焊接。为了在焊接过程中提高焊接参数的稳定性，防止电弧漂移，焊轮上装置 AVC-3 弧压控制器和 90A/4613A 电弧磁力控制系统。

AVC-3 可随电弧电压的变化自动调节焊轮的高度，可保证弧压稳定。在 1.5 V 的范围内可以选定一个“死区”值。当电弧电压波动值超过选定“死区”值时，该装置驱动焊轮自动上下调节。

弧压控制精度为给定弧压的 ±1%。该装置上配有电弧电压的数字显示器,可预先设定和显示焊接电弧电压。

90A/4613A 电弧磁力控制系统是借助4个磁极的磁场方向和强弱变化对电弧的位置、形状进行磁控,还可以调节电弧相对于焊件的位置(前、后、左、右)及熔池形状(圆、椭圆、直线形)。电弧还可以在磁场作用下进行旋转,转速为 0~60 周/s。该装置的功能在于改善焊缝成形及熔池的冶金工程。

薄壁焊接钛管生产工艺流程中的焊接区是由两对上下压紧辊、一对横向压紧辊和焊轮组成,如图4-12所示。两对上下压紧辊使基本成形的钛管坯的断开口逐渐闭合。一对横向压紧辊能使管坯的开口闭合。焊轮的钨极对准开口的闭合处,熔池略受一点挤压力就使焊缝熔池受挤而高出管子外表面0.06 mm左右,如图4-13所示。

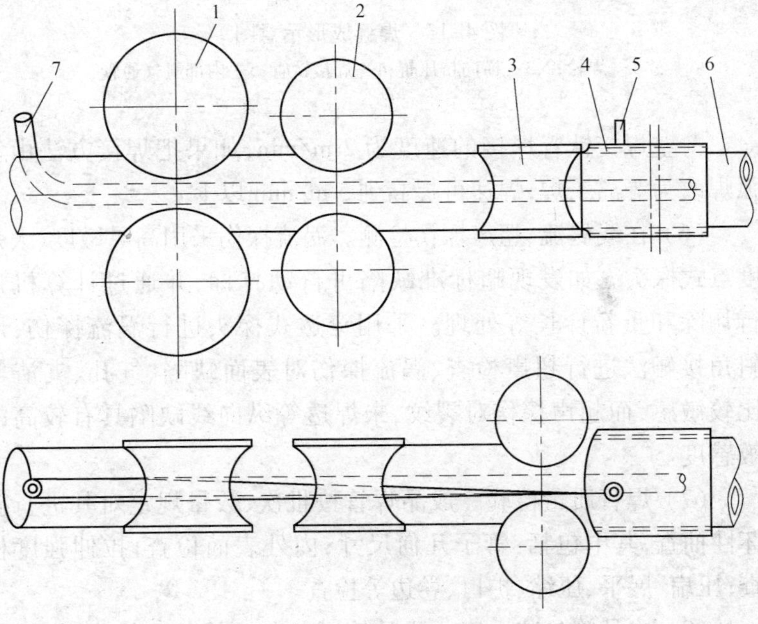

图4-12 焊接区

1,2—上下压紧辊;3—横向压紧辊;4—氩气保护罩;5—氩气进气口;6—成品焊接钛管;7—钛管内部氩气通管

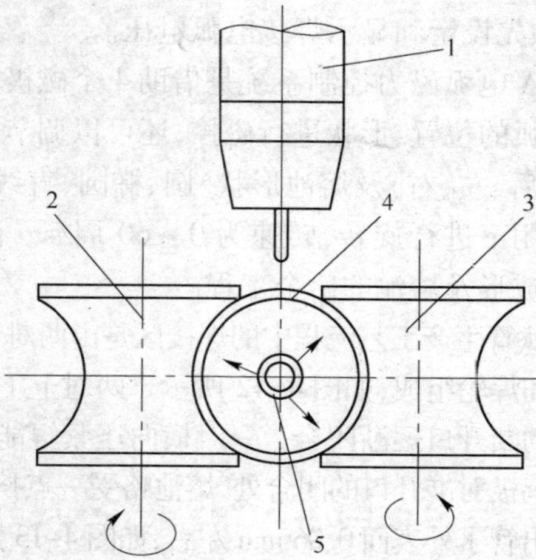

图 4-13　焊缝成形示意图

1—焊轮;2,3—横向挤压辊;4—焊接钛管;5—内部氩气通管

薄壁焊接钛管焊接的速度为 2 m/min,如果把焊接方法由氩弧焊改为等离子焊,焊速可提高到 5 m/min 以上。

(6) 在线涡流、超声探伤检测。涡流探伤采用高灵敏度、大角度点式探头。如发现超标准缺陷可自动打标,并通过计算机进行切除和重新计长等处理。采用穿透式探头进行涡流探伤,用斜角接触法进行超声检查、涡流探伤对表面缺陷、气孔、夹渣等比较敏感,而超声探伤对裂纹、未焊透等纵向线缺陷具有较高的敏感度。

(7) 焊管质量检验。成品焊管按批次、数量规定对其进行破坏性抽查,其中包括:管子几何尺寸;内外表面检查;拉伸强度检查;压扁、展平、压缩、扩口、卷边等检查。

(8) 成品管包装入库。成品管通过各项检验和抽查后,进行包装(以防止运输过程划伤)并装箱,箱内附有产品合格证和必要的检验检测报告,然后入库。

4.2.4 化工设备焊接(实例 2)

720 kt 乙烯生产设备中有 3 台设备是用钛材和钛钢复合材料制造。用手工氩弧焊和自动氩弧焊是制造这 3 台设备的基本手段,焊钢件用手弧焊和埋弧焊焊接。

3 台钛质制备的结构如图 4-14 ~ 图 4-16 所示。钛材在化工行业上的应用以及焊接加工制造在这 3 台设备上具有一定的代表性,它们容积比较大,有多种焊缝形式,如环缝、直缝、角焊缝、平焊缝、搭接缝、钛钢复合材料焊接等。

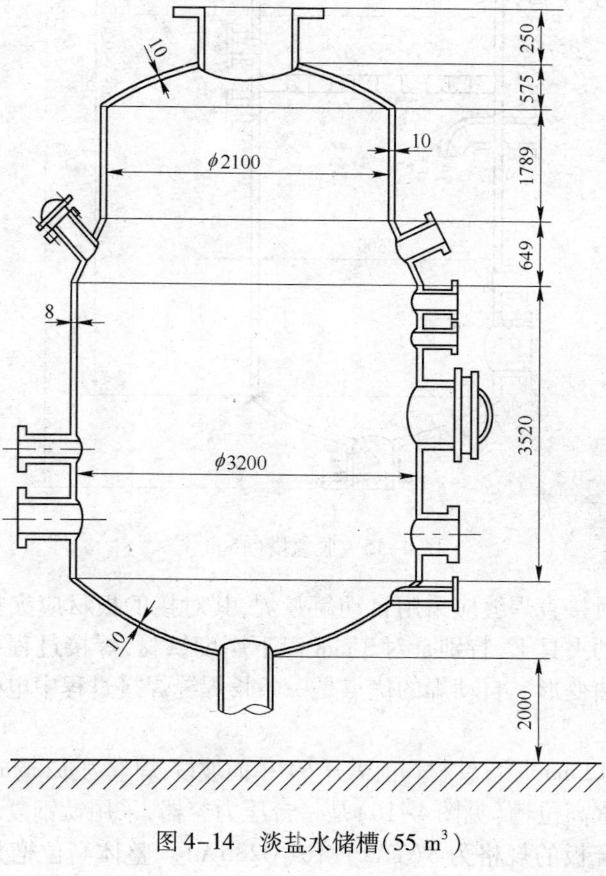

图 4-14 淡盐水储槽(55 m^3)

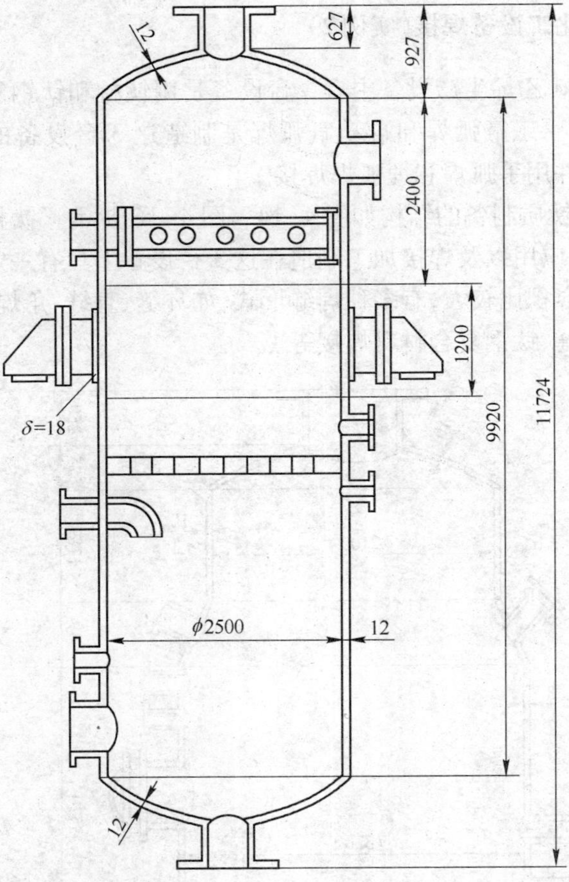

图 4-15　脱氯塔(45 m^3)

平对接直焊缝应采用自动氩弧焊,其对接的板材应夹持在琴键式气动夹具上,特别是对 3 mm 以下厚度钛材,焊接过程中容易产生翘曲变形。自动焊的优点是一条长焊缝焊接过程中电弧能量比较稳定。

8 ~ 12 mm 厚度钛材焊前需开 60°单面坡口,焊丝为 ϕ2 mm TA2。

盐水高位槽(见图 4-16)是一台压力容器,采用钛钢复合板制造。复合板的规格为 3(TA2)/10(Q235A)。整体高位槽是由四

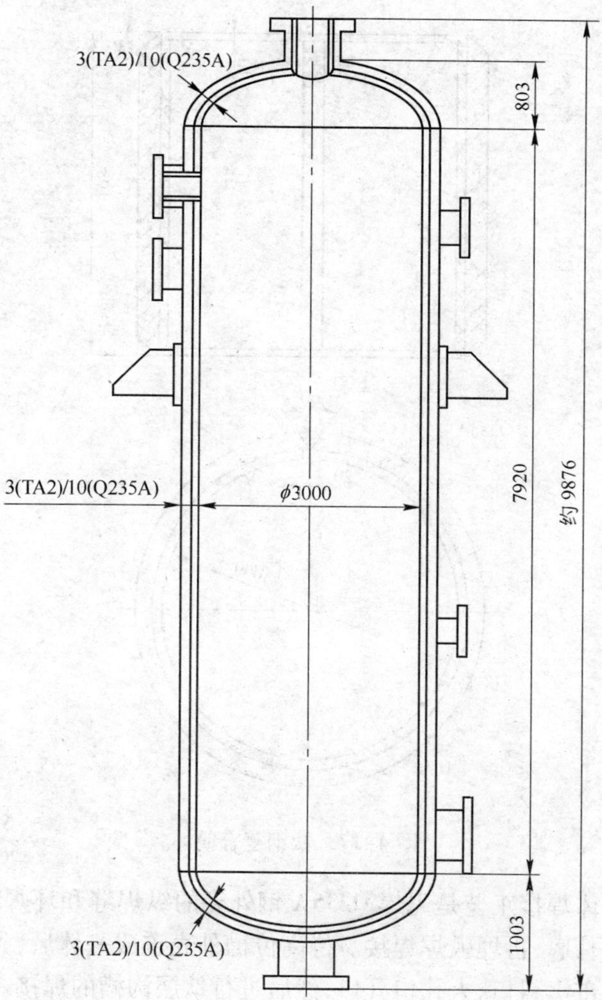

图 4-16 盐水高位槽(65 m³)

节复合板筒体和两端的复合板封头组成。

复合板在卷曲成筒体前,先进行开坡口,刨钛沟槽,然后卷曲成如图 4-17 所示的形式。坡口为 60°,钛沟槽的宽度为 20 mm。

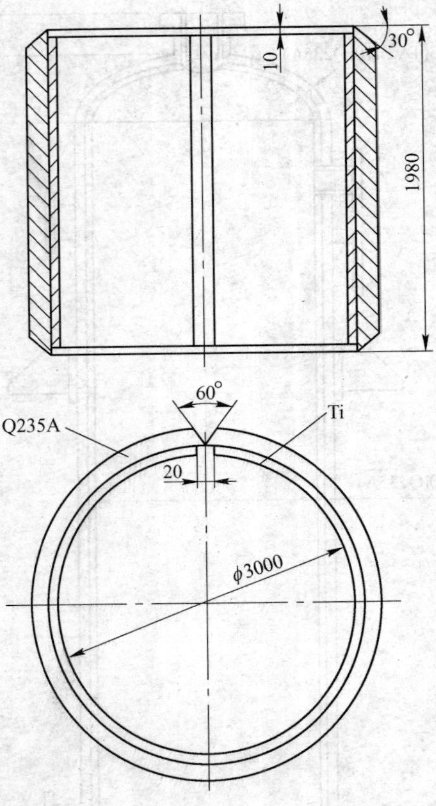

图 4-17　钛钢复合筒坯

整体焊接工艺是先焊 Q235A 钢外壳的纵焊缝和环焊缝，先用手弧焊打底，再埋弧焊焊接。待高位槽外壳连成一体后，先进行槽体上的进出料口、人孔口开口，然后进行钛层沟槽的焊接。

先将 3 mm 厚、20 mm 宽的钛条嵌入沟槽内后，用手工氩弧焊，最好用自动氩弧焊在不加焊丝的情况下把钛条与两侧的钛层相焊。熔池深度约为钛层厚的 1/2 或 2/3。不能焊透，以防止钛钢相熔。钛条焊完后，再在焊后的钛条上覆盖一条厚 3 mm、宽 40 mm 的钛条，并在覆盖钛条两侧与钛层形成搭接形式相焊，如图 4-18 所示。进出料口、人孔口的焊接应遵循的原则同样是先焊钢壳再焊钛层，而且仍需要钛覆盖板焊接。

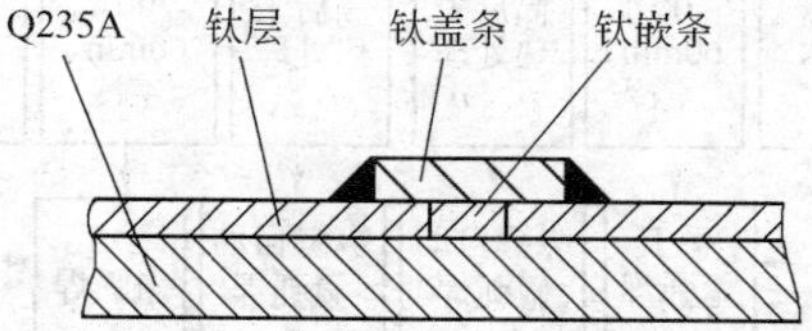

图4-18 钛内衬焊接

4.2.5 航天飞行器用压力容器壳体焊接（实例3）

TB2钛合金是根据压力容器壳体的需求而研制的。压力容器要求材料达到如下性能：抗拉强度 $\sigma_b = 1177 \pm 98$ MPa，$\delta_5 \geqslant 8\%$，焊接接头抗拉强度 $\sigma_b \geqslant 1030$ MPa，$\delta_5 \geqslant 5\%$。容器水压试验要求：压力升至95个大气压稳压1 min，降至50个大气压，稳压3 min后降至0，爆破压力大于125个大气压。合金的焊接性能研究结果表明，TB2合金在800℃，30 min、WQ + 焊接状态下，具有中等抗拉强度 $\sigma_b = 880$ MPa，高塑性 $\delta_5 = 17.5\%$，高弯曲角 $\alpha = 135°$；而在焊后二次时效处理状态下的焊接接头抗拉强度 $\sigma_b = 1080$ MPa，高塑性 $\delta_5 = 12.5\%$，弯曲角 $\alpha = 32°$。完全满足压力容器技术指标的要求。

4.2.5.1 压力容器壳体的焊接工艺

由于压力容器壳体的筒身较长，结合工厂生产TB2钛合金板材2.0 mm × 1000 mm × 2000 mm的实际情况以及滚筒设备的能力，将容器筒体分成两段，然后将两截圆筒对接（环缝）成整个筒体。在筒体两端各焊上带有嘴子（法兰）和裙框的椭球封头就组焊成了整体容器。该组焊容器上共有九条焊缝，充分考验了该合金的焊接性能。压力容器壳体组焊和焊后整体二次时效热处理及实际负载模拟试验工艺流程图见图4-19。从图上可以看到，组成容器的各零部件在焊接前的加工、成型和热处理都是不同的，焊接以后再进行整体热处理（二次时效），使整个容器达到设计指标性能的要求。

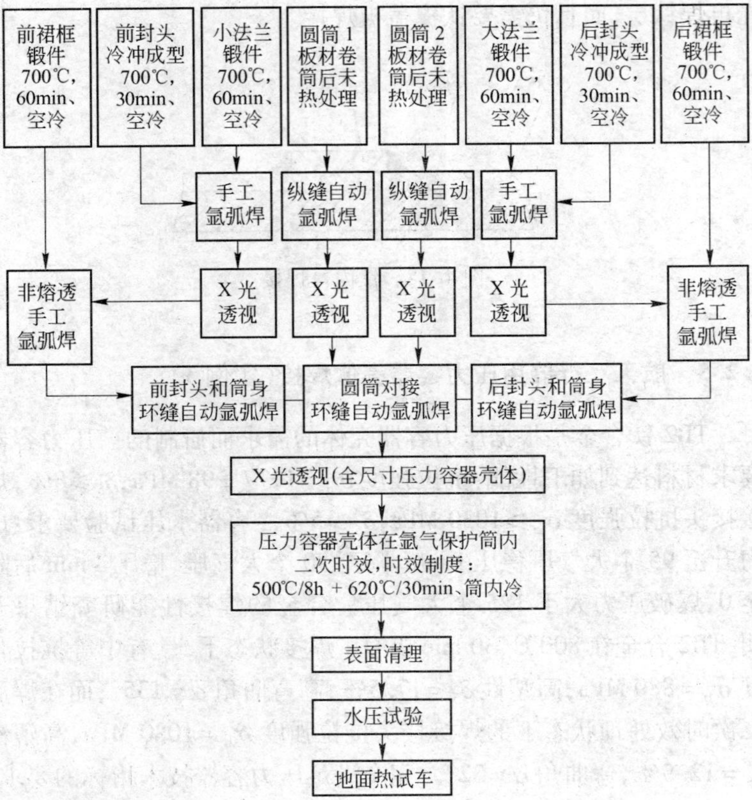

图 4-19　压力容器壳体组焊及焊后整体二次时效热处理试制工艺流程图

4.2.5.2　压力容器的分段焊接

压力容器的前后封头是用 800℃，30 min、WQ 状态的 2.0 mm 厚 TB2 合金板材冷冲压而成，再经热定型处理、加工、酸洗、清洗，供焊接用。直筒也是用 800℃，30 min、WQ 状态的 2.0 mm 厚 TB2 合金板材滚筒成型而成，经冷校形、酸洗、清洗，焊接纵缝，再冷校形、机加工直筒两端断面、酸洗、清洗，两个直筒对接焊环形焊缝成一个直筒。封头冷冲压成型(图 4-20)和直筒滚筒及校形是充分利用该合金在固溶处理状态和固溶加焊接状态下具有良好综合性能，即 TB2 合金基体 2.0 mm 厚板材，在 800℃，30 min、WQ 状态下，具有中等抗拉强度 $\sigma_b = 925$ MPa，高塑性 $\delta_5 = 21.5\%$，高弯曲角 $\alpha = 150°$；TB2 合金在 800℃，30 min、WQ + 焊接状态下，具有中等抗拉强度 $\sigma_b = 880$ MPa，高塑性 $\delta_5 = 17.5\%$，高弯曲角 $\alpha = 135°$。

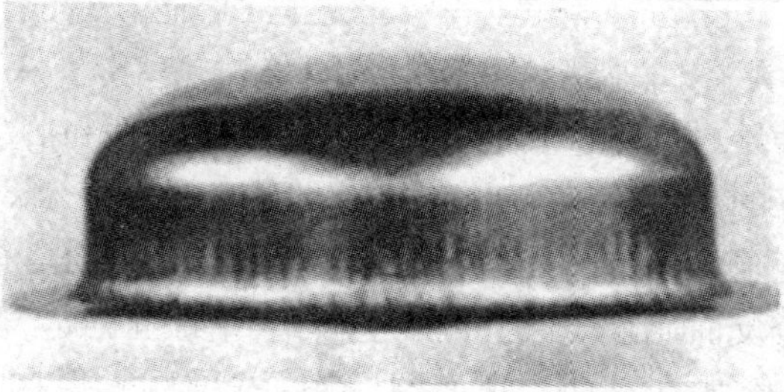

图 4-20　冷冲压封头

压力容器的前后法兰、前后初框都是 TB2 合金锻件，均采用 700℃，60 min、空冷热处理，机加工、清洗，供焊接用。

A　直筒纵缝和环缝（共 3 条）的焊接

焊接设备有：GCP-500 型悬臂式自动焊机，电源 GA-500 正极性，主电路串接变阻箱稳流，高频引弧，ϕ3.0 mm 钨铈电极，焊丝为 ϕ2.0 mmTB2 合金丝。

纵缝焊接使用气动夹具压紧，下有通氩气保护和成型槽的紫铜板，焊接尾拖罩也是铜制水冷式的。为了较少筒子纵缝轴向变形，焊前在筒子两端各点焊上 200 mm 长的工艺圈，同时作为引弧和收弧板。

环缝焊接夹具为三瓣式水冷紫铜环，铜环上带有成形通气保护槽，利用螺杆和斜面机构在筒内撑开。筒子夹持在车床式焊接回转装置上，焊时自动转动，收弧时人工衰减电流（衰减时间 10～15 s）并停止送丝。表 4-8 为壁厚 1.85～2.04 mm 筒壁和封头环缝焊接时的工艺参数。

表 4-8 筒体纵缝和环缝焊接规范

焊缝形式	焊接电流/A	电弧电压/V	焊接速度 /m · h^{-1}	送丝速度 /m · h^{-1}	氩气流量/L · min^{-1}（氧气流量计读数）		
					焊枪	拖罩	反面
纵缝	170 ~ 175	10 ~ 11.5	30	43.2	14	30	6.5 ~ 8
环缝	155 ~ 160	10 ~ 12	25	43.2	14	30	30

B 封头上大、小法兰（嘴子）的焊接

将冷冲压封头经过热定型处理、机加工、酸洗和清洗与热处理后机加工好的法兰进行用手工氩弧焊焊接，电源为 A × 1 – 165，主电路串接变阻箱，ϕ2.0 mm 钨极，焊丝为 ϕ2.0 mmTB2 合金丝。夹具也是水冷反面通氩气保护铜成型槽式，用螺栓固定，在手摇转台上转动，焊枪基本不动。正面焊缝跟托罩保护，焊接参数：电流 110 ~ 120 A，平均焊速 12 ~ 13 m/h，氩气流量：焊枪 13 L/min，拖罩 25 ~ 30 L/min，反面 10 ~ 15 L/min，收弧时人工衰减电流。由于对口间隙变动和规范控制较差，焊后易出现未焊透且气孔较多。未焊透处在反面补焊。

C 裙框和封头的焊接

由于这两条环缝是在封头直线段和曲线交界处，受力复杂，为了不破坏封头的受力性能，所以要求焊缝在封头上的熔深小于壁厚的 1/2，故采用手工氩弧焊焊接。设备与上述 B 相同，夹具和保护系统如图 4-21 所示。焊接时工装手摇转动，不加焊丝，电弧偏向裙框一侧，用小电流快速焊接。在焊到 2/3 圈至焊完后，常听到焊件有脆裂声发出。当改变焊接规范（电流 70 ~ 90 A，平均焊速 8 ~ 15 m/h）和添加焊丝（ϕ2.0 mmTB2 合金丝）焊接，或将环缝分成四段对称焊，都避免不了响声问题。其原因是由于装配和焊接应力引起了裙框和封头贴在一起，而没有焊着的金属发生移动摩擦而发出的响声。因为封头相对于裙框的刚度是较小的。它在焊前的热处理和焊接法兰以后，变形已经很严重了，裙框和封头组焊时是强迫装配在一起的，所以焊上裙框以后对封头起到了校形的作用,但焊接处的应力增大了。表4-9为三个封头在焊上裙框前后最大椭圆度的测量结果。

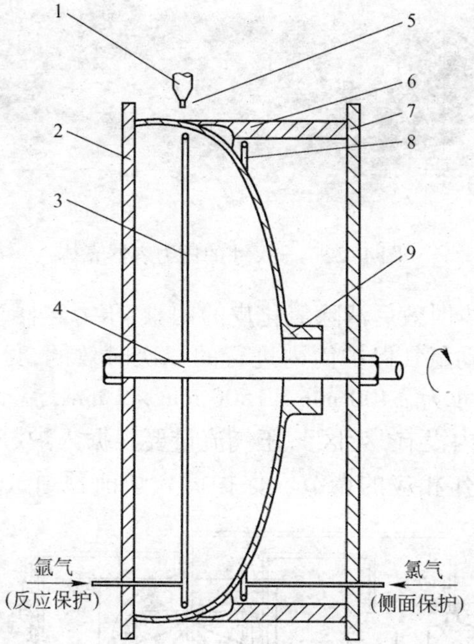

图4-21 裙框和封头焊接夹具及氩气保护系统示意图

1—焊枪位置;2,7—压板;3,8—环形通气保护管;4—螺栓;

5—保护拖罩位置;6—裙框;9—已焊上法兰的封头

表4-9 封头在焊接裙框前后椭圆度的测量结果

焊件序号	1	2	3
焊上裙框前的椭圆度/mm	5.0	6.0	5.0
焊上裙框后的椭圆度/mm	0.5	0.5	0.2

4.2.5.3 压力容器的热处理

共组焊了五台全尺寸的压力容器(图4-22),为了最终热处理工艺,用筒体进行对比,其中一台(4号)焊后不热处理,即焊接状态;一台(9号)在焊前对壳体承压部分先进行二次时效热处理,三条组焊的环缝不再时效处理;另外三台(2、3和5号),采用整体二次时效热处理，其热处理制度是：500℃保温 8 h，随炉升温至 620℃保温 30 min，出炉在保护筒内冷却、保护筒（通氩气）空冷。

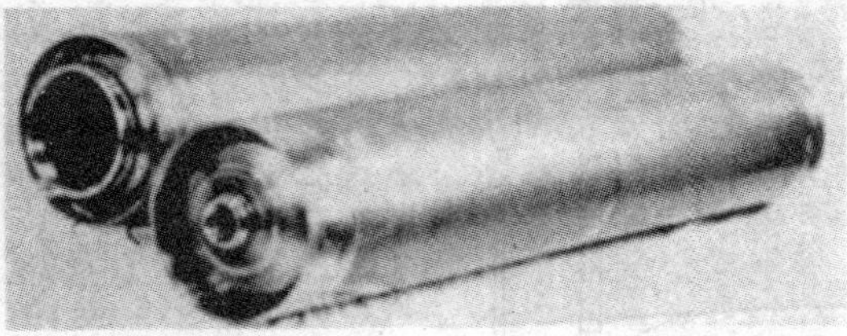

图 4-22　全尺寸的压力容器壳体

为了减少时效后清除氧化皮的困难，压力容器壳体是在不锈钢制成的流动氩气保护筒内进行的二次时效的，见图 4-23。保护筒外形尺寸为 ϕ400 mm × 1500 mm × 2 mm，流动氩气设计要求保护系统内没有“死区”，压气流量要根据入炉、出炉和升温时的不同情况作相应的调节。保护筒入炉前预通气 1 ~ 2 h（流量

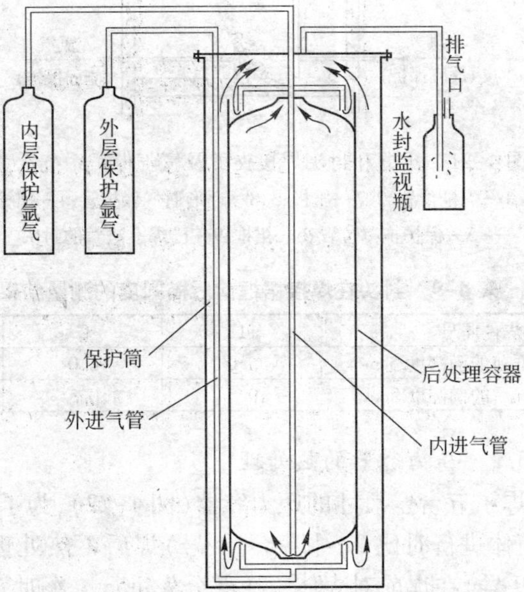

图 4-23　流动氩气保护筒内时效处理示意图

10 ~ 15 L/min),保温时各 4 ~ 5 L/min,出炉后继续通氩(流量各 8 ~ 15 L/min)降至 200℃以下停氩气。压力容器装入保护筒内之前容器表面油污一定要清洗干净。

上述方法保护效果良好,经保护筒保护的二次时效的压力容器壳体内部基本没有氧化色彩,外部有微淡黄色和淡蓝色彩,只需轻微酸洗就可以去除,保证了容器的表面质量。

4.2.5.4 压力容器壳体试验

对五台压力容器壳体按技术要求进行了水压试验,其结果分述如下:

(1) 4 号(组焊后未时效)压力容器壳体,压力达 65 大气压时,在筒体距纵缝 70 ~ 80 mm 处穿过中间的环缝纵向破裂(裂口平行于纵缝,达到两端的环缝)。低压破坏的原因是:筒体为 800℃,30 min,WQ 状态下,在滚筒压边弯曲较严重,存在弯曲变形应力,冷变形组织未消除;环缝焊接应力未消除。

(2) 9 号是“分段时效”状态(三条环缝未时效)压力容器壳体,压力达 75 大气压时容器破坏,破裂部位和形式与 4 号相同。低压破坏的原因是三条环缝焊接应力未消除。

(3) 5 号壳体,是整体二次时效热处理的压力容器壳体,压力达 72 大气压时爆破,大法兰连同整个封头冲出,法兰和封头的焊缝沿法兰一侧裂开。低压破坏的原因是该大法兰晶粒粗大,塑性很低,不符合使用要求。

(4) 2 号、3 号压力容器壳体也是焊后整体二次时效热处理的,按正式产品技术条件要求通过了水压试验,压力升至 140 大气压未破坏。说明材料性能合格,用焊后二次时效热处理制度是合理的,能使 TB2 合金试制的薄壁压力容器壳体达到产品设计承压性能的要求。也充分说明二次时效热处理有消除或部分消除焊接应力的作用,同时强化了基体和焊缝,使 TB2 压力容器壳体满足使用要求。

4.2.5.5 实际负载模拟试验

半年以后,对 2 号、3 号压力容器壳体重新进行水压试验,都顺利通过了,然后进行实际负载模拟试验,2 号因热试车密封结构有问题没试成,3 号 TB2 压力容器壳体的热试车全部技术数据均达到了设计性能指标要求。

为此,全面完成了压力容器壳体的试制任务。

4.3　其他钛材焊接方法

4.3.1　激光焊

激光焊也是熔化焊方法之一。它的热能产生于工作物质受到外来光能激发而产生的一种单色性纯、方向性强以及光亮度大的光束。光束通过透镜和发射等光学原理将其高度聚焦后,投射到焊件的接缝上,即可熔化被焊件。

激光焊实际上是电、光能转换机制产物,转换效率非常低,效率大约只有 0.1% ~3%。大部分能量都是在能量转换过程中转变成“热”,使整体激光发生器的体温升高,所以需要一组大容量的冷却系统,把副产物“热”带走。因此,一台功率并不太大的激光焊机(<10 kW)的体积却是比较大的($10\ m^3$)。激光发生器工作原理如图 4-24 所示。

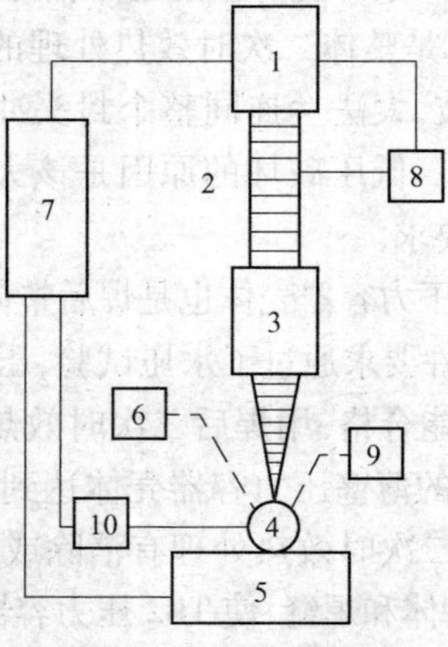

图 4-24　激光发生器工作原理

1—激光发生器;2—激光光束;3—光学系统;4—焊件;5—转胎;6—观测系统;7—程控设备;8,10—信号器;9—辅助能源激光焊的工艺参数较难掌握,因为热效率在焊接过程中有很大起伏变化,被焊金属表面状况对热效率有很大影响。表面光亮度就有较大影响,表面越光亮,对激光的光线发射越大,大部分的激光能量被反射到其他物体上,并以"热"的形式传递到周围的物质上或介质中。但是热效率会突然发生变化。金属熔化前,大约只有10% ~20%的光线能量被金属吸收并加热了金属。当温度升至焊缝金属的熔点并开始熔化时,金属对光线的吸收率猛增,这时大约60% ~80%的光线能量被金属吸收,热效应的突然变化极易造成焊缝烧穿。

为了避免或减少这种不良影响,可以采取一些相应的措施,如对被焊金属表面粗化处理;采用脉冲激光束;调节输入能量;调整光斑大小;改变脉冲宽度和衰减波陡度等。

以一种含有氧化铝并溶有低浓度铬原子的红宝石自然晶体作为发生激光发生器的工作物质,称为固体激光发生器。以 CO_2 等作为激光发生器的工作物质,则称为气体激光发生器。

目前,激光焊机的功率仅处于千瓦级水平,且价格昂贵,焊接成本高,应用范围尚不广泛,只用于某些仪器仪表生产制造中一些微小部件的焊点上,特别是某些焊点的位置比较隐蔽,用一般焊接方法无法施焊时。利用激光束再借助光导纤维和偏转棱镜可实现多工位焊接。

也有激光焊应用于较大型构件焊接的例子。核反应堆中核燃料的包壳盒是一种用稀有金属制成的产品,即由金属锆或锆合金制成,其中有一种包壳盒的尺寸为1.5 mm ×200 mm ×200 mm ×2000 mm,即为一个薄壁长方体的壳体,它本身的技术含量很高:尺寸要求严格;表面光洁度高;各个面不能有任何不平和翘曲。用激光焊把两个"⌈⌉"形型材对接成正方形截面的筒体,即成包壳盒,如图4-25所示。它利用了激光焊能量集中、焊缝窄、热影响区窄等优点,保证了焊出的产品表面光洁,尺寸准确,四个

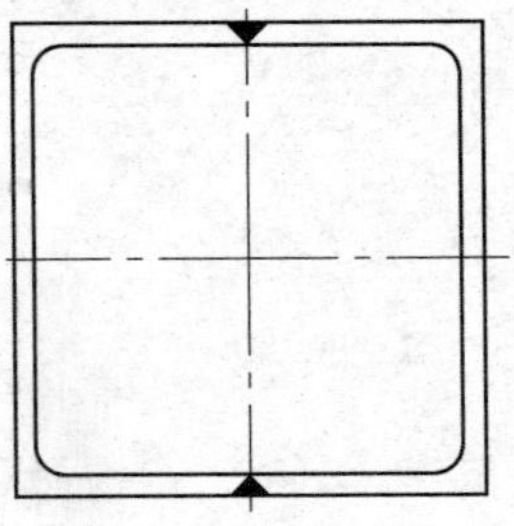

图4-25 包壳盒

平面规整、无翘曲。

4.3.2　等离子弧焊接

等离子弧实际上就是一种压缩的电弧。把扩散角较大的电弧通过喷嘴小直径的孔道，约束了电弧的散射，加上有一定压力的离子气通过喷嘴孔道吹出，致使弧柱的截面积缩小，热能量密度增大，离子气热电离充分，弧柱的温度提高，所以弧柱的穿透性强，可以一次焊透钛或钛合金板达 12 mm。

等离子弧有三种不同的类型：非转移弧；转移弧；联合弧。等离子弧工作原理如图 4-26 所示。

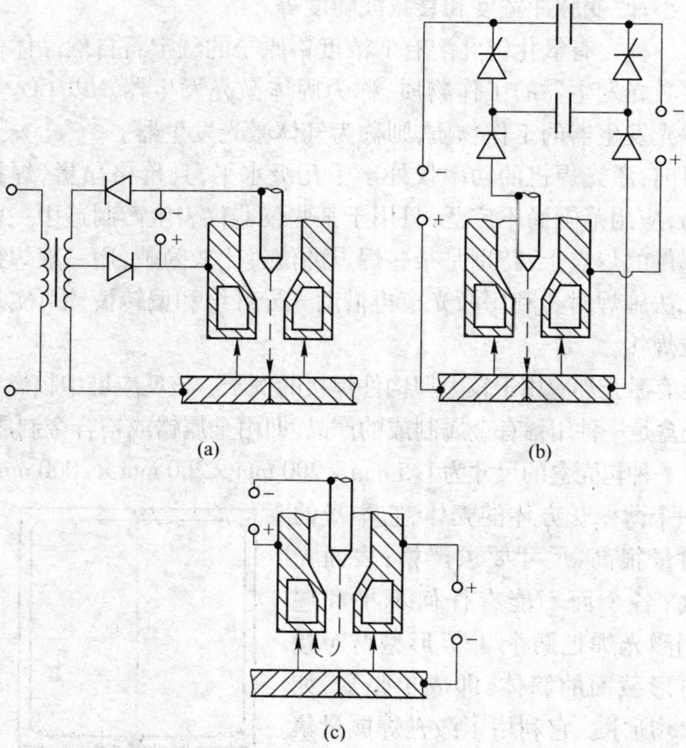

图 4-26　等离子弧工作原理

(a) 非转移弧；(b) 转移弧；(c) 联合弧

非转移弧(见图4-26(a))是直流电源负极接钨极,正极接水冷喷嘴。用高频引燃钨极与喷嘴之间的电弧,靠离子气流将弧焰从喷嘴中吹出,形成等离子焰流。这类的等离子弧焊的功率不宜过大,否则烧坏喷嘴的几率较大。

转移弧(见图4-26(b))是负极接钨极,正极接喷嘴,同时又接焊件。高频先引燃钨极与喷嘴之间的电弧,当离子气将电弧吹出喷嘴并与焊件接通后,钨极与喷嘴之间的电弧熄灭,钨极与工件之间继续工作的电弧称为转移弧。

联合弧(见图4-26(c))是工作时非转移弧和转移弧同时存在,但非转移弧的电源功率小,而转移弧的电源功率大。两套电源同时存在,特点是等离子弧的稳定性强。

等离子弧焊设备由焊接电源、焊轮、电路控制系统、供气系统和供水系统等部分构成。

焊接电源是陡降外特性直流电源,一般为可控硅整流器或其他形式的直流电源。转移型等离子弧采用两套电源,也可以只用一套电源,而联合型等离子弧必须有两套独立电源。

焊轮主要由电极、电极夹头、喷嘴、中间绝缘体、空室、冷却水路等组成。各组成部件匹配成一体,必须保证电弧压缩性好,绝缘体、气室、水路可靠,更换电极方便,电极与喷嘴对中准确。等离子弧焊轮结构如图4-27所示。

决定等离子弧的性能和稳定性的是等离子喷嘴的结构,如图4-28所示,孔径d决定离子弧的直径和能量密度。

等离子弧电流值与喷嘴孔径的参考值见表4-10。

表4-10　电流与喷嘴孔径的关系

喷嘴孔径 d/mm	0.6	0.8	1.2	1.4	2.0	2.5	2.8	3.1	3.2	3.5
等离子弧电流/A	约5	约25	20~60	30~70	40~100	约140	约180	约210	约240	约300

孔径过大,电弧压缩效果差;孔径过小,易发生双弧。喷嘴孔

径长 l 与孔径 d 有一定参考比例，见表 4-11。

表 4-11　喷嘴孔道比与孔径的关系

孔径 d/mm	孔道比 l/d	压缩角 α/(°)	等离子弧类型
0.6～1.2	2.0～60	25～45	联合弧
0.6～3.5	1.0～1.5	60～90	转移弧

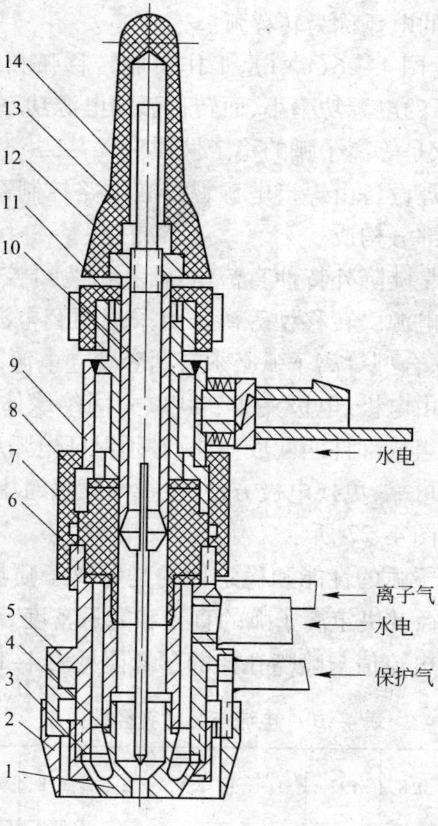

图 4-27　等离子弧焊轮结构

1—喷嘴；2—保护套外环；3，4，6—密封垫圈；5—下轮体；7—绝缘柱；8—绝缘套；9—上轮体；10—电极夹头；11—套管；12—小螺母；13—胶木套；14—钨极

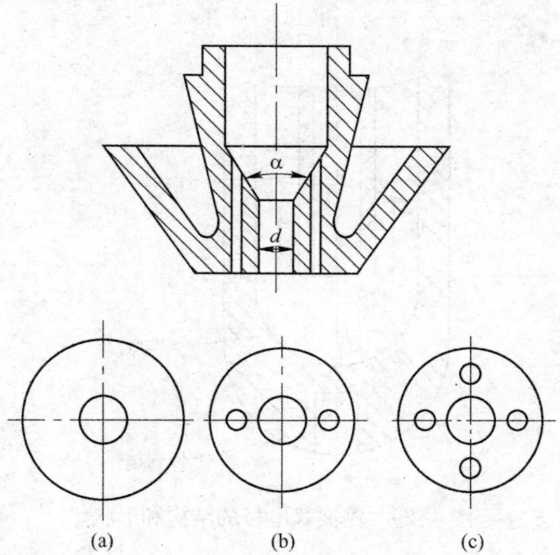

图 4-28 等离子喷嘴结构

(a) 单孔型;(b) 双孔型;(c) 多孔型

喷嘴孔道有单孔型和多孔型。在喷嘴外离子气流将等离子弧压缩,从而提高了弧柱的能量密度。

电极有棒状和镶嵌式两种。棒状电极是铈钨合金棒,形状与氩弧焊所用电极棒相同。为了对中准确,铈钨棒要经过外围磨光。镶嵌式电极的结构和形状如图 4-29 所示,即在铜电极座上镶嵌一块铪(Hf)棒。

电路控制系统要完成一系列规定程序和动作,如调节离子气的预通时间、保护气的预通时间以及电流衰减的时间等。

供气系统有焊接气路和保护气路。焊接气路是等离子弧的工作介质,可以用氩气(Ar)、氦(He)、二氧化碳(CO_2)和氢气(H_2),或用两种气体的混合气;保护气路是用氩气(Ar),以防止熔池和其热影响区不受大气的污染,除对焊缝的正面进行惰性气体保护外,对焊缝背面同样也要进行保护。

供水系统可以是自来水水源,也可以是独立系统的高压水。

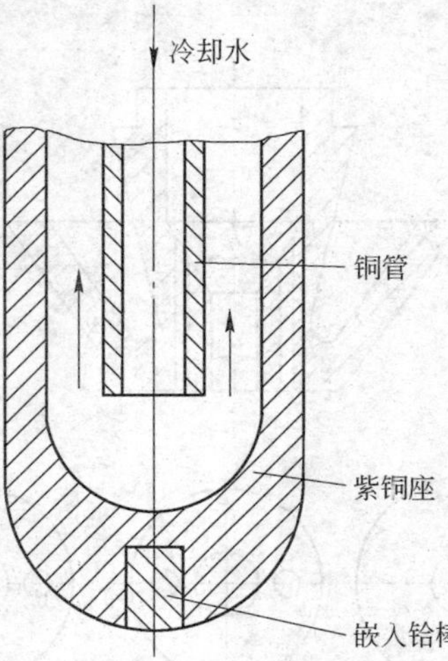

图 4-29　镶嵌式电极的结构和形状

主要用于对电极和喷嘴的冷却,同时对连接等离子焊轮的电缆线也要进行冷却,特别是对大电流通量的电缆线的电阻热需要进行水冷。在供水系统中必须装有水压保护开关,防止因疏忽残水流量不足而造成等离子焊轮被烧坏。

钛材作为结构材料,经熔化焊接加工后,多数情况下焊缝的力学性能和耐蚀性等都能满足应用条件的要求,即焊缝的存在并无太大的影响。但钛材作为某些功能材料,焊缝的存在却带来不良影响。例如,电解铜箔生产过程中的生产设备之一是阴极辊。阴极辊的外表层是一个焊接的钛套筒。整体阴极辊投入铜箔生产前,辊表层的钛筒要进行车光和抛光处理。抛光后辊子表面显现出一条光亮的焊缝,在铜箔生产中这条光亮焊缝也“复印”到铜箔上了。

随着科学技术的飞速发展,电子行业对电解铜箔的产量和质量要求越来越高。为了提高电解铜箔生产的单机产量,阴极辊制造正向大尺寸方向发展。阴极辊的直径已从 ϕ1500 mm 发展到 ϕ2000 mm,甚至已发展到 ϕ2700 mm。一个厚度为 6 ~ 8 mm、直径为 ϕ2700 mm、高度为 145 mm 的钛筒完全用塑性加工的方法制造已经不可能了，只能用焊接方法，只要工艺得当，完全可以制造出符合技术要求的钛筒来。

采用等离子弧焊和氩弧焊相结合的工艺则可以达到消除或近乎消除光亮焊缝的目的。

按照阴极辊时间尺寸，将钛筒卷成如图 4-30 的形式。在筒内开焊接坡口，坡口形状如图 4-30(a)所示。当焊缝接头区被夹持在强制冷却装置上后，用适中的等离子弧焊按第一道焊道，如图 4-30(b)所示。然后改用较小线能量的氩弧焊多道次焊满坡口，如图 4-30(c)所示。如此焊接的目的是：达到尽量小的焊缝热影响区，尽量保留钛材的加工组织，尽量减小焊缝铸造组织范围。阴极辊钛表层抛光后显不出铸造组织，也就消除了辊面光亮带。

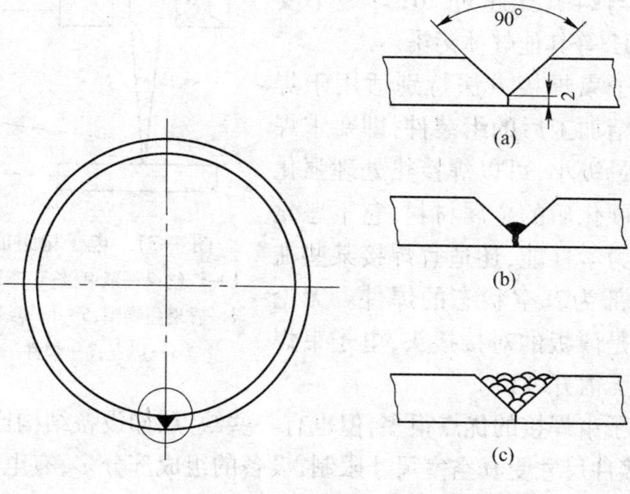

图 4-30　钛筒焊缝位置

4.3.3　电子束焊接

电子束焊接是利用高能量电子束流轰击工件后，将束流的动能转化成热能而使被焊件熔化所完成的焊接。焊接全过程都是在真空环境下完成的。

电子束焊接的核心装置是电子枪，它是发射、形成和汇聚电子束流的装置。电子的发射是发射极即阴极在加热后(直接式或间接式)使电子获得能量,当能量超过电子的逸出功时,电子便脱离发射极,在高压电场的作用下飞向阳极(被焊件),散射的电子束群在聚集极和磁聚焦线圈(即电子透镜)的管束和强制引导下又重新聚焦成束。电子枪组成如图4-31所示。

电子束焊接方法可以焊接的金属材料很广泛,包括黑色金属、有色金属、稀有金属、难熔金属、贵金属以及其合金。电子束焊接的显著特点是:能量密度高,单道焊接碳钢厚度可超过100 mm;焊缝形状为"剑形",即熔深与熔宽比超过20;焊缝不受O_2、N_2、H_2等其他气体污染。

电子束焊接方法特别适用于焊接已经精加工后的组装件,即要求焊后变形量极小,可以焊接热处理强化或冷作硬化后的金属材料,它不恶化接头的力学性能,还适宜焊接某些在焊后内部为真空状态的焊件。无论厚板还是薄板的对接接头,电子束焊接时都无需开坡口。

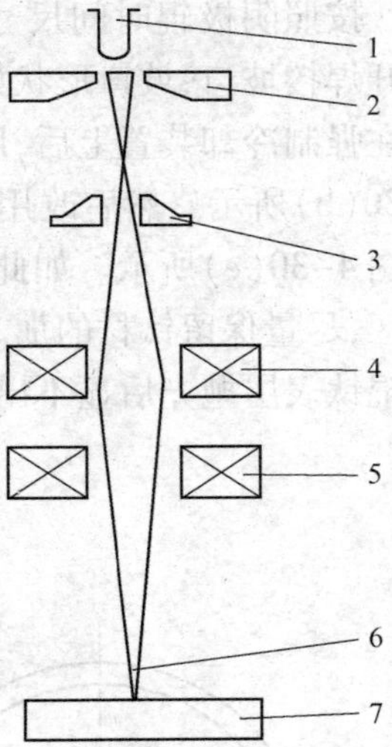

图4-31　电子枪组成
1—灯丝;2—聚束极;3—阳极;
4—磁聚焦线圈;5—偏转线圈;
6—焦点;7—焊件

电子束焊接的优点很多,但也有一些缺点,如设备结构比较复杂,焊接件尺寸受真空室尺寸限制,设备的组成部分多,有电子枪、高压电源、真空系统、传动系统,还有电气控制系统等,所以设备的总体价格昂贵,焊接费用大。

电子束焊接的应用实例较多,如焊接压力容器,尤其是高压压力容器,采用的金属材料多为合金钢、难熔金属及其合金,而且厚度较厚。还有核反应堆燃料罐外壳、化工行业的压力容器、热交换器、球形储罐、汽车制造的双金属齿轮、发动机外壳、航空飞机制造中使用的发动机喷管、双螺旋线齿轮、起落架、压气机转子、涡轮盘等。在宇航业方面有火箭和导弹的外壳,还有宇航空间站的安装中除用紧固件连接外,还采用电子束焊接。重型机械制造中,超厚板压力容器及管道的焊接也用电子束焊接。

4.3.3.1 锆合金与不锈钢管接头制造

核反应堆燃料元件的包壳材料为锆合金所制。由于锆合金价格昂贵,所以只限用于堆内,而堆外采用不锈钢替代,但是锆合金和不锈钢之间不能采用熔化焊。所以采用锆合金和不锈钢之间的过渡接头,堆内是锆合金与锆合金相熔焊,而堆外是不锈钢与不锈钢相熔焊。这样就可以圆满解决堆内外热力循环的过程。

锆合金与不锈钢管接头制造工艺如图 4-32 所示。按图样将锆合金、不锈钢和镍箔加工成管接头的组合件,其中镍箔是锆合金和不锈钢的中间结合层。其厚度 δ 为 0.1 mm,因为在高温、高压、

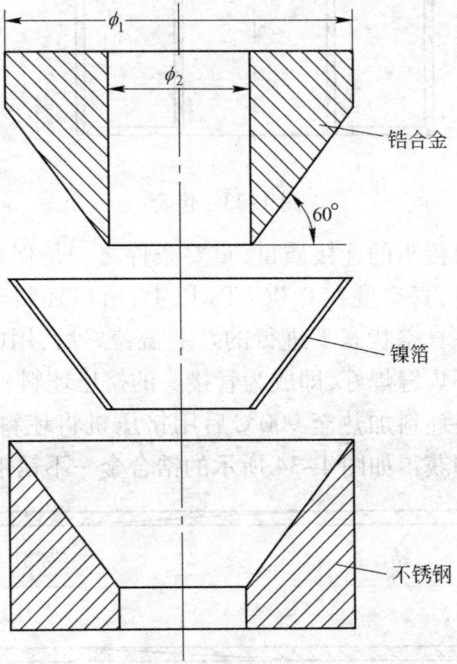

图 4-32 锆合金与不锈钢管接头制造工艺

高真空情况下，锆合金与镍、不锈钢与镍有较高的分子相互扩散功能，相互的固溶度较大。

然后将不锈钢镍箔和锆合金依次装入包套中，包套如图 4-33 所示。包套是由 Q235A 钢管焊成，内管和外管的尺寸配合锆合金—镍—不锈钢的尺寸而定。包套的下盖预先焊好，上盖待接头坯料装入后再用电子束封焊。

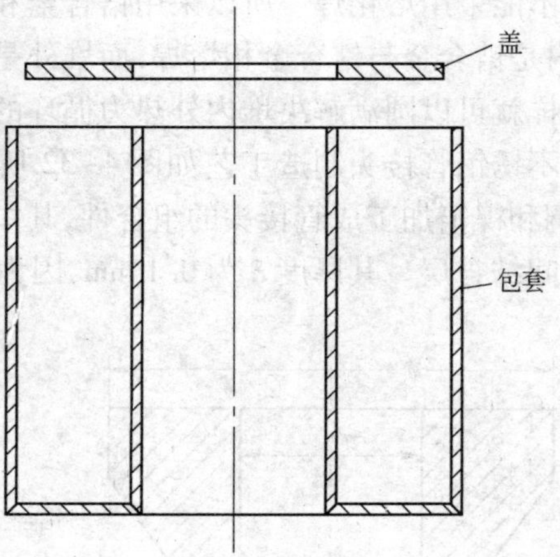

图 4-33　包套

为了确保接头的连接质量，重要条件之一是保证包套封焊后内部是高真空，真空度在 0.067 Pa 以上，所以坯料依次装入包套内是机械手在真空状态下进行的。上盖盖好后，用电子束将内管和外管两个环焊缝焊好，即成为管接头的挤压坯料。

将管接头坯料加热至 900℃ 后用挤压机将坯料挤压成管状，经机加工后即获得如图 4-34 所示的锆合金—不锈钢的管接头。

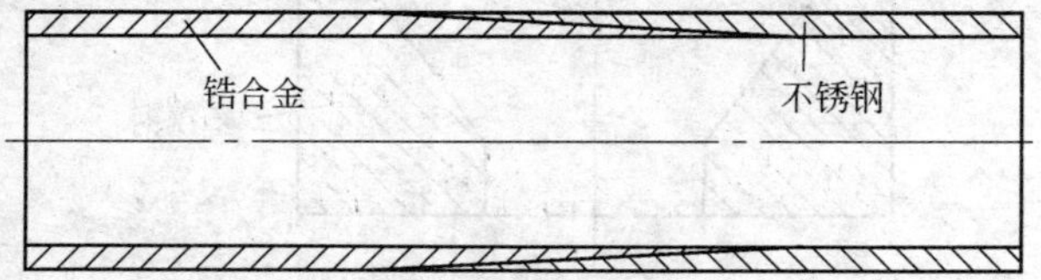

图 4-34　锆合金—不锈钢接头

4.3.3.2 真空电子束封焊铌钛与铜的挤压锭

铌钛超导丝是铌钛合金为丝芯,紫铜为外包覆的复合丝材。铌钛合金丝与紫铜复合的优劣将影响超导丝的性能。为了保证铌钛超导线的优良性能,采用真空电子束封焊铌钛与铜的挤压锭是十分必要的。

铌钛与铜超导丝的挤压坯料如图 4-35 所示。将铌钛合金锭装入铜包套内,以及包套上盖盖上都是在高真空环境下用机械手完成的,然后用电子束封焊包套的环焊缝,这种真空封焊方法是其他任何焊接方法无法替代的。铌钛超导挤压坯料加热至 900℃并挤压成铌钛与铜超导丝材。

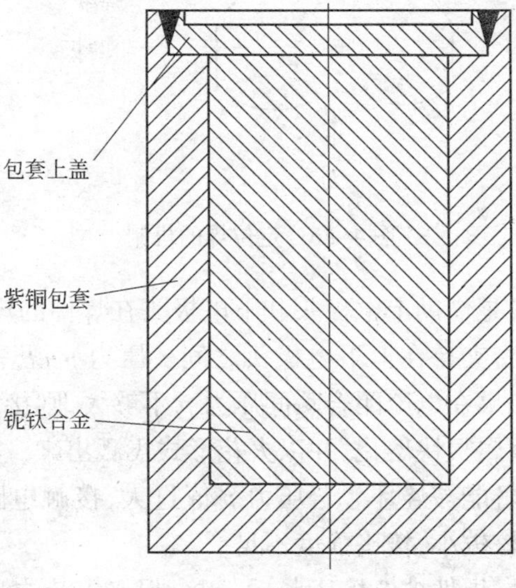

图 4-35 铌钛与铜超导丝的挤压坯料

4.3.4 电阻焊(接触焊)

电阻焊是对焊件通以电流,利用焊接区电阻(特别是接触电阻)所产生的热量,使焊接区金属局部加热至高温塑性状态或熔化状态,在外压力的锻压作用下形成接头。接触电阻焊分点接触电阻焊和缝接触电阻焊，简称为定位焊和缝焊。

4.3.4.1　定位焊

定位焊的机制如图 4-36 所示。焊接全过程可分为三个阶段。

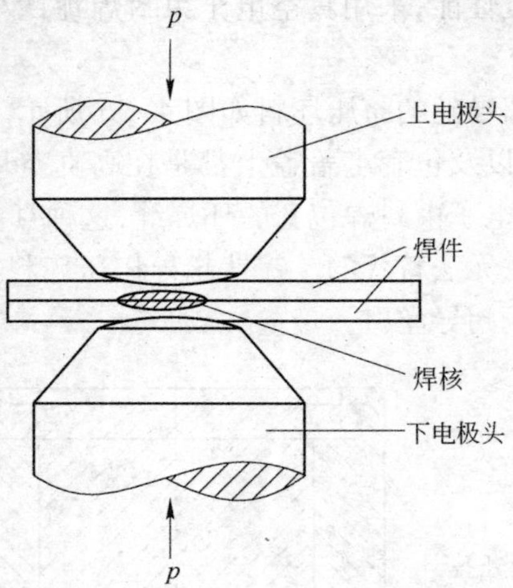

图 4-36　定位焊的机制

第一阶段是借助上电极头和下电极头在焊件的焊接区施加压力，将焊件紧密夹持在上下电极头之间。压力 p 视焊接材料和其厚度而定。如果在电流闭合瞬间压力 p 不够大，则接触电阻很大，接触点处的金属很快熔化，并以火花形式飞溅出来，这时工件被烧穿，电极头也可能被烧坏。若压力 p 值过大，接触电阻变小，电流密度减低，焊核较小，接头强度不足。

第二阶段，焊件被电极压紧后，闭合焊接电流电路，电流将绝大部分沿被压紧焊件圆柱体通过，并加热了焊件的圆柱体，特别是接触电阻区加热速度更快，随时间的延长，接触电阻区的金属开始软化直至熔化。根据焊件金属的不同以及焊件厚度的差异，焊接电流通过时间也不相同，一般都在千分之几秒到几秒钟。

第三阶段是锻压阶段。熔核的尺寸和形状达到所控制的规定范围后，切断焊接电流，熔核在电极压力作用下开始冷却结晶。结晶的组织形式视焊接规范不同而有差异。熔核尺寸较大且冷却速度稍慢,则熔核周围多为枝状晶;熔核尺寸较小,冷却速度又快,则熔核多为等轴晶。

施加锻压力的时间一般只有0.1~2.0 s,若焊件厚度较厚,熔核较大,则在切断焊接电流后,经0~0.2 s间隙后再加大锻压力,否则会挤压出熔化金属而产生飞溅。

定位焊多应用于碳钢、不锈钢、高温合金以及铝合金的焊件,也适用于钛及钛合金的焊件。虽然钛很容易与大气中的氧、氮和氢等气体相互作用,但熔核并不直接与大气接触,所以无需采用特殊的熔核保护措施。由于钛及钛合金的热敏感性大,导热性能较差,所以熔核会产生严重的晶粒长大,典型钛合金Ti6Al4V的定位焊规范及接头性能见表4-12。

表4-12 典型钛合金Ti6Al4V的定位焊规范及接头性能

板厚/mm	电极力/N	焊接时间/min	焊接电流/kA	接头正拉力/N	接头拉剪力/N
0.9	2700	7	5.5	2700	7800
1.5	6800	10	10.5	4500	22000
2.3	11000	16	12.5	9500	38000

4.3.4.2 缝焊

缝焊实际上是连续的、熔核相重叠的定位焊。焊件连续移动,而电流断续通过,焊件移动速度与通电间隔时间恰好使熔核与熔核首尾相连。

缝焊过程如图4-37所示。缝焊示意图A、B为上下两个滚轮,滚轮施压于焊件上,两滚轮相向转动,焊接电流间断地脉冲式通过焊件,熔核连续首尾相接,即形成缝焊。如果要求焊缝具有致密性,相邻两焊点彼此交叠不得小于焊点直径的一半。影响焊缝质量的因素很多,其中焊件的电阻对缝焊过程有相当大的影响,而电阻的变化又受制于焊接滚轮材质、工作面尺寸、电极压力、被焊材料性质、焊件表面清理准备以及毛坯装配精确度。还有焊接速度、焊接电流、焊接周期(每次脉冲和每次休止时间)都是缝焊规范的重要参数。

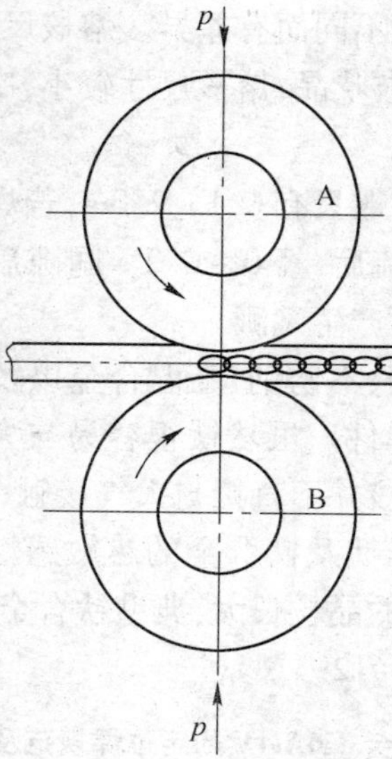

图 4-37　缝焊过程

4.3.4.3　电极材料

电极的功能是传导大电流密度的焊接电流，同时还要向焊件施加压力，所以要求电极材料应具备以下几个基本性能：高的导电性和热导率；在高温下应有高的强度和硬度，有良好的抗变形和抗磨损能力；高温下物理性能稳定，不与焊件金属形成合金化，不易黏附，所以电极材料的最佳选择是铜和铜合金。例如，CuETP（Cu 99.9% + 微量银）、CuCd1（Cd 0.7% ~1.1%）、CuCr1（Cr 0.3% ~1.2%）、CuCr1Zr（Cr 0.5% ~1.4%，Zr 0.02% ~0.2%）等。

电极材料可以是棒材也可以是锻件。它们的硬度随合金化元素增多而增大，硬度（300N）在 HV40 ~150 之间，电导率在 50 ~60 MS/m 之间，软化温度在 150 ~500℃之间。

4.3.4.4　钛及钛合金定位焊和缝焊应用实例

高空侦察机是全钛结构飞机，飞行高度在 10000 m 以上。钛是比强度最高、耐高温、耐腐蚀、可焊性好的飞机结构材料。很多焊接方法都应用到飞机制造中，其中飞机的机翼和尾翼多处应用了缝焊技术,如图 4-38 所示。

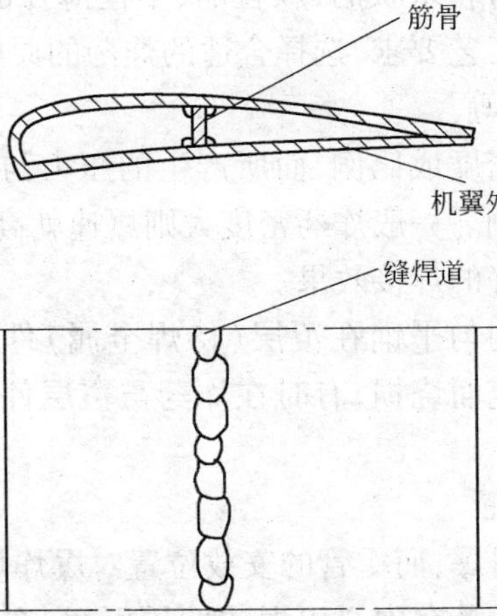

图 4-38 机翼缝焊件

4.3.5 爆炸焊

爆炸焊是利用炸药爆炸所产生的高压冲击波,迫使待焊金属在瞬间被加速到数百米的速度,两金属相撞,同时伴随着发生强烈的热效应,致使待焊的两金属表面产生塑性变形,两种金属表面锯齿状相互嵌入而实现了焊接。

爆炸焊各部件安装方法如图 4-39 所示。

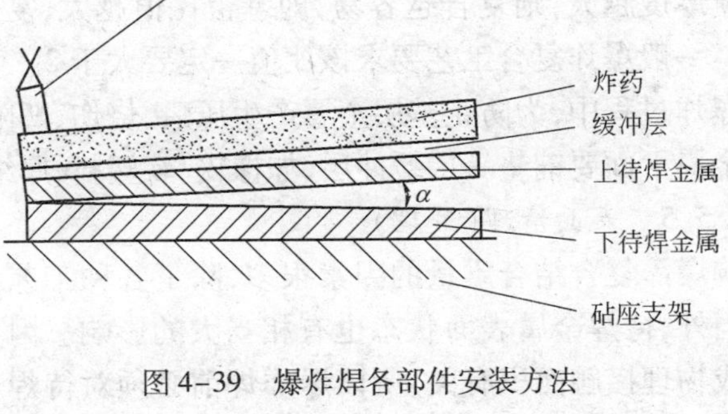

图 4-39 爆炸焊各部件安装方法

4.3.5.1　炸药

炸药的形态有粉末状的、颗粒的、塑性薄片的冲压块、铸造块等。根据爆炸焊工艺要求，选择合适的炸药的原则是爆速合适、使用方便、安全无毒等。

爆速与炸药密度成比例，而所产生的压力与炸药密度以及引爆速度两者成比例。一般炸药密度大则爆速就高。爆速过高或过低都不能形成良好的焊接效果。

炸药一般是均匀平铺在覆层（待焊金属）件上。为防止引爆炸药造成覆层件表面烧损，有时在炸药与覆层件之间放一层橡胶材料。

4.3.5.2　雷管

炸药需雷管引爆，而雷管的安放位置对爆炸焊接质量有影响。不管在端部引爆还是在中心引爆或四周引爆，在雷管位置的周围总会有一个金属与金属之间结合很差或根本不结合的区域。实践经验证明，把雷管和附加的炸药包延伸到复合金属的外部，可以避免雷管区周围复合金属不结合的缺陷。

4.3.5.3　安装角和安装间隙

经验证明，平面爆炸焊接时，采用预置夹角 α 很有必要，夹角 α 一般为 $5° \sim 10°$。但大面积平面爆炸焊还是采用平行安装方式，即基板和覆板保持平行。

4.3.5.4　基覆比

基层金属（下面待焊金属）与覆层金属的厚度比即为基覆比。基层金属厚度越大，则复合越容易，即基覆比值越大，复合质量越易保证。一般爆炸复合工艺要求该比值一定要大于2。

在爆炸过程中，为防止基层金属产生压痕、烧伤、凹陷等缺陷，基覆层金属下面要铺垫一层缓冲层，如橡皮、软塑料、厚纸壳等物。

4.3.5.5　表面清理（处理）

影响爆炸复合结合质量的因素很多，除了各种工艺参数选择是否恰当外，待焊金属表面状态也有相当大的影响。因为表面状态与形成物理接触面积有关，所以爆炸焊前必须对待焊金属表面进行清理(处理),其中包括机械清理,如砂轮打磨、喷砂、刀刮等,表面粗糙度越小越好;还有化学清理方法,对一些有色金属,如铜及铜合金适用酸洗,而对铝及铝合金适用碱洗,对钛及钛合金用酸洗方法最佳,酸洗液为40%硝酸和4%氢氟酸的混合液,酸洗后用温水冲洗干净,最好清洗干燥后立即使用,不宜存放过长时间后再使用。

4.3.5.6 爆炸焊的应用

爆炸焊技术应用范围极广,特别是在化工、冶金、热能工业等领域中应用尤为突出。因为在这些领域中的产品或在生产环节的某些工艺流程中,要求生产设备要具备相当大的规模或容积,还要承受较大的内部压力,还要耐介质的腐蚀,找到一种具有耐腐蚀和有高韧性、综合性能好的设备构件材料也并不难,但是设备造价很高。如果采用复合金属材料,不同部位的金属材料各司其能,物尽其用。如核电站和热电站多建于沿海地区,利用海水作为电站凝汽器的冷却水,冷凝管采用耐海水腐蚀的钛管,而冷凝器的花板采用钛钢复合板,接触海水部分冷凝器全部是钛材,而承受压力的部件是钢材。这样既能充分发挥金属材料的特殊用途和性能,又能大大降低设备的造价。类似的化工生产设备还有很多,如乙烯生产设备中的盐水高位槽、硫酸生产设备中的换热器、高压釜、尿素肥料设备中的合成器、醋酸生产设备中的氧化塔等。

当然,爆炸复合材不仅限于钛钢复合,根据不同化工产品生产流程中腐蚀介质的特性,可以选择与腐蚀性介质相克的不同的金属材料。这些材料往往价格昂贵,不宜单一应用于生产设备制造,如铂、金、银、钽、铌、锆、镍合金、铜合金、不锈钢、合金钢等,都可与相匹配的基材金属相爆炸复合后应用。

凡具有足够强度和延性、能承受快速变形的金属都可以用爆炸焊方法进行焊接。

爆炸焊不仅用于平板包覆复合,也可用于圆筒及管内外包覆。

4.3.6 扩散焊和扩散钎焊

4.3.6.1 扩散焊

扩散焊的基本条件是在真空中或在保护气氛中进行钛件的焊接。焊接的基本工艺参数为温度、压力和时间。在真空中，870℃和6.9 MPa的压力下焊件接触面金属蠕动并相互填入接触面的空穴，10 min内90%的接触面达到相互接触。温度低用较大压力，温度高用较小压力。在必须控制总变形量的情况下，所施压力是有一定范围的。焊接时间一般为0.5～1.5 h，时间长固然原子扩散更充分，但要防止晶粒长大。

扩散焊是一种固相连接方法，钛的扩散焊焊缝用肉眼很难看出焊接接头的金相组织变化痕迹。

扩散焊过程基本可分为三个阶段。

第一阶段是被焊表面变形阶段。被焊件加热到一定温度后施加压力于焊件，焊件接触面开始塑性流变。虽然焊接接触面宏观上是光滑的，但从微观角度看，仍是凹凸不平的表面。这些凹凸点在温度，压力作用下就相互嵌入，达到大部分界面相互紧密接触的程度，这一阶段已经形成界面晶界，实现了晶粒之间的连接，但尚未实现全界面接触，即尚存在一定空隙。

第二阶段是接触面的金属原子发生金相组织结构的重组，晶粒、晶界发生长大和迁移，界面的空穴已基本消失。

第三阶段，界面上发生体积上的再结晶和晶粒长大，甚至原界面上的氧化薄膜完全消失，全部被基体所溶解，达到冶金结合。

以上三个阶段实际上是在真空、温度、压力、时间从头到尾连续发展过程，它们之间并不存在一个截然的界限，致使达到完全结合上的程度差别。

钛的扩散焊性能很好，特别适合双相钛合金焊接，如Ti6Al4V合金。双相钛合金熔化焊接头性能损失较大，强度系数只为基本金属的80%左右，塑性也有所降低，原因是接头热影响区晶粒长大了。扩散焊对近β型钛合金如Ti-3Al-13V-11Cr也有应用实例。对α型钛合金，如工业纯钛和5Al2.5Sn都比较容易实现很好的接头性能。

4.3.6.2 扩散钎焊

扩散焊进一步发展的形式是扩散钎焊，即在钛件表面先镀一层铜或镍，或夹一层0.03～0.05 mm的铜或镍，在900～950℃时接头接触面发生低熔点共晶反应，像钎料一样填满接头间隙，在该温度下保温1～4 h，使共晶体充分扩散并成为固相接头。该焊接工艺已用于制造飞机蒙皮带有筋条的钛合金、喷气发动机圆筒壳体和空心叶片。

4.3.7 潜弧焊和穿透焊

4.3.7.1 潜弧焊

潜弧焊也是熔化焊方法之一，是将焊弧潜埋在焊料下面在高纯氩气保护下进行焊接的一种焊接方法。钛合金潜弧焊焊接方法及设备都是从俄罗斯引进的。它的优点是焊接电流大，焊接能力强，一次可以焊透厚度达100 mm的锻件或厚板。其缺点是焊缝及热影响区宽，焊缝铸态组织粗大。

钛的潜弧焊性能很好，焊缝的室温强度和高温为基体强度的90%～95%。特别适合航空用厚板和锻件的近α型钛合金和(α+β)型钛合金的焊接，如TA15和TC4合金。TA15合金潜弧焊可将几十毫米(65 mm)的厚板一次性焊透。TA15合金潜弧焊的24 mm、64 mm锻件强度系数(η)分别为94.8%和94.0%。采用潜弧焊可以焊接厚度达15～50 mm的TC4钛合金结构件。潜弧焊能够提高焊接效率和熔透能力，并且不要求加开坡口。表4-13列出了推荐的自动潜弧焊制度，仅供使用者参考。

表4-13 TC4钛合金自动潜弧焊推荐制度

焊接厚度/mm	焊接电流/A	电弧电压/V	焊接速度/m·h^{-1}	接头间隙/mm
4	210～250	12～14	15～20	0+0.3
7	320～350	13～15	12～14	0+0.5

续表 4-13

焊接厚度/mm	焊接电流/A	电弧电压/V	焊接速度/$m \cdot h^{-1}$	接头间隙/mm
8～10	340～380	13～15	10～12	0+0.5
13～15	450～500	13～15	7～8	0+0.7
23～24	800～850	15～16	13～15	0+1

4.3.7.2　穿透焊

TA15 合金在飞机薄壁构件中,用薄板(如厚 2 mm 板材)采用自动氩弧焊的方法,将薄板焊透,并将与薄板成 T 字形的端面焊接在一起,成为穿透焊。即穿透焊是从 T 字形的接头平板背面施焊使 T 字形接头一道焊接双面成形,具有很高的焊接效率和焊接质量。还可以与其他钛合金互焊。厚 2 mm 板材的自动氩弧焊焊接接头,在其焊接状态、焊后 450℃下 100 h 热暴露状态的强度、弯曲角和冲击性能差别不大,接头对热处理不敏感。

TA15 合金薄板拼焊的 LT 方向取样的强度系数(η)均为 100%,L 方向取样的强度系数(η)均为 90.5%;穿透焊的强度系数(η)为 93.1%。薄板的对接拼焊和穿透焊的强度系数(η)均 >90%,所以薄板的对接拼焊和穿透焊的性能良好。

4.4　焊接安全

钨极氩弧焊弧光中的紫外线和红外线容易灼伤皮肤和刺伤眼睛,操作者焊前必须戴好头罩、手套,穿好工作服、工作鞋,没有皮肤裸露,焊帽上的滤光片采用中等深浅颜色。焊接过程中电弧作用下会产生一定量的臭氧和一氧化氮,这些气体对人体健康都有不良的影响,所以要注意适当通风。

钨钍电极比钨铈电极固然有很大优点,但钨钍合金中的钍是放射性元素,长期接触或因打磨电极时产生的灰尘对人体健康都是有害的。

化学清理使用的 HNO_3 和 HF,对皮肤有很强烈的灼伤性,且不易痊愈,用时要慎重,并防止溅到人身上,避免烧伤眼睛和皮肤。

焊接工作离不开“电”。不同的焊接方法会接触到不同电压的电源,电压从几十伏到几十万伏,要慎重操作与维护,防止电伤人。电子束焊要防止高压束流下产生的X射线,观察孔要安装铅玻璃。

凡从事爆炸焊的研究或生产单位,必须先向国家安全部门申请并取得许可和资质,炸药、雷管、导火索等物品应用、保管、运输、入库出库等,必须严格按规章制度办事,略有疏忽就会造成人员伤亡和财产损失,甚至给一方土地造成灾难。

4.5 钛及钛合金的焊接性能

本节介绍工业纯钛、TA7、TA15、TC4、TB10、TB2、TB7几种钛合金的焊接性能,它们分别代表α型钛合金、近α型钛合金、(α+β)型钛合金、近β型钛合金、亚稳定β型钛合金和稳定β型钛合金,其焊接方法、工艺和焊接性能可供同类钛合金参考。

4.5.1 α型钛合金的焊接性能

4.5.1.1 工业纯钛的焊接性能

工业纯钛适合于氩弧焊、电焊、缝焊等各种焊接方法,熔焊处具有极好的流动性,并有与基体材料相当的强度、塑性和耐腐蚀性能。其焊接性能优良。

A 氩弧焊

氩弧焊分为自动氩弧焊和手工氩弧焊两种。

工业纯钛自动氩弧焊工艺规范是根据板材厚度选择确定的焊接次数,焊接电流(I)、电弧电压(U)、焊接速度(v),氩气流量(Q)等,详见表4-14。选择厚1.5 mm板材,采用不加焊丝一次焊的自动氩弧焊工艺规范,研究了工业纯钛板材的自动氩弧焊对接接头的力学性能,见表4-15。检测了板材焊接接头的抗拉强度(σ_b)、强度系数(η)和弯曲角(α)等性能。工业纯钛在航空制造非承力结构件时,长期工作温度可达300℃,为此还检测了300℃和400℃的高温性能。

表 4-14　工业纯钛自动氩弧焊工艺规范

板材 δ (mm)	焊丝 d (mm)	钨极 d (mm)	焊接层次	I/A	U/V	Q/L · min⁻¹ 主喷嘴	Q/L · min⁻¹ 拖罩	v /m · h⁻¹
1.5	不加焊丝	15	1	80 ~ 90	8 ~ 9	10 ~ 14	—	15
0.8 ~ 1.5	0.8 ~ 1.2	1.0 ~ 2.0	1	40 ~ 90	12 ~ 15	8 ~ 12	8 ~ 10	18 ~ 24
2.0 ~ 3.0	1.0 ~ 1.5	2.0 ~ 3.0	1	120 ~ 200	14 ~ 16	10 ~ 14	10 ~ 12	19 ~ 22
4.0 ~ 6.0	1.2 ~ 1.8	2.0 ~ 3.5	1 ~ 3	140 ~ 200	15 ~ 17	12 ~ 16	12 ~ 14	10 ~ 20
8.0 ~ 10.0	1.5 ~ 2.0	3.0 ~ 4.0	2 ~ 4	180 ~ 240	14 ~ 18	14 ~ 16	12 ~ 14	—
>12.0	2.0 ~ 2.5	3.0 ~ 4.0	>4	200 ~ 250	14 ~ 18	14 ~ 16	12 ~ 14	—

表 4-15　工业纯钛板材的自动氩弧焊对接接头的力学性能

板材 δ/mm	焊前状态	焊后处理	焊丝牌号	θ/℃	σ_b/MPa	η/%	α/(°)
1.5	550℃，10 ~ 15 min，空冷	未处理	不加焊丝	20	628	100	158
				300	365	100	
				400	325	100	

工业纯钛手工氩弧焊工艺规范也是根据板材厚度选择确定的焊接电流（I）、填充材料、主喷嘴直径和氩气流量（Q）等，0.5 ~ 10.0 mm 板材的手工氩弧焊工艺规范详见表 4-16。

表 4-16　工业纯钛手工氩弧焊工艺规范

板材 δ/mm	I/A	填充材料尺寸/mm 直径	填充材料尺寸/mm 截面	主喷嘴直径/mm	Q/L · min⁻¹
0.5	15 ~ 30	1.0	1.0 × 1.0	8 ~ 10	8 ~ 12
1.0	50 ~ 60	1.5	1.0 × 1.5	8 ~ 10	8 ~ 12
2.0	80 ~ 100	2.0	1.5 × 2.0	10 ~ 12	10 ~ 14
2.5	110 ~ 120	2.0	1.5 × 2.0	10 ~ 12	10 ~ 14
3.0	120 ~ 140	3.0	2.0 × 3.0	10 ~ 12	10 ~ 14
4.0	120 ~ 160	3.0	2.0 × 3.0	12 ~ 16	12 ~ 16
5.0	130 ~ 160	5.0	2.0 × 3.0	12 ~ 16	12 ~ 16
6.0	140 ~ 170	3.0 ~ 4.0	3.0 × 3.0	12 ~ 16	12 ~ 16
7.0	140 ~ 180	3.0 ~ 4.0	3.0 × 3.0	12 ~ 16	12 ~ 16
10.0	160 ~ 220	3.0 ~ 4.0	3.0 × 3.0	12 ~ 16	12 ~ 16

B　点焊

选择1.5 mm厚板材,研究了工业纯钛的点焊工艺规范(表4-17)和性能,点焊性能主要检测了在一定点焊工艺规范[通电电流,通电时间(t_h)为0.28 s,电极压力(P_j)为4568 N,焊透率(η_t)达80%]下各种温度的单点剪切强度(P_τ)和单点正拉强度(P_b),其结果见表4-18。

表4-17　工业纯钛的点焊工艺规范

板材 δ/mm	电极直径 d/mm	I/A	t_h/s	P_j/N	核心尺寸	
					d/mm	η_t/%
1.5	7.0~7.5	8100~8200	0.28	4568	7.0	80

表4-18　工业纯钛的点焊性能

板材 δ/mm	焊前状态	焊后处理	核心 d/mm	θ/℃	P_τ/N·点$^{-1}$	P_b/N·点$^{-1}$
1.5	退火	未处理	7.0	20	15798	4922
				300	11571	
				400	10346	

C　缝焊

用1.5 mm厚板材,研究了工业纯钛的缝焊工艺规范(表4-19)和性能,缝焊性能主要检测了在一定点焊工艺规范[通电电流,通电时间(t_h)为0.14 s,通电时间间隔(t_s)为0.48 s,电极压力(P_j)为4510 N,焊透率(η_t)达80%]下各种温度的抗拉强度(σ_b)和强度系数(η),强度系数随检测温度升高而降低,其结果见表4-20。

表4-19　工业纯钛的缝焊工艺规范

板材 δ/mm	滚盘球面半径/mm		I/A	t_h/s	t_s/s	v /m·min^{-1}	P_j/N	核心尺寸	
	上	下						d/mm	η_t/%
1.5	75	平面	8200	0.14	0.48	0.25~0.40	4510	6.0	80

表 4-20 工业纯钛的缝焊性能

板材 δ/mm	焊前状态	焊后处理	核心 d/mm	θ/℃	σ_b/MPa	η/%
1.5	退火	未处理	6.0	20	714	100
				300	308	90
				400	265	84

4.5.1.2 TA7 钛合金的焊接性能

TA7 合金是一种中等强度的 α 型钛合金，不能热处理强化，通常在退火状态下使用，在室温和高温下具有良好的断裂韧性。该合金具有很好的熔焊性能，适用氩气保护下的钨电极和金属电极熔焊工艺。在航空领域，可用于制造机匣、壁板等零件。该合金长期工作温度可达 500℃，短时工作温度可达 800℃，低间隙杂质元素的 TA7ELI 合金，在室温和低温下具有高韧性适合在低温下使用，如在航天领域可用于液氢、液氧火箭发动机上，或在载人飞船上做超低温压力容器——盛装液氢。

TA7 合金具有良好的焊接性能，采用氩气保护的钨电极熔焊（TIG）和金属电极熔焊（MIG）焊接获得的该合金在低温下具有高韧性。因钎焊会产生与金属间化合物有关的脆性，所以一般采用氩弧焊、点焊、缝焊。

氩弧焊焊接接头的室温、高温和低温的强度系数均较高；缝焊接头的室温、高温的强度系数较高，但低温强度系数较低。

A 点焊

选择 1.0 mm、1.5 mm、1.8 mm 厚板材，研究了 TA7 合金的点焊工艺规范。在球面半径为 100 mm 的条件下，随着板材厚度的增加，通电电流（I）、通电时间（t_h）和电极压力（P_j）逐渐增加，而焊透率（η_t（L/min））逐渐降低，详见表 4-21。

表 4-21 TA7 合金的点焊工艺规范

板材 δ/mm	焊前状态	球面电极半径/mm	规范参数			核心尺寸	
			I/A	t_h/s	P_j/N	d/mm	η_t/%
1.0	800℃，30 min，空冷+酸洗	100	6500~7000	0.18	3678	6.0	82
1.5			8100	0.22	4658	7.0	81
1.8			9000	0.26	6669	8.0	78

B 自动氩弧焊

自动钨极氩弧焊工艺规范是根据板材不同厚度选择确定的。采用表 4-22 中确定的自动钨极氩弧焊工艺规范，检测了 TA7 合金自动氩弧焊的焊接接头性能。在航空领域，长期工作温度可达 500℃，为此还检测了 350℃和 500℃的高温性能，见表 4-23。

表 4-22 TA7 合金的自动钨极氩弧焊工艺规范

板材 δ/mm	焊前状态	焊丝牌号	接头形式	I/A	U/V	v/m·min^{-1}	Q/L·min^{-1}	Q_b/L·min^{-1}	d_w/mm	D_z/mm
1.2	800℃，30 min，空冷+酸洗	不加焊丝	对焊	55~60	8~9	0.25	10~11.5	2~5或铜垫	1.5	18
1.5				98	9		11~12		1.5	
2.0				130	9		11~12		2.0	

表 4-23 TA7 合金板材的自动氩弧焊焊接接头的力学性能

板材 δ/mm	焊丝牌号	焊后热处理	θ/℃	σ_b/MPa	α/(°)
≤3	不加焊丝	550℃，0.5~4 h，空冷	20	735~804	50~60
			350	490	—
			500	441	—

表 4-23 中的性能表明，焊后经消除焊接应力热处理后，TA7 合金板材具有优良的焊接性能，其弯曲角不小于 50°。

4.5.1.3 TA15 钛合金的焊接性能

TA15(BT20)合金是一种中等强度的近 α 型钛合金，它具有中等的室温和高温强度、良好的热稳定性和焊接性能，适于制作在

450℃(6000 h)和500℃(3000 h)长期工作的航空构件。该合金的氩弧焊、接触焊和埋弧焊的焊接性能良好，焊缝的室温和高温强度为基体强度的90% ~95%。

TA15 合金的焊接除氩弧焊、电子束焊外，还有各种焊接形式(如潜弧焊、穿透焊、双面双弧自动焊)以及电阻焊和钎焊。潜弧焊可将几十毫米(65 mm)的厚板一次性焊透。而穿透焊可以从T字形的接头平板背面施焊使T字形接头一道焊接双面成形，具有很高的焊接效率和焊接质量。还可以与其他钛合金互焊。厚2 mm板材的自动氩弧焊焊接接头，在其焊接状态、焊后450℃下100h热暴露状态的强度、弯曲角和冲击性能差别不大，接头对热处理不敏感。

TA15 合金焊接无论添加或不添加焊丝，均可得到满意的焊缝，它可以与多种牌号的变形合金(TA0、TA7、TC1、TC2、TC18 等)和铸造钛合金(ZTA7、ZTA15)等互相焊接。焊接接头的强度可达到基体强度的90% ~95%。

TA15 合金焊接时可添加纯钛焊丝如 TA1－1 或与其成分相近的焊丝 TA15－1(BT20－1CB)和 TA15－2(BT20－2CB)等进行焊接。采用纯钛焊丝焊接时接头强度稍低，但具有较好的塑性。采用相同牌号的焊丝所焊接头则具有较高的强度。

A　氩弧焊

a　手工钨极氩弧焊

选用1.0 mm、3.0 mm 合金板材，采用 $\alpha=45°$ 的坡口形式，用TA1－1作焊丝，研究确定焊接工艺规范见表4-24。

表4-24　TA15 钛合金板材的手工钨极氩弧焊焊接工艺规范

板材 δ/mm	坡口形式	焊丝牌号	焊接层数	焊丝直径/mm	I/A	v/m · min^{-1}
1.0	$\alpha=45°$	TA1－1	1	1.6	40 ~ 50	2 ~ 3
3.0			2	(Ⅰ层)3.0	140	2.6
				(Ⅱ层)1.6	70	2.2

b 自动钨极氩弧焊

(1) 焊接接头力学性能:采用自动钨极氩弧方法研究了 TA15 钛合金板材的焊接头力学性能,见表 4-25。

表 4-25 TA15 钛合金的钨极氩弧焊接头力学性能

板材 δ/mm	状态	取样方向	θ/℃	σ_b/MPa	δ_5/%	断口位置	弯曲半径/mm	α/(°)
1.0	基体 750℃,15 min,空冷	LT	-70	1465	15.8		1.0	32.4
			20	1084	11.2			
			500	765	9.1			
	焊接+600℃,1 h,炉冷	LT	-70	1457	10.2	热影响区	1.25	43.0
			20	1114	9.8	基体		
			500	739	7.7	基体		
3.0	基体 750℃,25 min,空冷	LT	20	1116	11.5		3.0	27.4
			500	805	7.1			
	焊接+600℃,1 h,炉冷	LT	20	1090	7.3	热影响区	3.0	23.9
			500	418	6.9	焊缝		

表 4-25 中的性能表明,焊接+600℃,1 h,炉冷状态,与焊前基体相比两种规格板材的室温强度系数均为 100%,1.0 mm 厚板材焊缝弯曲角 α 有所提高,3.0 mm 厚板材焊缝弯曲角 α 略有降低。

(2) 焊接接头疲劳性能:检测了 TA15 合金 2.5 mm 薄板焊接接头室温轴向加载疲劳 $K_t=1$、3,$\sigma-N$ 曲线见图 4-40。

采用自动钨极氩弧方法研究了 TA15 钛合金厚板和锻件的焊接接头力学性能,见表 4-26。

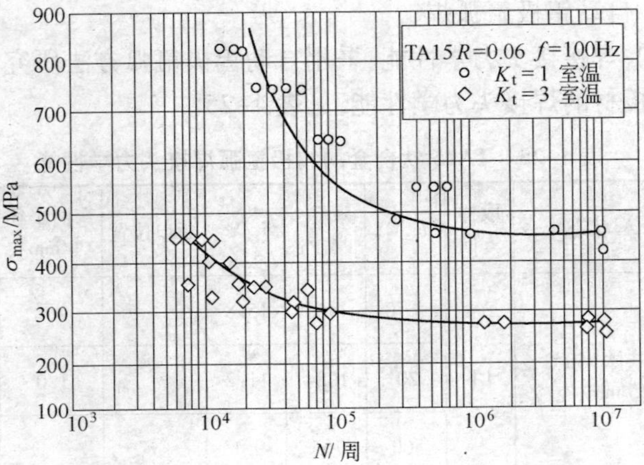

图 4-40 TA15 合金 2.5 mm 薄板焊接接头室温轴向加载疲劳 $\sigma-N$ 曲线

表 4-26 TA15 钛合金的自动钨极氩弧厚板和锻件的焊接接头力学性能

焊接材料	焊接方式	δ/mm	填充材料	焊后热处理	θ/℃	σ_b /MPa	α /(°)	α_{KU}/J·cm^{-2}	σ_{100} /MPa	σ_D /MPa
板材	非熔化电极自动氩弧焊	≤3.0	无填料	650℃,1 h,退火	20	932	40			451①
					350	726			677	
					500	686			451	294①
					550	588			255	
		4.0~8.0	TA15-1	650℃,1 h,退火	20	932		39.2		
					350	716				
					500	686				
锻件	熔化电极自动氩弧焊	15~20	TA15-2	650℃,1 h,退火	20	902		58.8		275②
					300	588				

①反复弯曲疲劳极限,2×10^7 周;②旋转弯曲疲劳极限,2×10^7 周。

表 4-26 中的性能数据表明,板材和锻件焊后经 650℃/1 h,退火,在室温和高温都具有良好的焊接接头性能,锻件(用 TA15-2 合金做焊丝)冲击韧性(α_{KU})比厚板(用 TA15-1 合金做焊丝)的

冲击韧性高，提高了 15%。

B 对接拼焊和穿透焊

薄板的对接拼焊和穿透焊的性能见表 4-27。

表 4-27 TA15 钛合金薄板拼焊和穿透焊（LT 向）焊接接头室温性能

接头形式	接头厚度/mm	取样方向		σ_b/MPa	$\sigma_{p0.2}$/MPa	δ_5/%	η/%
对接拼焊	1.8	LT	焊缝	1045	919	7.3	100
			母材(T)	946	887	15	
	2.0	LT	焊缝	1076	985	6.9	100
			母材(T)	997	902	17.3	
	2.5	LT	焊缝	960	897	6.1	
			母材(T)				
		L	焊缝	959	885	6.0	90.5
			母材(T)	1060	970	15	
穿透焊	平板 1.8 + 肋 1.5	—	焊缝	882		4.6	93.1
			1.8 平板(LT)	947		15.0	

表 4-27 中的性能数据表明，合金薄板拼焊的 LT 方向取样的强度系数（η）均为 100%，L 方向取样的强度系数（η）均为 90.5%；穿透焊的强度系数（η）为 93.1%。薄板的对接拼焊和穿透焊的强度系数（η）均大于 90%，所以薄板的对接拼焊和穿透焊的性能良好。

C 潜弧焊

a 焊接接头拉伸性能

厚板的潜弧焊（L 向）焊接接头性能见表 4-28。

表 4-28 TA15 钛合金棒材和厚板的潜弧焊焊接接头性能

品种规格	取样位置	σ_b/MPa	$\sigma_{p0.2}$/MPa	δ_5/%	ψ/%	α_{KU}/J · cm^{-2}	η/%
24 mm 锻棒	焊缝	931	857	10.8	17.8	65	94.8
	母材	982	913	14.3	44.7	51.5	

续表 4-28

品种规格	取样位置	σ_b/MPa	$\sigma_{p0.2}$/MPa	δ_5/%	ψ/%	α_{KU}/J · cm^{-2}	η/%
64 mm 锻棒	焊缝	923	847	12.0	21.5	68	94.0
	母材	982	913	14.3	44.7	51.5	
45 mm 厚板	焊缝	950	864	8.9	23.3	51.0	95.2
	母材	998	945	13.7	35.0	53.5	

表 4-28 中的性能数据表明，24 mm、64 mm 锻件强度系数（η）分别为 94.8% 和 94.0%，焊接接头有良好的抗拉强度（σ_b）和塑性（δ_5、ψ），焊缝的冲击韧性（α_{KU}）分别提高了 26% 和 32%，所以合金厚板的潜弧焊室温性能良好。

b 焊接接头疲劳性能

检测了 TA15 合金棒材的潜弧焊焊接接头室温轴向加载疲劳曲线：光滑疲劳，$K_t=1$ 的 $\sigma-N$ 曲线见图 4-41；缺口疲劳，$K_t=3$ 的 $\sigma-N$ 曲线见图 4-42。

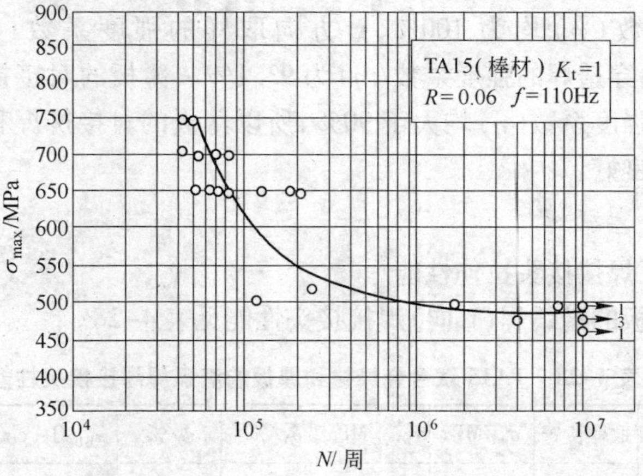

图 4-41 TA15 钛合金棒材的潜弧焊焊接接头室温轴向加载疲劳 $\sigma-N$ 曲线（$K_t=1$）

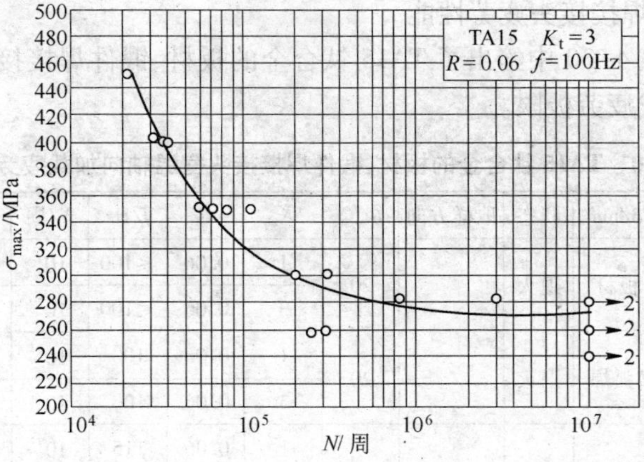

图 4-42　TA15 钛合金棒材的潜弧焊焊接接头室温轴向加载疲劳 $\sigma-N$ 曲线($K_t=3$)

D　电子束焊

a　焊接接头室温拉伸性能

锻件的电子束焊室温拉伸性能见表 4-29。

表 4-29　TA15 钛合金锻件的电子束焊室温拉伸性能

品种规格	数值	$\sigma_{p0.2}$/MPa		σ_b/MPa		η/%	δ_5/%		ψ/%		断裂位置
		焊接接头	基体	焊接接头	基体		焊接接头	基体	焊接接头	基体	
24 mm	最大值	996	985	1062	1010	100	11.4	16.6	44.3	50.3	母材
	最小值	978		1029	991		10.6	15.0	40.5	45.9	
	平均值	981		1040	999		11.1	15.6	42.2	47.8	
64 mm	最大值	993		1060	994	100	10.4	13.8	39.5	41.3	母材
	最小值	972		1015	979		10.2	13.6	38.8	39.7	
	平均值	984.7		1038	985		10.3	13.7	39.1	40.3	

表 4-29 中的性能数据表明，24 mm、64 mm 锻件强度系数(η)均为 100%，焊接接头有良好的塑性(δ_5、ψ)，所以锻件的电子束焊室温性能良好。

b　焊接接头疲劳性能

在表 4-30 中给出了 TA15 钛合金的板材、锻件焊接接头室温轴向加载疲劳极限。

表 4-30　TA15 钛合金的板材、锻件焊接接头室温轴向加载疲劳极限

品种	d 或 δ/mm	状态	取样方向	θ/℃	K_t	R	f/Hz	N/周	σ_D/MPa
焊接接头	2.5 板材	退火		20	1	0.06	≤100	10^7	456
					3	0.06	≤100	10^7	266.3
	64 潜弧焊	退火		20	1	0.06	100	10^7	490
					3	0.06	100	10^7	270
	64 电子束焊	退火		20	1	0.06	115	10^7	607
					3	0.06	115	10^7	276
				20	1	0.06	115	10^7	562
					3	0.06	115	10^7	294

检测了 TA15 合金棒材的电子束焊焊接接头室温轴向加载疲劳曲线：光滑疲劳，$K_t=1$ 的 $\sigma-N$ 曲线见图 4-43；缺口疲劳，$K_t=3$ 的 $\sigma-N$ 曲线见图 4-44。

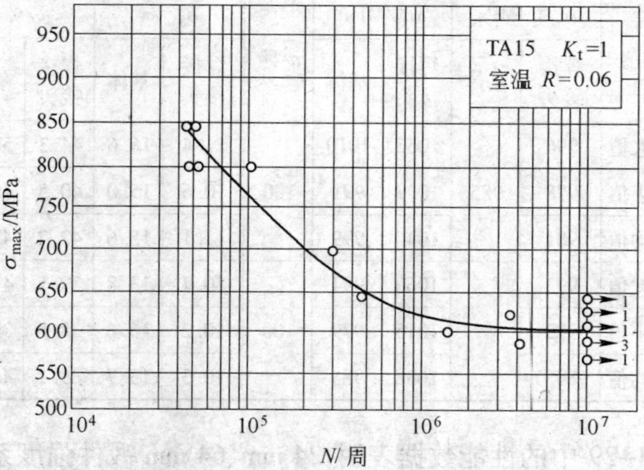

图 4-43　TA15 钛合金棒材的电子束焊焊接接头室温轴向加载疲劳 $\sigma-N$ 曲线（$K_t=1$）

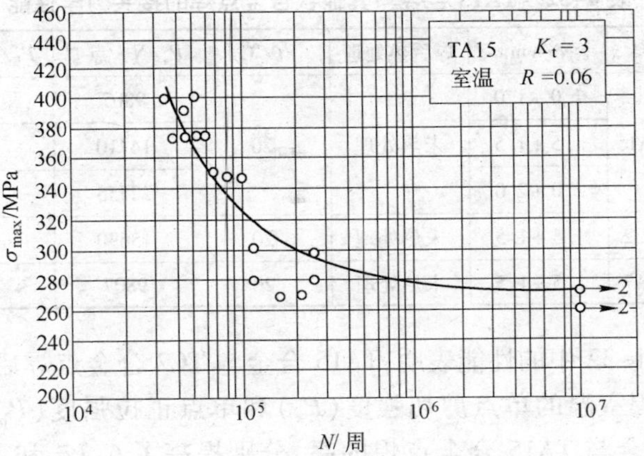

图 4-44 TA15 钛合金棒材的电子束焊焊接接头室温轴向加载疲劳 $\sigma-N$ 曲线($K_t=3$)

E 合金与其他钛合金焊接

a TA15 合金与其他钛合金焊接的接头力学性能

TA15 合金与其他钛合金焊接的接头力学性能见表 4-31。

表 4-31 TA15 钛合金与 TC4 自动氩弧焊焊接接头的力学性能

焊接材料	焊接方式	δ/mm	填充材料	焊后热处理	θ/℃	σ_b/MPa	α/(°)	α_{KU}/J·cm^{-2}
TA15 + TC4 (板材)	非熔化电极自动氩弧焊	3.0	无填料	800℃, 1 h,退火	20	902	44	34.3
					350	598		
					500	510		

表 4-31 中的性能表明,TA15 钛合金与 TC4 自动氩弧焊焊接接头性能良好。与 TA15 合金 3.0 mm 板材,不加焊丝,自动氩弧焊后经 650℃/1 h,退火的性能相比,TA15 合金和 TC4 合金焊接后的抗拉强度(σ_b)降低了 30 MPa,而弯曲角(α)升高了 4°。

b TA15 合金与其他钛合金点焊的接头力学性能

TA15 合金与其他钛合金点焊的接头力学性能见表 4-32。

表 4-32　TA15 合金与其他钛合金点焊的接头力学性能

焊接材料	δ/mm	焊后热处理	θ/℃	P_{τ}/N · 点$^{-1}$	P_{b}/N · 点$^{-1}$
TA15 + TA15	1.0 + 1.0	未热处理	20	9807	
	1.5 + 1.5			14710	4413
	2.0 + 2.0			22555	5884
TA15 + TC2	1.5 + 1.5	未热处理	20	15690	4903
TA15 + TA7	1.5 + 1.5	未热处理	20	9807	4413

表 4-32 中的性能表明，TA15 合金与 TC2 合金点焊后不热处理的点焊室温的单点剪切强度（P_{τ}）和单点正拉强度（P_{b}），均比 TA15 合金与 TA15 合金点焊的高，分别提高了 6.7% 和 11.1%。而 TA15 合金与 TA7 合金点焊的最低，单点剪切强度（P_{τ}）降到 TA15 合金与 TA15 合金点焊的 66.7%，单点正拉强度（P_{b}）二者相等。

4.5.2　α + β 型钛合金的焊接性能

TC4 合金是一种中等强度的 α + β 型两相钛合金，它具有优异的综合性能，在航空和航天工业中获得了广泛应用。该合金在航空领域长时间工作温度可达 400℃，主要用于制造发动机的风扇和压气机盘和叶片以及飞机结构中的梁、接头和隔框等重要承力构件。Ti - 6Al - 4V 合金在室温和低温下具有良好的性能，适合在低温下使用，如在航天领域，可用于液氢、液氧火箭发动机上，或在载人飞船上做超低温压力容器——盛装氧化剂、燃料、氦。

TC4 合金可用氩弧焊、点焊、钎焊、摩擦焊、电子束焊和等离子焊等多种方式进行焊接。焊接接头的强度与基体金属基本相同。

TC4 合金焊接后在 550 ~ 650℃ 进行去应力退火，可以消除 70% ~ 80% 的焊接应力。

4.5.2.1　氩弧焊

根据多年的实践经验，TC4 合金薄板（δ = 1.6 mm）钨极氩弧焊的推荐工艺规范见表 4-33，仅供使用者参考。

表 4-33　TC4 钛合金薄板($\delta = 1.6$ mm)钨极氩弧焊的推荐工艺规范

工艺参数	不加填充料	加填充料
电极直径/mm	1.6	1.6
填充焊丝/mm		1.6
焊丝进给速度/$mm \cdot min^{-1}$		560
电压/V	10	10
电流/A	90~100	120~130
喷口内径/mm	9.5~15.9	9.5~15.9
熔池保护氩气消耗量/$m^3 \cdot h^{-1}$	0.42	0.42
拖罩保护氩气消耗量/$m^3 \cdot h^{-1}$	0.84	1.13
背面保护氩气消耗量/$m^3 \cdot h^{-1}$	0.11	0.14
背面材料	铜或钢	铜或钢
背面坡口/mm	6.4×1.6(深度)	6.4×1.6(深度)
电极移动速度/$mm \cdot min^{-1}$	254	305
电源	直流	直流
极性	正向	正向

为了防止大气中氧和氮的污染,TC4 钛合金焊接时必须采用高纯惰性气体进行保护,如采用高纯氩气的纯度为含 Ar 99.985% ~ 99.99%。

4.5.2.2　潜弧焊

采用潜弧焊可以焊接厚度达 15~50 mm 的 TC4 钛合金结构件。潜弧焊能够提高焊接效率和熔透能力,并且不要求加开坡口。表 4-34 列出了推荐的自动潜弧焊制度,仅供使用者参考。

表 4-34　TC4 钛合金自动潜弧焊推荐制度

焊接厚度/mm	焊接电流/A	电弧电压/V	焊接速度/$m \cdot h^{-1}$	接头间隙/mm
4	210~250	12~14	15~20	0+0.3
7	320~350	13~15	12~14	0+0.5
8~10	340~380	13~15	10~12	0+0.5
13~15	450~500	13~15	7~8	0+0.7
23~24	800~850	15~16	13~15	0+1

4.5.2.3 电子束焊

采用40 mm厚TC4合金厚板，焊前去除表面氧化层并清洗，采用功率为8.4 kW、焊接速度为5 mm/s、工作距离为130 mm、电子束聚焦位置为上表面以下20 mm的工艺参数，得到了TC4厚板的电子束焊室温拉伸性能，见表4-35。

表4-35　TC4厚板的电子束焊室温拉伸性能

板材厚度/mm	状　态	σ_b/MPa	$\sigma_{p0.2}$/MPa	δ_5/%	ψ/%
38	普通退火+焊接+消除应力退火	$\frac{916\sim942}{928.7}$	$\frac{866\sim891}{877.8}$	$\frac{9.8\sim13.0}{10.8}$	$\frac{33.5\sim47.0}{40.6}$

注：表中数据是10个数据的平均值。

4.5.2.4 扩散焊

TC4钛合金具有良好的扩散连接特性。TC4钛合金的扩散连接全部在真空中完成，典型的扩散连接工艺参数是：加热温度820～1040℃，加压压力35～70 MPa，保温时间0.5～6 h。

4.5.3 β型钛合金焊接性能

4.5.3.1 TB10钛合金电子束焊焊接性能

TB10合金是一种近β型钛合金，它具有比强度高、断裂韧度好、淬透性高且热加工工艺性能和机加工性能十分优异，加工温度及变形抗力远低于大多数工业钛合金等一系列优点，满足高结构效益、高可靠性结构件的使用要求，是理想的结构材料。

TB10合金的主要半成品有棒材和锻件，也可以制成厚板。用于航天结构件，也可以用于制造飞机机身和机翼结构中的锻造零件。通过热处理可以实现不同强度、塑性和韧性水平的配合。TB10合金的最高工作温度是300℃。

用35 mm×70 mm×120 mm条材，焊前去除表面氧化层并清洗，采用功率为8.4 kW、焊接速度为5 mm/s、工作距离为130 mm、电子束聚焦位置为上表面以下20 mm的工艺参数，系统研究了TB10钛合金电子束焊焊接性能。其中包括：35 mm×70 mm×120 mm条材力学性能；合金条材焊缝纵向力学性能；合金板条横向焊接接头高强状态的 $\sigma_b - \alpha_{KU}$ 匹配性能；合金板条横向焊接接头中强状态的 $\sigma_b - \alpha_{KU}$ 匹配性能；横向焊缝焊接系数，综合性能最好的是焊后 725℃固溶、炉冷 + 二次时效处理的，强度系数均为 96%。而焊后直接二次时效处理的，因为焊缝的强度高于基体（母材）的强度，所以强度系数均为 100%，其综合性能最好的是焊前 745℃固溶、炉冷 + 焊接 + 二次时效处理的试样。

A 33 mm 厚合金条材的力学性能

33 mm 厚合金条材的力学性能见表 4-36。

表 4-36 TB10 钛合金条材的力学性能

热处理制度	取样方向	σ_b/MPa	$\sigma_{p0.2}$/MPa	δ_5/%	ψ/%
725℃/1 h，FC + 二次时效	L	985	965	11.0	43.5
		985	970	13.0	43.0
	T	985	965	18.5	57.0
		985	960	17.5	55.0
745℃/1 h，FC + 二次时效	L	950	935	17.0	58.0
		950	935	17.0	57.5
	T	955	925	19.5	58.0
		955	925	21.0	58.0
765℃/1 h，FC + 二次时效	L	930	920	17.5	61.5
		930	910	17.0	51.5
	T	935	915	18.5	53.5
		938	915	17.0	59.5
785℃/1 h，FC + 二次时效	L	920	905	20.0	65.0
		925	900	19.0	64.5
	T	915	885	19.5	63.5
		915	890	20.0	59.0

表 4-36 中的性能表明，33 mm 厚合金条材纵向、横向综合性能最好的热处理制度是 745℃保温 1 h，FC + 二次时效。

B　33 mm 厚合金条材焊缝的纵向力学性能

33 mm 厚合金条材焊缝的纵向力学性能见表 4-37。

表 4-37　TB10 钛合金条材焊缝的纵向力学性能

热处理制度	取样方向	σ_b/MPa	$\sigma_{p0.2}$/MPa	δ_5/%	ψ/%	断裂位置
745℃ ST(FC) + 焊接 + 时效	L	1120	1080	5.0	6.5	断焊缝
		1140	1100	2.0	8.0	
745℃ ST(FC) + 焊接 + 二次时效	L	915	900	8.0	15.5	断焊缝
		930	915	10.5	15.0	
母材 745℃ ST(FC) + 二次时效	L	950	935	17.0	58.0	母　材
		950	935	17.0	57.5	

表 4-37 中的性能表明，745℃ ST(FC) + 焊后二次时效的焊缝塑性较好，其强度系数(η)为 97%。

C　33 mm 厚合金板条横向焊接接头高强状态的 $\sigma_b - \alpha_{KU}$ 匹配性能

33 mm 厚合金板条横向焊接接头高强状态的 $\sigma_b - \alpha_{KU}$ 匹配性能见表 4-38。

表 4-38　TB10 钛合金板条横向焊接接头高强状态的 $\sigma_b - \alpha_{KU}$ 匹配性能

热处理制度	取样方向	σ_b/MPa	$\sigma_{p0.2}$/MPa	δ_5/%	ψ/%	α_{KU}/J · cm^{-2}
725℃ST(FC) + 焊接 + 一次时效	T	1090	1040	7.5	35.5	
		1070	1040	5.5	34.5	
		1040	1010	5.5	24.5	
725℃ST(FC) + 焊接 + 二次时效	T	1030	995	8.0	36.5	37.5
		1030	1000	7.5	40.0	26.9
		1010	975	7.5	19.5	38.5

表 4-38 中的性能表明，725℃ST(FC) + 焊接 + 二次时效的综合性能好，其强度系数(η)为 100%，获得了高强状态的 $\sigma_b - \alpha_{KU}$ 性能的良好匹配。

D 33 mm 厚合金板条横向焊接接头中强状态的 $\sigma_b - \alpha_{KU}$ 匹配性能

33 mm 厚合金板条横向焊接接头中强状态的 $\sigma_b - \alpha_{KU}$ 匹配性能见表 4-39。

表 4-39 TB10 钛合金板条横向焊接接头中强状态的 $\sigma_b - \alpha_{KU}$ 匹配性能

热处理制度	取样方向	σ_b/MPa	$\sigma_{p0.2}$/MPa	δ_5/%	ψ/%	α_{KU}/J·cm^{-2}
725℃ST(FC)+焊接+725℃ST(FC)	T	945~990 968	905~940 923	8.0~9.0 8.5	14.5~22.5 18.5	34.8~36.4 35.6
725℃ST(FC)+焊接+725℃ST(FC)+二次时效	T	945~1030 979	915~1000 952	7.5~12.5 9.7	24.5~36.0 31.1	26.9~40.5 40.2
745℃ST(FC)+焊接+745℃ST(FC)+二次时效	T	910~935 920	880~895 886	5.5~17.0 8.9	18.5~52.0 30.8	42.6~46.6 44.6
765℃ST(FC)+焊接+765℃ST(FC)+二次时效	T	875~910 891	850~885 866	8.0~16.0 10.9	21.5~51.0 30.4	60.3~61.1 60.7
785℃ST(FC)+焊接+785℃ST(FC)+二次时效	T	845~900 872	825~870 848	6.0~11.5 8.6	31.5~37.5 34.3	85.3~85.6 85.5

注:表中数据是 5 个数据的平均值。

表 4-39 中的性能表明,725℃ST(FC)+焊接+725℃ST(FC)有良好的接头性能,其强度系数(η)为 100%,获得了中强状态的 $\sigma_b - \alpha_{KU}$ 性能的良好匹配;725℃ST(FC)+焊接+725℃ST(FC)+二次时效、725℃ST(FC)+焊接+725℃ST(FC)+二次时效、745℃ST(FC)+焊接+745℃ST(FC)+二次时效、765℃ST(FC)+焊接+765℃ST(FC)+二次时效和 785℃ST(FC)+焊接+785℃ST(FC)+二次时效均有良好的接头性能,其强度系数(η)均为 100%,获得了中强状态的 $\sigma_b - \alpha_{KU}$ 性能的良好匹配。随着固溶温度的逐渐提高,其焊缝抗拉强度逐渐降低,而塑性和冲击韧性逐渐提高。

从而获得了不同强度级别的 $\sigma_b - \alpha_{KU}$ 性能的良好匹配。

4.5.3.2　TB2 钛合金氩弧焊的焊接性能

TB2 合金是一种亚稳定 β 型钛合金,它又是在高强状态下使用的高强高韧钛合金。在固溶处理状态下,它具有优异的冷成形性能和良好的焊接性能。在焊后二次时效状态下,也有较良好的焊接接头性能,焊缝还有较好的断裂韧性,可满足承压容器的使用要求。

A　合金的焊接性能

采用厚 1.5 mm、2.0 mm 板材,用自动钨极氩弧焊和等离子弧焊研究了合金的焊接接头性能,见表 4-40。表中数据表明,合金在焊接状态下具有良好的焊接性能,中等的抗拉强度 σ_b 为 880 MPa,良好的延伸率 $\delta_5 \geqslant 16.0\%$ 和弯曲角 $\alpha \geqslant 135°$;合金焊后在二次时效状态下,获得了高强度,$\sigma_b \geqslant 1080$ MPa,良好的延伸率 $\delta_5 \geqslant 12.5\%$ 和满意的弯曲角 $\alpha \geqslant 35°$。表 4-41 给出了合金用钨极氩弧焊、填充 TB2 焊丝的焊接接头力学性能。表中数据表明,合金的 1.5 mm、2.0 mm 板材,填充 TB2 的直径 2.0 mm 焊丝后经过二次时效处理得到了良好的焊接性能。

表 4-40　TB2 钛合金的焊接接头的力学性能

焊接热处理制度	板材 δ/mm	钨极氩弧焊			等离子体弧焊		
		σ_b/MPa	δ_5/%	α/(°)	σ_b/MPa	δ_5/%	α/(°)
800℃,30 min、WQ + 焊接	2.0	880	17.5	135	893	16.0	140
800℃,30 min、WQ + 焊接 + 500℃,8 h + 620℃,30 min	2.0	1082	12.5	32	1035	14.0	35
	1.5	1080	13.5	35	1093	14.0	43

注:表中数据为 3 个试样的平均值。

表 4-41　TB2 钛合金钨极氩弧焊的焊接接头的力学性能

焊接热处理制度	板材 δ/mm	焊丝牌号	σ_b/MPa	δ_5/%	α/(°)
800℃,30 min、WQ + 焊接 + 500℃,8 h + 620℃,30 min、空冷	1.5	不加焊丝	1138 ~ 1157 1148	11.5 ~ 15.0 13.0	16.5 ~ 48 39
	1.5	TB2 焊丝	1079 ~ 1157 1128	11.0 ~ 12.5 11.5	21.5 ~ 54 41

续表 4-41

焊接热处理制度	板材 δ/mm	焊丝牌号	σ_b/MPa	δ_5/%	α/(°)
800℃,30 min、WQ + 焊接 + 500℃,8 h + 620℃,30 min、空冷	2.0	TB2 焊丝	1064 ~ 1094 1082	9.5 ~ 16.0 12.5	20 ~ 38 32
	2.0		1123 ~ 1162 1140	7.0 ~ 10.5 9.0	16 ~ 36 25

注:表中数据为6个试样的波动范围及平均值。

B 合金焊缝断裂韧性

断裂韧性是反应材料抵抗裂纹扩展能力的一个韧性指标,用它来衡量材料的焊接性能更有实际意义,表 4-42 为焊缝平面应力断裂韧性 K_{IC}的测试结果。表 4-42 中的性能数据表明,2.0 mm 厚合金板材固溶水淬,喷砂、酸洗和焊前准备、清洗后,在填充 TB2 焊丝、氩气保护下进行焊接,其二次时效处理的焊接接头的力学性能为高强状态,在标准试样延伸率 δ_{10}的情况下也有较好延性,焊缝还有较好的断裂韧性,可满足承压容器的使用要求。

综上所述,TB2 钛合金在固溶处理状态下,具有优异的焊接性能,在焊后二次时效处理状态下,也有较良好的焊接接头性能,焊缝还有较好的断裂韧性,可满足各种焊接构件的使用要求。

表 4-42 TB2 钛合金焊缝平面应力断裂韧性和焊接接头标准试样的性能

焊接热处理制度	板材 δ/mm	焊丝牌号	σ_b/MPa	$\sigma_{p0.2}$/MPa	δ_{10}/%	K_{IC} /kg · mm$^{-3/2}$
800℃,30 min、WQ + 焊接 + 500℃,8 h + 620℃,30 min、空冷	2.0	TB2 焊丝	995 ~ 1025 1007	946 ~ 981 961	11.5 ~ 14 12.5	143.4 ~ 173.2 162.7①
			1073 ~ 1079 1076	1010 ~ 1030 1022	5.0 ~ 14 10	148.7 ~ 180.9 169.5②

① 在空气中二次时效,8 个试样的平均值;

② 氩气保护下二次时效,7 个试样的平均值。

4.5.3.3 TB7 钛合金氩弧焊的焊接性能

TB7 合金是一种稳定 β 型钛合金,它也是一种在高浓度还原性酸(H_2SO_4、HCl 等)中具有优异耐蚀性能的耐蚀钛合金。该合金在焊接状态下有良好的焊接性能。选择 4 mm 厚板材,采用手工氩弧焊和自动氩弧焊的方法，在氩气保护下进行了合金的焊接研究，不同温度下手工氩弧焊和自动氩弧焊的焊缝抗拉强度及合金基体性能见表 4-43。表中也给出合金基体随温度变化的性能。表中的强度系数（η）表明，该合金手工氩弧焊和自动氩弧焊的焊接性能良好。

表 4-43　TB7 钛合金的焊缝与基体性能比较

θ/℃	σ_b/MPa				
	基体（板厚 4 mm）	焊缝			
		手工氩弧焊	η/%	自动氩弧焊	η/%
20	815	800	98.2	770	94.5
200	640	615		635	
300	615	595		615	
400	595	540		585	
500	515	475		370	
600	420	400		245	
700	260	265		265	
800	180	180		140	

5 钛和钛合金的切削加工

同其他金属材料比较,钛及钛合金具有3个显著特点:比强度高,中温性能好和耐腐蚀。钛合金按照使用特点可以划分为结构钛合金、热强钛合金、耐蚀钛合金。但是钛及钛合金是属于加工性能很差、很难加工的塑性材料。

5.1 钛材的切削加工性

5.1.1 切削加工性的比较

金属材料切削加工性表征金属被切削加工的难易程度,它用数字表达在相同刀具寿命下该金属切削的可能性,仅有比较的含义。

同其他金属材料切削加工性相比,钛材具有耐腐蚀性、耐热性、强度高等优越特性,因此,钛和钛合金属于难加工的塑性材料。在室温下,钛合金的拉伸强度为高强度合金结构钢的1.26倍,为高强度铝合金的1.38倍。所以,在机械切削加工中,钛合金要比高强度合金结构钢、高强度铝合金困难得多。而纯钛与钛合金相比,工业纯钛的切削加工优于钛合金。影响钛合金切削加工性的因素除合金元素和其含量外,还有它的状态。同种合金在退火状态下的切削加工性优于固溶时效的。按照合金在平衡和亚稳定状态的相组成,钛合金可以划分为α型、近α型、α+β型、β型和近β型5类,其中,β型钛合金的切削加工性最差,α型和近α型钛合金切削加工性比较好,α+β型钛合金的切削加工性居于β型和α型之间。钛和钛合金与其他金属材料的切削加工性比较见表5-1。

表 5-1　钛和钛合金与其他金属材料的切削加工性比较

材料名称	材料状态	切削加工性	材料名称	材料状态	切削加工性
2017 铝合金	固溶处理 + 人工时效	300	Ti-6Al-4V 钛合金	退火状态	22
铅黄铜		200	Ti-8Al-1Mo-1V 钛合金	退火状态	22
B1112 回硫钢①	热轧状态	100	Ti-6Al-2Sn-6V 钛合金	退火状态	20
1020 碳素钢	冷拉状态	70	Ti-6Al-4V 钛合金	固溶处理 + 时效	18
4340 合金钢	退火状态	45	Ti-6Al-2Sn-6V 钛合金	固溶处理 + 时效	16
工业纯钛	退火状态	40	Ti-13V-11Cr-3Al 钛合金	退火状态	16
302 不锈钢	退火状态	35	Ti-13V-11Cr-3Al 钛合金	固溶处理 + 时效	约 12
Ti-5Al-2. 5Sn 钛合金	退火状态	30	A4340 合金钢	淬火 + 回火 (HRC50)	10
A4340 合金钢	淬火及回火 (HRC40)	25	HS_{25} 钴基合金	退火状态	10
Ti-8 Mn 钛合金	退火状态	25	Rene' 41 镍基合金	固溶处理 + 时效	6

① 以 B1112(回硫钢)为标准,设定其切削加工性为 100。

5. 1. 2　钛和钛合金切削加工的特点

钛和钛合金切削加工的特点有:

(1) 钛和钛合金的导热性差,是不良导热金属材料。由于导热、导温系数小,尤其是钛合金的导热系数只有工业纯钛的 1/2,45 号钢的 1/6,因此在切削加工中所产生的高热量不能迅速溃散,刀具切削刃与切屑的接触长度短,使切削热积聚于切削刃周边的小面积内不易散发,从而使刀具温度特别是刃尖温度急剧上升,导致刀刃红硬性下降,迅速磨损,还易于造成切屑氧化,甚至引起燃烧,发生事故。表 5-2 为 10 种铸造钛和钛合金的热导率,图 5-1 所示为切削加工钛和钢刀具温度的比较。

表 5-2　10 种铸造钛和钛合金的热导率

合金牌号	工业纯钛			ZTA5	ZTA7	ZTA15	ZTC3	ZTC4	ZTC5	ZTC6	45 号钢
	ZTA1	ZTA2	ZTA3								
热导率(20℃) λ/W·(m·℃)$^{-1}$	19.3	19.3	19.3	8.79	8.8	6.0	8.4①	8.8②	8.4	7.10③	50

① 94℃下的λ；② 100℃下的λ；③ 92℃下的λ。

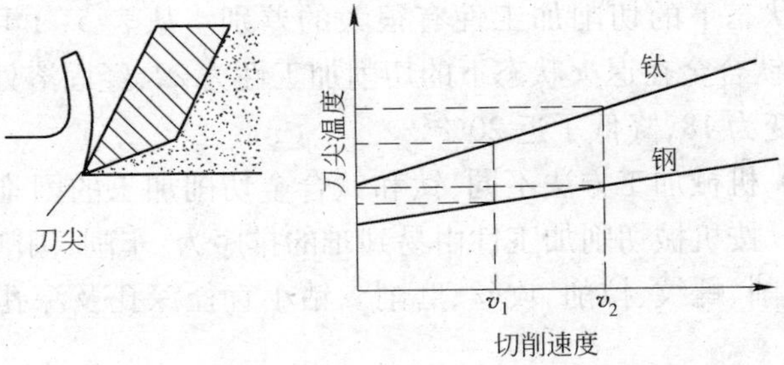

图 5-1　切削加工钛和钢刀具温度的比较

（2）具有高的化学活性。在切削加工过程中，随着切削温度的升高，钛和钛合金易与空气中的氧、氮、氢、一氧化碳、二氧化碳、水蒸气等发生化学反应，使间隙元素氧、氮、氢的含量增高，使切屑和工件表面氧化，表层变硬，切屑难以塑性变形，而是呈弯曲状挤裂其断面，呈锯齿状或为小的崩块状，切屑与刀刃的接触长度减小，致使刀具单位面积上所承受的切削阻力增加，使刀尖部位应力集中，同时刀具的前刀面与切屑摩擦，后刀面与加工体表面摩擦，限制切削速度提高，这就导致了刀具迅速磨损与崩刃。

（3）钛和钛合金的弹性模量小，屈强比为 0.85～0.95（钢为 0.65～0.75），其弹性模量仅为钢的 1/2，在切削加工过程中容易产生较大变形和回弹、扭曲、滑移、振动，造成加工件几何形状差，精度降低，表面粗糙度增大，刀具加剧磨损。

（4）钛和钛合金的变形系数小于或接近 1。这样在切削加工过程中，增加了切屑在前刀面上滑动摩擦频率，从而使刀刃加速磨损。

(5) 钛和钛合金在切削过程中黏刀现象严重，这是由于钛的亲和性大，切屑很容易黏附在刀刃上，使刀具和加工件间摩擦力剧增，摩擦产生的大量热量使刀具寿命大大降低，同时也增大了表面粗糙度。

(6) 钛和钛合金的功用不同，所要求的性能和状态也不同，因而使得它们的热处理工艺和组织状态也不同。同一种牌号的合金在不同状态下的切削加工性有很大的差别。从表 5-1 可知，Ti-6Al-4V 钛合金在退火状态下的切削加工性为 22，经固溶处理 + 时效后就变为 18，降低了近 20%。

(7) 机械加工方法不同，钛和钛合金切削加工的困难程度也不相同。按机械切削加工性由易到难的排序为：车削、刨削、铰削、钻孔、铣削、螺纹、拉削、攻丝、磨削。钻小直径深孔及深孔攻丝更困难。

5.1.3　钛和钛合金切削加工的一般原则

钛和钛合金切削加工的一般原则有以下几点：

(1) 切削速度。机械加工中切削速度对刀(刃)具及切削温度有很大的影响。过高的切削速度会导致过热，使表面层应力开裂，工件表面氧化，刀具重磨频增，缩短刀具使用寿命。与切削普通钢料相比较，切削钛和钛合金的速度要低得多。

(2) 进刀深度和走刀量。走刀量的变化对刀刃温度变化影响不大，因此，降低切削速度、增大走刀量的切削方式是合理的。进刀深度大可以使刀尖避开坚硬的氧化表层和皮下气孔层而直切基体金属，提高刀具寿命。

(3) 切削加工中的切削力和所需功率。切削力是很重要的，它决定着切削加工中所需要的功率；推力或分离力决定着加工零件获得的尺寸精度。采用正常的估算法可以得出车削和铣削时需要的功率，即通过测量切削加工时加工刀具驱动电机的输入功率减去刀具装置的质量或空转功率可获得车削和铣削时需要的功率。在大多数切削加工中，所需动力的正确估算可以从单位功率需求预算得出。钛与其他几种重要合金在车削、钻削或铣削时所需的平均单位功率的比较见表5-3。图5-2所示为切削加工钛和钛合金与钢、铝所需切削力的比较。

表5-3 钛与其他几种重要合金在车削、钻削或铣削时所需的平均单位功率的比较

被加工材料	加工材料硬度 3000 kg	使用锋利刀具切削加工所需单位功率/马力·$(in^3 \cdot min)^{-1}$		
		车削	钻削	铣削
		高速钢刀具和硬质合金刀具	高速钻钻头	高速钢刀具和硬质合金刀具
钢	HRC35~40	1.4	1.4	1.5
钛	250~375	1.2	1.1	1.1
高温镍基和钴基合金	200~360	2.5	2.0	2.0
铝合金	30~150(500 kg)	0.25	0.16	0.32

注:表中数据为蜗杆传动马达所需要的功率,精确到蜗杆传动效率的80%,钝的刀具应比表中的数据多25%,1马力/$(in^3 \cdot min)$=44.883 W/$(cm^3 \cdot min)$。

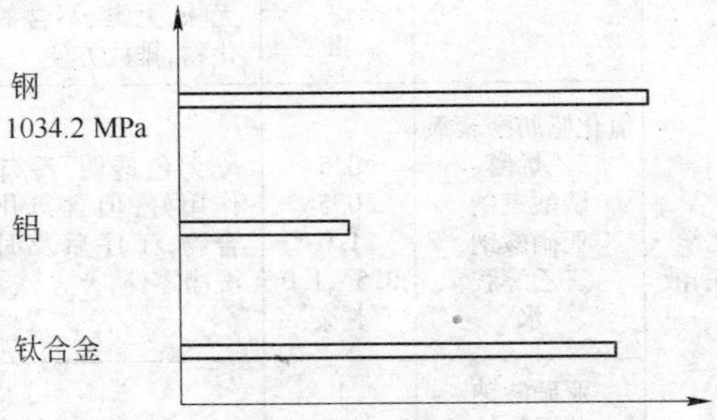

图5-2 切削加工钛和钛合金与钢、铝所需切削力的比较

(4)切削液。切削液是金属及其合金在机械切削加工过程中使用的工艺润滑油。正确地选用切削液可以有效地使切削时切屑塑性变形产生的高热散发,减少刀具和切屑间滑动摩擦产生的热量,形成边界润滑,减少钛屑与刀具前刀面的黏结,减小切削力和降低切削温度,提高切削加工效率,降低成本,延长刀具的使用寿

命，改善产品表面粗糙度，保证和提高产品的加工精度，同时还能防止机床和产品产生腐蚀和锈蚀。钛和钛合金件在切削加工选用切削液时，不仅要考虑到散发热量，以期达到冷却润滑作用，而且还应考虑到切削液对钛和钛合金件力学性能和使用性能产生的不利影响。经过试验和使用实践发现：一些含氯或其他卤素元素和含硫等的切削液会对钛和钛合金件的力学性能和使用性能产生不良的影响，可能引起应力腐蚀裂纹，尤其是在有一定温度和应力作用下工作的构件，如航空发动机上的构件，在加工时更应注意这个问题。如果必须使用含氯或类似的切削液，在加工完成后必须立即对构件进行仔细彻底的清洗。

经过试验和长期使用后，钛和钛合金件切削加工推荐选用的切削液见表5-4。

表5-4　钛和钛合金件切削加工推荐选用的切削液

型号及名称	类别	组成成分	质量比例/%	主要特点	适用于切削加工工序
HGS-113型	化学切削液			浅棕色半透明，无味、无毒、不含氯化物，排放方便	车削 铣削 磨削 钻削 拉削
QTS-1		氯化脂肪酸聚氧乙烯醚 磷酸三钠 亚硝酸钠 三乙醇胺 水	0.5 0.5 1.0 0.5~1.0 其余	无色透明，冷却作用好，但含氯化合物，工序后及时洗净零件	
自配		亚硝酸钠 苯甲酸钠 甘油 三乙醇胺 水	1 0.5 0.5 0.4 其余	天色透明，冷却渗透作用大，有对人体有害的化合物	磨削 更适合缓进磨削
一号切削液		石油磺酸钠 环烷酸锌 磺化油DAH 三乙醇胺油酸皂(10:7) 10号机械油	11.5 11.5 12.7 3.5 其余	乳白色或半透明液体、无味，冷却作用大	车削 铣削 磨削 钻削

续表 5-4

型号及名称	类别	组成成分	质量比例/%	主要特点	适用于切削加工工序
自配	混合物	硅化切削油 煤油 油酸 10 号或 20 号机械油	30 15 30 25	油类切削液，冷却、润滑作用好	攻丝 铰削
		蓖麻油 煤油	60 40		攻丝 铰削
		N32 机械油 煤油	1/3 2/3	冷却、润滑性能好	深孔钻削
		蓖麻油 乙醇（无水酒精）	70 30	冷却、润滑效果好	特别适合攻丝
		聚醚 脂类油 5 号高速机械油 防锈添加剂、抗泡沫添加剂	30 30 30 10	冷却、润滑性能好，而且极压性也好	特别适合拉削、钻孔、磨削

（5）切削刀具。由于钛和钛合金材料特有的性能，因此所采用的切削刀具应具有很高的硬度，特别是高温硬度、抗弯强度和抗压强度，而且要求有良好的冲击韧性、热硬性、耐磨性和散热性。20 世纪 80 年代后众多新型刀具不断涌现，如金属陶瓷、立方氮化硼、氮化硅及多晶金刚石等。这些刀具材料在铸铁、特种钢材、高温合金及铝合金等的切削加工中已成功应用，但是这些刀具材料对钛和钛合金件切削加工的改善并不大。目前，在工业生产中获得广泛应用的仍然是钨钴类硬质合金 YG8、YG6 和钨钛钽（铌）类硬质合金 YW1、YW2。钛铸锭扒皮较多采用 YG 类，表面光整或精加工采用 YW2 制作刀具较好，也可采用特殊高速钢，但刀具寿命及切削速度都很低。常用的硬质合金和高速钢刀具材料见表 5-5 和表 5-6。金刚石刀具的热导率很高，可以设定的切削速度大，但由于价格昂贵而且耐缺损性不佳，所以限定在精加工时使用。

表 5–5　常用硬质合金刀具材料

牌　号	抗弯强度 σ_b/MPa	HRA 硬度	刀具材料	适用范围
YW4	1300	≥92	车刀、铣刀	粗车氧化皮、半精车、粗镗
813	1765	≥92		
YA6	1765	≥92		
YG3X	1078	≥91.5		
YS2(YG10H)	2158	≥91.5	车刀、镗刀、螺纹车刀、铣刀、钻头、铰刀、拉刀	粗车氧化皮、半精车、粗镗、粗铣氧化皮、半精拉、钻、铰
YD15(YGRM)	1765	≥92		
YG8	1741	≥89		
Y330	1960	≥90.5	铣刀、铰刀、钻头、拉刀	粗铣氧化皮、半精铣、钻削、铰削、拉削
YG6X	1320	≥91.0	车刀、膛刀、铣刀、钻头、铰刀	粗车氧化皮、半精车、粗铣、钻、铰、拉

表 5–6　常用高速钢刀具材料①

牌　号	抗弯强度 σ_b/MPa	HRC 硬度	600℃时 HV 硬度	刀具材料	适用范围
W12Mo3Cr4V3Co5Si	2844～3334	66～69	575	车刀、铣刀、成形铣刀、拉刀、螺纹刀具、钻头、铰刀	半精加工、精加工
W2Mo9Cr4VCo8	1765～2354	66～69	590	车刀、铣刀、成形铣刀、拉刀、螺纹刀具、丝锥	半精加工、精加工
W10Mo4Cr4V3Co10	1961～2550	66～69	580	车刀	半精加工、精加工
W6Mo5Cr4V2Al	4511～4609	65～69	600	车刀、铣刀、成形铣刀、拉刀、螺纹刀具、钻头、铰刀、丝锥	半精加工、精加工
W10Mo4Cr4V3Al	2452～3138	66～69	580	铣刀、钻头、铰刀	半精加工、精加工
W18Cr4V	1863～3531	62～66	550	小孔钻头	钻薄壁小孔

① 钨系高速钢、高钴高速钢、高碳高钴高速钢、高碳高钒高速钢、高碳高钒含铝高速钢。

（6）切削刀具几何形状和锋刃性。切削过程中必须保持刀刃锋利，一旦发现刀具有磨损痕迹或不锋利时，就必须重磨或更换。

过度使用后再重磨是不可取的。因为初期磨耗很容易使刀刃急速磨损并使加工表面产生毛刺,甚至产生裂纹。加工钛和钛合金时刀刃的磨损不是呈线性的,它与加工同等强度钢材的刀具磨损情况是不一样的。加工钛和加工同等强度钢刀具刃带磨损情况的比较如图 5-3 所示。从图 5-3 可以看出,加工钛材的刀具比加工钢材的刀具刃带磨损得更快,一旦发现磨损很快就会完全破坏。刀具更换周期一般取决于下列因素:

1) 加工件精度降低,尺寸偏差增大;

2) 加工件表面温度高;

3) 切削面发生啃削;

4) 切屑的颜色和形状显著变化;

5) 切削走刀量不稳定等。

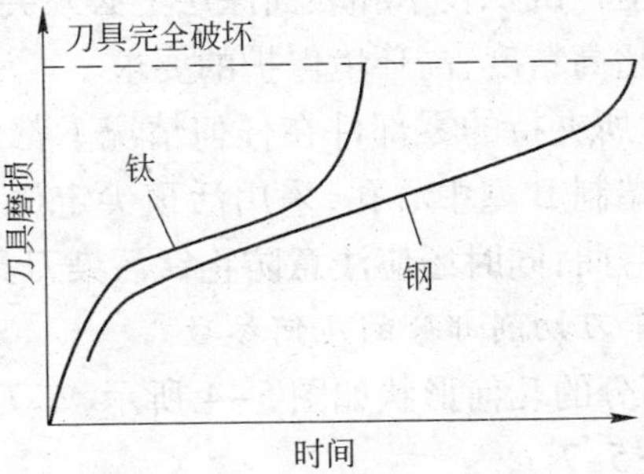

图 5-3 加工钛和加工同等强度钢刀具刃带磨损情况的比较

(7) 选用大功率刚性大的专用机床。选用大功率专用机床可以保证机床、刀具、工件系统具有大的刚性。大功率和大刚性可以保证切削加工效率和精度高、振动小,特别对优质硬质合金刀具可以充分利用其切削能力,提高使用寿命。

5.2 常用的切削加工工艺

5.2.1 车削加工

工业纯钛及钛合金件的车削加工并不十分困难,用硬质合金

YG8、YD15、YG643 等制作的刀具车削都可以获得满意的结果硬质合金刀具材料分为钨钴类、钨钴钛类和钨钛钽(铌)钴类,其制作的刀具大致有 5 种结构类型,即整体式、焊接式、焊接－机夹式、机夹式、机夹可转位式。钴基合金高速钢制作的切削刀具是许多可用高速钢刀具中最好的,这类刀具的基本化学成分(质量分数)为铬 33%、钨 20%、碳 3%,其余为钴。其性能极脆,不能锻造,以铸态使用,无需通过热处理来提高硬度,这类刀具材料多数以制成刀片形式嵌入刀体内使用,刀片可以重磨。近年来,由于晶粒的超细化,切削工具的性能进一步提高,而且十分有利于超精密加工。更值得注意的是,气相沉淀技术的突破是切削工具领域的重大革命,它使当前的主要切削工具材料——高速钢和硬质合金能够保持高的韧性。20 世纪大量新型材料的使用是推动切削工具发展的动力,但在沉积技术和表面涂层上必须突破瓶颈,这样才能满足超高速、超高精度、高环境保护的要求。

车削加工时所夹持的零部件在任何情况下都应调到最短,如有可能,在另一端制 B 型中心孔,采用活顶尖定位,使头尾均有支撑力,以防工件弯曲,同时还应注意防止钛污染刀具侧面。

5.2.1.1　车刀切削部分的几何参数

车刀切削部分的几何形状如图 5-4 所示,车刀切削部分的主要几何参数见表 5-7。

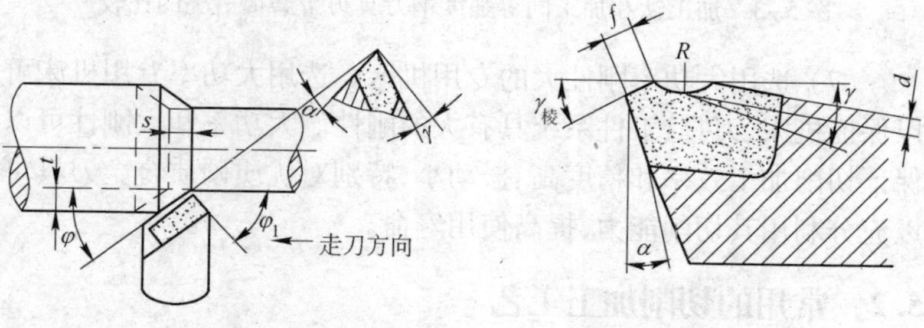

图 5-4　车刀切削部分的几何形状

$γ$—前角;$α$—后角;$φ$—主偏角;$φ_1$—副偏角;f—倒棱宽度;$γ_棱$—倒棱角;

R—断屑槽半径;d—断屑槽深度;t—吃刀深度;s—走刀量

表 5-7 车刀切削部分的主要几何参数

金属及合金牌号	状态	加工形式	几何参数								刀头材料
			$\gamma/(^\circ)$	$\alpha/(^\circ)$	$\varphi/(^\circ)$	$\varphi_1/(^\circ)$	$\gamma_{棱}/(^\circ)$	f/mm	R/mm	R_n/mm	
W	铸锭	扒皮	0~10	6~10	45	15	−10~−5	0.1~0.3		1.0~1.5	YG8,YG6
	铸锭	粗车	5~15	8~12	45	15	−5~−3	0.1~0.3		0.5~1.0	YG8,YG6
Mo	铸锭	扒皮	15~20	10~12	45	15	−5~−2	0.1~0.3	6~8		YG8,YG6
Mo-0.5Ti	烧结棒										
Ta	铸锭	扒皮	35~45	5~8	90	5	−2~2	0.1~0.3		0.2~0.5	YG8,YW2
Nb	铸锭	扒皮	20~25	10~15	45	15	−5~0	0.1~0.3	8~12	0.2~0.5	YG8,YW2
Zr,Zr-2	铸锭	扒皮	16~23	10~15	45	15	−5~−2	0.2~0.5	6~10	0.2~0.5	YG8,YG6
Hf	锻后	扒皮	0~10	8~12	45~75	15	−5~0	0.2~0.5		0.5~3.0	YG8,YG6
TA1,TA2,TA3	ϕ220铸锭	扒皮	10~15	10~15	45	15	−5~0	0.2~0.5	6~10	0.3~1.0	YG8,YG6
	锻后	扒皮	−5~5	6~10	45~75	15	−5~0	0.2~0.5	λ=−5~0	0.5~3.0	YG8,YG6
	ϕ518铸锭	扒皮	5~10	8~12	45	15	−10~0	1.5~4.0		0.8~2.0	YG8,YG6
TC3,TC4	铸锭	扒皮	0~10	6~10	45	15	−10~0	1.5~4.0		0.5~2.0	YG8
TC10	铸锭	扒皮	−5~5	5~10	45	15	−10~0	1.5~4.0		0.5~2.0	YG8
钛和钛合金	铸锭	切断	10~15	8~12							YG8

注:1. 烧结钨棒的切断可采用前角为10°、顶角圆弧半径 R_n=1.5 mm 的硬质合金箭头式强力切断刀。ϕ70 mm 钨棒切断时,转速为 140 r/min,吃刀量为 0.05 mm/r。

2. 铌锭扒皮采用刃倾角 λ 大于45°的劈刀,切削效果良好。

3. 铸锭切断使用硬质合金切断刀。

4. R_n为车刀顶角圆弧半径。

5. λ 为刃倾角。

5.2.1.2　车削加工工艺参数

车削加工工艺参数包括切削深度、进给量、切削速度。国内外部分钛和钛合金铸件的车削加工工艺参数见表 5-8 ~ 表 5-10。国内外部分钛和钛合金铸件切断车削加工用量参数见表 5-11。精车时切削刀具应采用切削液冷却，切削液供给量及供给压力要高些，特别是刀尖部分高压供给后，刃尖磨损减小。为提高刀具的刚度，尽量使刀头伸出部分短，以减小刀头振动问题。具体选用切削液品种见表 5-4。

表 5-8　国内部分钛和钛合金铸件的车削加工工艺参数 I

被加工材料		HB 硬度	状态	切削深度 /mm	高速钢刀具 切削速度 /m · min^{-1}	进给量 /mm · r^{-1}	推荐刀具材料	刀具几何参数
α 和近 α 型合金	ZTA1, ZTA2, ZTA3, Ti-Pd 合金	150 ~200	铸后退火	1	41	0.13	W12Cr4V-5Co5Mo	前角 γ_0 为 6° ~12°；后角 α_0 为 5° ~8°；主偏角 k_r 为 45° ~90°；副偏角 k'_r 为 5° ~15°；刃偏角 λ 为 0° ~50°；刀尖圆弧半径 r_ε 为 0.5 ~ 1.5 mm；倒棱或第一前刀面的宽度 b_{r1} 为 0.05 ~0.3 mm；倒棱前角 γ_{01} 为 0° ~10°
				4	34	0.25		
				8	26	0.40		
				16				
		200 ~320		1	30	0.13		
				4	26	0.25		
				8	20	0.40		
				16				
α + β 型合金	ZTC3, ZTC4, ZTC5, ZTC6, ZTC21, ZTA5, ZTA7, ZTA15, Ti-8 Al-1Mo-1V	300 ~325	铸后退火或固溶时效	1	20	0.13	W2Mo9Cr4-VCo8	
				4	17	0.25		
				8	12	0.40		
				16				
		325 ~350		1	17	0.13		
				4	15	0.25		
				8	11	0.40		
				16				

表 5–9 国内外部分钛和钛合金铸件的车削加工工艺参数Ⅱ

被加工材料		HB硬度	状态	硬质合金刀具				
				切削速度		进给量/mm · r^{-1}	推荐刀具材料	刀具几何参数
				钎焊/m · min^{-1}	可转位/m · min^{-1}			
α 和近 α 型合金	ZTA1，ZTA2，ZTA3，Ti-Pd 合金	150 ~200	铸后退火	130	145	0.13	YD15，YG643，YG819	前角 γ_0为3°~7°；后角 α_0为8°~12°；主偏角 k_r为45°~75°；副偏角 k'_r为15°；刃倾角 λ为0°~5°；刀尖圆弧半径 r_ε为0.5~1.5 mm；倒棱或第一前刀面的宽度 b_{r1}为0.05~0.3 mm；倒棱前角 γ_{01}为0°~10°
				110	130	0.25		
				82	90	0.40	YD15，YS2，YG819	
				41	46	0.50		
		200 ~320		115	125	0.13	YD15，YG643，YG819	
				100	105	0.25		
				75	81	0.40	YD15，YS2，YG819	
				38	41	0.50		
α + β 型合金	ZTC3，ZTC4，ZTC5，ZTC6，ZTC21，ZTA5，ZTA7，ZTA15，Ti-8 Al-1Mo-1V	300 ~325	铸后退火或固溶时效	69	85	0.13	YD15，YG643，YG819	
				59	70	0.20		
				44	53	0.25	YD15，YS2，YG819	
				21	27	0.40		
		325 ~350		52	69	0.13	YD15，YG643，YG819	
				44	59	0.20		
				34	44	0.25	YD15，YS2，YG819	
				17	21	0.40		

注：除国内钛和钛合金牌号外，其余的是美国的铸造钛合金牌号。

表 5–10 部分钛和钛合金铸件的车削加工工艺参数Ⅲ

牌 号	状态	车削种类	工艺参数			备 注
			t/mm	s/mm · r^{-1}	v/m · min^{-1}	
纯钛	φ220 mm 铸锭	粗车	5.0 ~8.0	0.3 ~0.6	60 ~120	t 为吃刀深度；s 为走刀量；v 为切削速度；不使用冷却剂时干切速度应降低
		半精车	– ~4.0	0.2 ~0.4	100 ~220	
	φ518 mm 铸锭	粗车	8.0 ~15.0	0.5 ~1.0	50 ~100	
		半精车	– ~5.0	0.3 ~0.5	70 ~140	
	锻后	粗车	5.0 ~10.0	0.3 ~0.8	35 ~50	
	锻后	精车	– ~5.0	0.3 ~0.5	60 ~140	

续表 5-10

牌　号	状态	车削种类	工艺参数			备　注
			t/mm	s/mm · r^{-1}	v/m · min^{-1}	
TC_3, TC_4	铸锭	粗车	8.0 ~ 15.0	0.5 ~ 1.0	40 ~ 80	
		精车	– ~5.0	0.3 ~ 0.5	50 ~ 120	
TC_{10}	铸锭	粗车	8.0 ~ 10.0	0.2 ~ 0.4	– ~20	
		精车	– ~4.0	0.1 ~ 0.3	– ~30	
钛和钛合金	铸锭	切断		0.05 ~ 0.09	18 ~ 52	

5.2.1.3　扒皮车床

钛和钛合金的铸锭及稀有金属粗车加工切削可采用普通车床。若使用专用车床则更经济合理。几种专用扒皮车床的主要性能见表 5-12。

5.2.2　铣削加工

目前工业上应用的钛和钛合金件有很大一部分的机械加工是铣削加工完成的。由于铣削加工为断续切削，铣刀容易崩刃；又因钛和钛合金材料的化学活性高，钛屑易与切削刀刃黏结，当钻屑的刀刃再次切入工件时，钻屑被挤在刀刃和工件切削表面之间，更使刀具崩刃或产生其他损伤，降低刀具寿命。因此，钛和钛合金的铣削加工比车削加工困难，成本也比车削加工高。

铣削加工可以加工平面、侧面台阶、沟槽、成形面及齿形等。铣削加工用的铣刀种类很多，按用途可分为两大类：

（1）加工平面的圆柱形铣刀（又称滚刀）、面铣刀及镶装式圆盘超硬合金刀片组成的圆盘铣刀等；

（2）加工沟槽的立铣刀、键槽铣刀、三面刃铣刀、锯片铣刀、燕尾槽铣刀、T 形槽铣刀、角度铣刀等。

铣削加工方式有顺铣和逆铣（见图 5-5）以及端面铣。顺铣是在铣刀与工件已加工表面的切点处，旋转铣刀切削刃的运动方向和工件的进给方向相同；逆铣与顺铣方向相反，即旋转铣刀切削刃

表 5-11 国内外部分钛和钛合金铸件的切断车削加工用量参数

被加工材料	HB 硬度	状态	切削速度 /m · min^{-1}	进给量/mm · r^{-1}								推荐刀具材料
				1.5	3	6	12	18	25	35	50	
				切断刀宽度/mm		成形刀宽度/mm						
α 型合金：ZTA1，ZTA2，ZTA3，Ti-Pd 合金	150 ~ 200	铸后退火	30	0.025	0.05	0.075	0.075	0.063	0.05	0.038	0.025	W12Cr4V5Co5Mo，W2Mo9Cr4VCo8
			60									YS2，YG643，YD15，44A
	200 ~ 320		24									W12Cr4V5Co5Mo，W2Mo9Cr4VCo8
			49									YS2，YG643，44A
α、近 α 和 α + β 型合金：ZTA5，ZTA7，ZTA15，ZTC3，ZTC4，ZTC5，ZTC6，ZTC21，Ti-8Al-1Mo-1V	300 ~ 325	铸后退火或铸后固溶时效	15	0.025	0.038	0.05	0.05	0.038	0.025	0.025	0.018	W12Cr4V5Co5Mo，W2Mo9Cr4VCo8
			34									YS2，YG643，44A
	325 ~ 350		12	0.018	0.025	0.038	0.038	0.025	0.025	0.018	0.013	W12Cr4V5Co5Mo，W2Mo9Cr4VCo8
			26									YS2，YG643，44A

注：除国内钛和钛合金牌号外，其余的是美国的铸造钛合金牌号。

表 5–12　几种专用扒皮车床的主要性能

型　号	C8565	C8540	CH011	BSB-350/1200
车削直径/mm	300 ~ 600	120 ~ 400	100 ~ 340	120 ~ 350
车削长度/mm	2000 ~ 3000	2000 ~ 3000	300 ~ 900	300 ~ 1200
主轴转速/r · min^{-1}	28 ~ 125	28 ~ 125	10 ~ 400	22.5 ~ 180
纵向进给量	0.2 ~ 1.0 mm/r	0.2 ~ 1.0 mm/r	3 ~ 500 mm/min	0.4 ~ 2.0 mm/r
主电机功率/kW · h	40	30	40	80
主电机转速/r · min^{-1}	970	970	970	

的运动方向与工件的进给方向相反。在钛和钛合金件铣削加工中,如果未作具体规定,就应尽可能采用顺铣,因为顺铣可以延长刀具的寿命,减小加工表面的粗糙度,走刀量常常可超过逆铣 1 倍,能快速切削而不发生振动。由图 5–5(b)可见,当铣刀铣削完钛板后,由于切削过程产生高温,钛切屑熔接在刀齿上,当每个刀齿再切入工件时,熔接在刀齿上的切屑折断,切削中碎屑起滞削作用,使刀具迅速磨损,而且还使加工表面的粗糙度变大。由图 5–5(a)可见,采用顺铣,当刀齿离开钛板时,只产生薄的切屑,大大减少了切屑熔接在刀齿上的可能性,从而延长了刀具的使用寿命,提高了工件加工表面的质量。

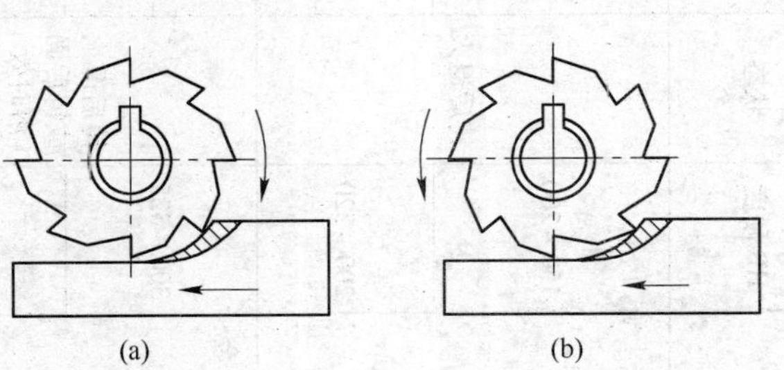

图 5–5　铣削加工的方式
(a) 顺铣;(b) 逆铣

在钛和钛合金件的铣削过程中,不论是铣削平面还是铣削端面和沟槽等,采用高速钢刀具比用硬质合金刀具经济实用,因为硬质合金刀具的韧度和刚性都不如高速钢刀具。在整个铣削加工过程中,应采用锐利的铣刀,以减少刀具磨损和切屑的熔接倾向。对不同用途的加工刀具应采用不同的几何形状和尺寸,如用于加工平面的端面铣刀必须具有足够的出屑槽,以防止刀齿黏结切屑和刀具过早损坏,同时还应采用足够流量的切削液,最宜使用水基切削液,具体选用何种切削液参见表5-4。国内外部分端面铣刀平面铣削加工钛和钛合金铸件的工艺参数见表5-13。国内外部分圆柱铣刀(滚刀)铣削加工钛和钛合金铸件的工艺参数见表5-14。国内外部分三面刃铣刀铣削加工侧面和沟槽的钛和钛合金铸件的工艺参数见表5-15。国内外部分立铣刀侧面铣削加工钛和钛合金铸件的工艺参数见表5-16。国内外部分立铣刀沟槽铣削加工钛和钛合金铸件的工艺参数见表5-17。铣削过程工艺参数是指切削深度、切削速度和进给量。

近些年来,立铣加工使用广,在立铣加工时,切屑向外飞出,切削热量不易在刀具上蓄积,而且切削是断续进行,时间短,有冷却时间,所以对刀具的热影响较小。为使立铣精密切削时减少振动,将螺旋刀槽制成不同的螺旋角,或将刀齿制造成不等分。为了提高立铣刀的功能,把一个端齿切削刃制造成通过铣刀的中心,就可以在型腔加工中,不用钻头钻预孔,直接用立铣刀成形。由于切削刀具材料性能的不断提高,各种切削刀具均能制成大前角,明显降低了切削力。随着制造技术的发展,整体硬质合金的切削刀具应用已十分普及。为了适应高速切削、高速加工,已将立铣刀制造成大螺旋槽,槽形改进后排屑十分流畅。

5.2.3 刨削加工

钛和钛合金的大锻件、大铸件,由于表面毛糙、余量大,在铣削加工中刀具会耗损,设备会磨耗,因此建议采用刨削加工。刨床分为牛头刨和龙门刨。尽管这两种刨削都适合加工平面等,但是在结构上和操作方法上却有很大差异。龙门刨床用于加工大件,而牛头刨床只能加工中小件,龙门刨床上工件是对着固定的刀具做

表 5-13　国内外部分端面铣刀平面铣削钛和钛合金铸件的工艺参数

被加工材料	HB硬度	状态	切削深度/mm	高速钢刀具				硬质合金刀具						
				切削速度/m·min⁻¹	进给量/mm·r⁻¹	推荐刀具材料	刀具几何参数	切削速度 钎焊/m·min⁻¹	切削速度 可转位/m·min⁻¹	进给量/mm·r⁻¹	推荐刀具材料	刀具几何参数（几何参数＼刀具模式）	可转位	焊接式
α型合金：ZTA1，ZTA2，ZTA3，Ti-Pd合金	150～200	铸后退火	1	36.8	0.10	W12Cr4V5Co5，W2Mo9Cr4VCo8	轴向前角 γ_p:5°；径向前角 γ_f:5°；主偏角 k_r:45°～75°；副偏角 k_r':6°～12°；轴向后角 α_p:10°～12°；径向后角 α_f:10°～12°；刀尖圆弧半径 r_ε:0.5～1.0mm	104	128	0.15	YG6X，YW2，YG6，YS2，YG8，YG640	轴向前角 γ_p/(°)	0～5	0～5
			4	29.6	0.15			92	108	0.20				
			8	21.6	0.20			67.2	84	0.25				
	200～300		1	28.0	0.10			92	108	0.15	YG6X，YW2，YG6，YS2，YG8，YG640	径向前角 γ_f/(°)	0～7	0～7
			4	23.2	0.15			72	92	0.20				
			8	16.8	0.20			60.8	72	0.25				
α、近α和(α+β)型合金：ZTC3，ZTC4，ZTC5，ZTC6，ZTA5，ZTA7，ZTA15，Ti-8Al-1Mo-1V	300～325	铸后退火或固溶时效	1	19.2	0.07			60.8	72	0.10	YG6X，YW2			
			4	16	0.13			48	60.8	0.15	YG6，YS2			
			8	11.2	0.18			40	48	0.20	YG8，YG640	主偏角 k_r:45°～75°；副偏角 k_r':6°～12°；轴向后角 α_p:10°～12°；径向后角 α_f:10°～12°；刀尖圆弧半径 r_ε:0.5～1.0mm		
	325～350		1	16.8	0.07			49.6	60.8	0.10	YG6X，YW2			
			4	14.4	0.13			40	48	0.15	YG6，YS2			
			8	11.2	0.18			30.4	37.6	0.20	YG8，YG640			

注：除国内钛及其合金牌号外，其余的为美国合金牌号。

表 5-14 国内外部分圆柱铣刀(滚刀)铣削加工钛和钛合金铸件的工艺参数

被加工材料	硬度(HB)	状态	切削深度/mm	切削速度/$m \cdot min^{-1}$	进给量/$mm \cdot r^{-1}$	刀具：高速钢刀具材料	刀具几何参数：参数＼铣刀直径	10 mm	20 mm	40 mm
α 型合金：ZTA1，ZTA2，ZTA3，Ti-Pd 合金	150 ~ 200	铸后退火	1	30.4	0.10	W12Cr4V5Co5，W2Mo9Cr4VCo8	第一径向后角 a_{f1}/(°)	10 ~ 11	8 ~ 9	7 ~ 8
			4	21.6	0.13		第二径向后角 a_{f2}/(°)	18 ~ 20	15 ~ 18	11 ~ 17
			8	16.8	0.15		径向前角 γ_f:5° 轴向后角 α_p:5° ~ 8° 螺旋角 β:30° 刃带宽度 b:0.05 ~ 0.10 mm			
	200 ~ 320		1	21.6	0.10					
			4	14.4	0.13					
			8	11.2	0.15					
α、近 α 和(α+β)型合金：ZTA5，ZTA7，ZTA15，ZTC3，ZTC4，ZTC5，ZTC6，ZTC21，Ti-8Al-1Mo-1V	300 ~ 325	铸后退火或固溶时效	1	11.2	0.10					
			4	8.8	0.13					
			8	6.4	0.15					
	325 ~ 350		1	9.6	0.10					
			4	7.2	0.13					
			8	4.8	0.15					

注：除国内合金牌号外，其余的为美国的合金牌号。

表 5-15 国内外部分三面刃铣刀铣削加工侧面和沟槽的钛和钛合金铸件的工艺参数

被加工材料	硬度（HB）	状态	切削深度/mm	高速钢刀具 切削速度/$m \cdot min^{-1}$	高速钢刀具 进给量/$mm \cdot r^{-1}$	高速钢刀具 推荐刀具材料	高速钢刀具 刀具几何参数	硬质合金刀具 切削速度 钎焊/$m \cdot min^{-1}$	硬质合金刀具 切削速度 可转位/$m \cdot min^{-1}$	硬质合金刀具 进给量/$mm \cdot r^{-1}$	硬质合金刀具 推荐刀具材料	硬质合金刀具 刀具几何参数
α 型合金：ZTA1，ZTA2，ZTA3，Ti-Pd 合金	150～200	铸后退火	1	27.2	0.07	W12Cr4V5Co5，W2Mo9Cr4VCo8	轴向前角 γ_f：10°～15° 径向前角 γ_r：0°～5° 轴向后角 α_p：5°～7° 径向后角 α_f：6°～10°	72	88	0.10	YG6X；YW2	轴向前角 γ_p：0°～5°； 径向前角 γ_f：0°～5°； 轴向后角 α_p：5°～7°； 径向后角 α_f：6°～10°；
			4	21.6	0.10			68	84	0.13	YG6；YS2	
			8	16.8	0.13			60.8	76	0.18	YG8；YG640	
	200～320		1	19.2	0.07			68	84	0.10	YG6X；YW2	
			4	16	0.10			60.8	76	0.13	YG6；YS2	
			8	12	0.13			55.2	68	0.18	YG6；YG640	
α、近 α 和（α+β）型合金：ZTA5，ZTA7，ZTA15，ZTC3，ZTC4，ZTC5，ZTC6，ZTC21，Ti-8Al-1Mo-1V	300～325	铸后退火或固溶时效	1	12	0.05			55.2	60.8	0.10	YG6X；YW2	
			4	9.6	0.07			42.4	48	0.13	YG6；YS2	
			8	6.4	0.10			36.8	42.4	0.18	YG8；YG640	
	325～350		1	9.6	0.05			48	55.2	0.10	YG6X；YW2	
			4	8.8	0.07			36.8	42.4	0.13	YG6；YS2	
			8	6.4	0.10			24	32	0.18	YG8；YG640	

注：除国内合金牌号外，其余的为美国的合金牌号。

表 5-16 国内外部分立铣刀侧面铣削加工钛和钛合金铸件的工艺参数

被加工材料	硬度(HB)	状态	切削深度/mm	高速钢刀具										硬质合金刀具							
				切削速度/m·min⁻¹	进给量/mm·r⁻¹ 刀具直径/mm				刀具材料	刀具几何参数				切削速度/m·min⁻¹	进给量/mm·r⁻¹ 刀具直径/mm				刀具材料	刀具几何参数	
					10	12	18	25~50		参数	铣刀直径/mm 10	20	40		10	12	18	25~50		参数	铣刀直径/mm 10、20、40
α 型合金：ZTA1, ZTA2, ZTA3, Ti-Pd	150~200	铸后退火	0.5	30.4	0.038	0.075	0.13	0.15	W18Cr, 4V, W6Mo5Cr4V2, W6Mo5Cr4V2Al	第一径向后角 α_{f1}/(°)	10~11	8~9	7~8	92	0.025	0.075	0.13	0.18	YG6 YW2	第一径向后角 α_{f1}/(°)	12
			1.5	27.2	0.050	0.102	0.15	0.18		第二径向后角 α_{f2}/(°)	18~20	15~18	11~17	84	0.050	0.102	0.15	0.20		第二径向后角 α_{f2}/(°)	15
			直径/4	16	0.038	0.050	0.075	0.10		径向前角 γ_f/(°)	5			53.6	0.038	0.075	0.13	0.18		径向前角 γ_f/(°)	0
			直径/2	11.2	0.025	0.038	0.050	0.075		轴向后角 α_p/(°)	5~8			39.2	0.025	0.050	0.10	0.15		轴向后角 α_p/(°)	5~8
	200~320		0.5	28	0.025	0.050	0.10	0.13		螺旋角 β/(°)	30			84	0.025	0.050	0.13	0.18		螺旋角 β/(°)	30
			1.5	21.6	0.050	0.075	0.13	0.15		刃带宽度 *b*/mm	0.05~0.15			80	0.050	0.075	0.15	0.20		刃带宽度 *b*/mm	0.05~0.15
			直径/4	13.6	0.038	0.050	0.075	0.10						48	0.038	0.050	0.13	0.18			
			直径/2	9.6	0.025	0.038	0.050	0.075						36.8	0.025	0.025	0.10	0.15			

续表 5-16

被加工材料	硬度(HB)	状态	切削深度/mm	高速钢刀具										硬质合金刀具									
				切削速度/m·min⁻¹	进给量/mm·r⁻¹				刀具材料	刀具几何参数				切削速度/m·min⁻¹	进给量/mm·r⁻¹				刀具材料	刀具几何参数			
					刀具直径/mm					参数	铣刀直径/mm				刀具直径/mm					参数	铣刀直径/mm		
					10	12	18	25~50			10	20	40		10	12	18	25~50			10	20	40
α、近α和(α+β)型合金：ZTA5，ZTA7，ZTA15，ZTC3，ZTC4，ZTC5，ZTC6，ZTC21，Ti-8Al-1Mo-1V	300~325	铸后退火或固溶时效	0.5	21.6	0.025	0.050	0.10	0.13	W12Cr4V5Co5	刃带宽度 b/mm	0.05~0.15			67.2	0.025	0.050	0.13	0.18	YG6 YW2	刃带宽度 b/mm	0.05~0.15		
			1.5	19.2	0.050	0.075	0.13	0.15						60.8	0.050	0.075	0.15	0.20					
			直径/4	11.2	0.025	0.038	0.050	0.075						39.2	0.038	0.050	0.13	0.15					
			直径/2	7.2	0.025	0.025	0.038	0.050						29.6	0.025	0.025	0.10	0.13					
	325~350		0.5	18.4	0.025	0.050	0.10	0.13						55.2	0.025	0.050	0.13	0.18					
			1.5	16	0.050	0.075	0.12	0.15						48	0.050	0.075	0.15	0.20					
			直径/4	9.6	0.025	0.038	0.050	0.075						27.2	0.038	0.050	0.13	0.15					
			直径/2	7.2	0.025	0.025	0.038	0.050						19.2	0.025	0.025	0.10	0.13					

注：除国内合金牌号外，其余的都是美国合金牌号。

表 5-17 国内外部分立铣刀沟槽铣削加工钛和钛合金铸件的工艺参数

被加工材料	硬度(HB)	状态	轴向切削深度/mm	切削速度 /m·min^{-1}	进给量/mm·r^{-1} 槽宽/mm 10	12	18	25~50	刀具 高速钢刀具材料(除标注之外)	刀具几何参数
α 型合金：ZTA1,ZTA2,ZTA3,Ti-Pd 合金	150~200	铸后退火	0.75	20.8	0.025	0.050	0.102	0.13	W18Cr4V,W6Mo5Cr4V2,W6Mo5Cr4V2Al	见表 5-16
			3	18.4	0.025	0.050	0.102	0.13		
			直径/2	14.4	0.025	0.038	0.075	0.102		
			直径/1	11.2	0.018	0.025	0.050	0.075		
	200~320		0.75	13.6	0.025	0.050	0.075	0.102		
			3	12.0	0.025	0.050	0.075	0.102		
			直径/2	11.2	0.018	0.038	0.050	0.075		
			直径/1	9.6	0.013	0.025	0.038	0.050		
α、近 α 和(α+β)型合金：ZTA5,ZTA7,ZTA15,ZTC3,ZTC4,ZTC5,ZTC6,ZTC21,Ti-8Al-1Mo-1V	300~325	铸后退火或固溶时效	0.75	12.0	0.025	0.050	0.075	0.102		
			3	11.2	0.025	0.050	0.075	0.102		
			直径/2	9.6	0.018	0.038	0.050	0.075		
			直径/1	8.8	0.013	0.025	0.038	0.050		
	325~350		0.75	11.2	0.025	0.050	0.075	0.102		
			3	9.6	0.025	0.050	0.075	0.102		
			直径/2	8.8	0.018	0.038	0.050	0.075		
			直径/1	7.2	0.013	0.025	0.038	0.050		

注：除国内合金牌号外，其余都是美国合金牌号。

切削运动,牛头刨床上却是刀具横过固定的工件运动。龙门刨床上是刀具向工件进给,牛头刨床上一般是工件向刀具横向进给。图 5-6 所示为刨刀几何角度示意图,刨刀切削部分几何参数见表 5-18,刨削工艺参数见表 5-19。

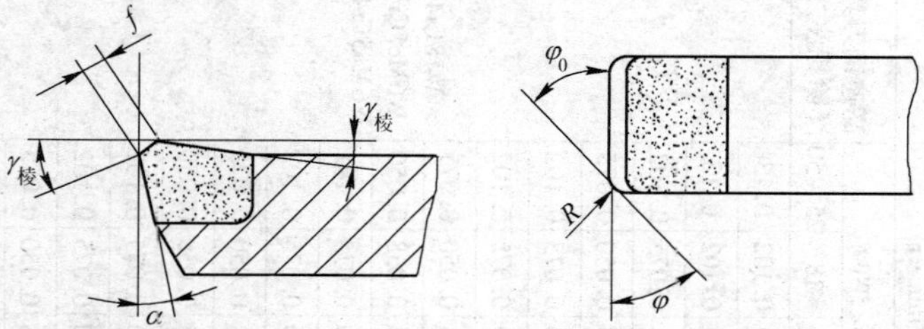

图 5-6　刨刀几何角度示意图

表 5-18　刨刀切削部分几何参数(参照图 5-6)

金属及合金牌号	几何参数					
	γ/(°)	α/(°)	φ/(°)	φ_0/(°)	$\gamma_{棱}$/(°)	f/mm
钛及钛合金	−8 ~ 8	15 ~ 20	45	45	−10 ~ 0	1.0 ~ 2.0

表 5-19　刨削工艺参数

金属及合金牌号	进刀深度 t/mm	刨削速度 v/m · min^{-1}	走刀量 s/mm · r^{-1}	金属及合金牌号	进刀深度 t/mm	刨削速度 v/m · min^{-1}	走刀量 s/mm · r^{-1}
纯钛	6 ~ 7	12 ~ 18	0.25 ~ 1.0	钛合金	4 ~ 6	10 ~ 12	0.20 ~ 0.50

5.2.4　钻削加工

钻孔为半封闭式的切削,钻孔过程中的切削力和切削温度比车削加工、铣削加工高,并且钛和钛合金是不良导热体,导热系数小,致使上述现象更加严重,钛合金钻削时已加工孔的表面回弹量大,易使钻头咬住或扭断。切屑长而薄,呈卷曲状,易黏结在钻头上,排屑很困难。因此钛合金件的钻孔是比较困难的,特别是钻深孔时,切屑容易黏积在钻头排屑槽内。由于切屑阻塞,因此切削液不能通畅地流向切削刃,从而钻削温度会急升,导致钻头切削刃迅速磨钝,同时还可能使加工件加工质量低劣,甚至出现废品。综上所述,影响钛和钛合金零件顺利钻削加工的主要因素是出屑堵塞、蓄积加工孔内钻削热量难扩散等。这些因素又取决于所钻孔的深度、钻头的材料和几何形状、被钻削钛合金的品种及状态等。因此,钛和钛合金件在钻削加工过程中应遵循下列原则:

(1) 采用低和较低的旋转速度,较大的进给量。钛和钛合金铸件普通钻削孔加工用量和使用的刀具见表5-20。钛和钛合金铸件内排屑钻削深孔加工用量和使用的刀具见表5-21。钛和钛合金铸件外排屑钻削孔加工用量和使用的刀具见表5-22。在钻削加工中,钻头本身进入其中,钻削热量在钻头上和被钻削材料上储积,使钻削材料有所膨胀。在钻削过程中孔径收缩,因此推荐采用微量倒锥式钻头。钻深孔的工作特点是必须充分冷却,并能将切屑强制地排出孔外,同时要加强钻头刚度,锋刃(新颖带内冷却液供给的高性能钻头和带有易于更换的TCT刀片——带有夹紧到位的刀柄和内冷却液供给是近年来的新产品)。深孔钻可分为单刃、多刃两种。按排屑方式分为内排屑和外排屑两种。钻较小孔径的钻头采用外排屑,钻较大孔径的钻头采用内排屑。

(2) 采用短型并具有适合于钻削加工所需的夹具,钻具几何形状正确、锐利。钛和钛合金铸件的钻孔最宜采用麻花钻头。因为麻花钻头的顶角较小,这可为沿整个切削刃表面提供一个合适的后隙角,使冲击载荷减小30%,而且麻花钻头的钻尖刚好终止在钻头的中心,钻孔时易于中心定位。但是标准的麻花钻头还不能完全满足钻削加工钛和钛合金铸件孔径的正确结构与几何形状,需做以下四种具体改进:

1) 用标准麻花钻头磨制。为了增加钻头的强度与刚性,将高速钢(W18Cr4V)标准麻花钻头适当改磨,这样就可顺利地钻削加工钛合金件的普通孔径和深孔,并能提高钻头的寿命。钻头修磨方法有:

① 加大钻头顶角,磨制成135°~140°。

② 修磨横刃。钻头横刃修磨有两种方式,如图5-7所示,其

表 5-20 钛和钛合金铸件普通钻削孔加工用量和使用的刀具

被加工材料	硬度(HB)	状态	切削速度 /m · min^{-1}	进给量/mm · r^{-1} 孔的公称直径 ϕ/mm 3	6	12	20	30	50	刀具 推荐刀具材料	刀具 几何参数
α、近 α 型合金: ZTA1,ZTA2, ZTA3,Ti-Pd 合金	150~200	铸后退火	16~21	0.02~0.04	0.06~0.10	0.10~0.15	0.13~0.20	0.15~0.25	0.18~0.30	W6Mo5Cr4V2Al, W6Mo5Cr4V2	标准型 顶角 2ϕ:118°~130° 钻头直径 ϕ/mm:6、12、18、24 后角 α_f/(°):14、10~12、8、7 螺旋角:标准型
	200~320		10~14	0.02~0.04	0.06~0.10	0.10~0.15	0.13~0.20	0.15~0.25	0.18~0.30		
α、近 α 和(α+β)型合金:ZTA5,ZTA7, ZTA15,ZTC3, ZTC4,ZTC5, ZTC6,ZTC21, Ti-8Al-1Mo-1V	300~325	铸后退火或固溶时效	6~8	0.02~0.04	0.04~0.07	0.07~0.11	0.09~0.15	0.12~0.20	0.15~0.25	W6Mo5Cr4V2Al, W2Mo9Cr4VCo8	加厚钻心 顶角 2ϕ:125°~135° 钻头直径 ϕ/mm:6、12、18、24 后角 α_f/(°):14、10~12、8、7 螺旋角:标准型
	325~350		5~7	0.02~0.04	0.04~0.07	0.07~0.11	0.09~0.15	0.12~0.20	0.15~0.25		

注:除国内合金牌号外,其余的都是美国的合金牌号。

表 5-21 钛和钛合金件内排屑钻削深孔加工用量和使用的刀具

被加工材料		硬度(HB)	状态	切削速度 /m·min^{-1}	进给量/mm·r^{-1} 孔的公称直径 φ/mm 10	20	30	45	60	80	刀具 推荐刀具材料	刀具 几何参数
α、近 α 型合金	ZTA1, ZTA2, ZTA3, Ti-Pd 合金	150 ~ 200	铸后退火	47 ~ 68	0.03 ~ 0.05	0.08 ~ 0.12	0.10 ~ 0.15	0.18 ~ 0.25	0.25 ~ 0.35	0.28 ~ 0.40	YG8, YG6X, YG813, YD15	
		200 ~ 320		38 ~ 54	0.03 ~ 0.05	0.08 ~ 0.12	0.10 ~ 0.15	0.16 ~ 0.23	0.20 ~ 0.30	0.25 ~ 0.35		
α、近 α 和(α + β)型合金	ZTA5, ZTA7, ZTA1, ZTC3, ZTC4, ZTC5, ZTC6, ZTC21, Ti-8Al-1Mo-1V	300 ~ 325	铸后退火或固溶时效	29 ~ 41	0.03 ~ 0.05	0.08 ~ 0.12	0.10 ~ 0.15	0.16 ~ 0.23	0.18 ~ 0.25	0.20 ~ 0.30	YG6X, YG813, YD15, YS2	
		325 ~ 350		19 ~ 27	0.03 ~ 0.05	0.08 ~ 0.12	0.10 ~ 0.15	0.14 ~ 0.20	0.18 ~ 0.25	0.20 ~ 0.30		

注:除国内合金牌号外,其余的都是美国的合金牌号。

表 5-22 钛和钛合金铸件外排屑钻削孔加工用量和使用的刀具

被加工材料		硬度(HB)	状态	切削速度 /m·min^{-1}	进给量/mm·r^{-1} 孔的公称直径 φ/mm 5	10	18	25	35	50	刀具 推荐刀具材料	刀具 几何参数
α、近 α 型合金	ZTA1, ZTA2, ZTA3, Ti-Pd 合金	150 ~ 200	铸后退火	35 ~ 55	0.006 ~ 0.010	0.010 ~ 0.015	0.011 ~ 0.018	0.014 ~ 0.023	0.016 ~ 0.025	0.022 ~ 0.035	YG6X, YG643, YG813,	
		200 ~ 320		30 ~ 45	0.006 ~ 0.010	0.010 ~ 0.015	0.011 ~ 0.018	0.014 ~ 0.023	0.016 ~ 0.025	0.022 ~ 0.035		
α、近 α 和(α + β)型合金	ZTA5, ZTA7, ZTA1, ZTC3, ZTC4, ZTC5, ZTC6, ZTC21, Ti-8Al-1Mo-1V	300 ~ 325	铸后退火或固溶时效	22 ~ 32	0.006 ~ 0.010	0.010 ~ 0.015	0.011 ~ 0.018	0.014 ~ 0.023	0.016 ~ 0.025	0.022 ~ 0.035		
		325 ~ 350		19 ~ 27	0.006 ~ 0.010	0.010 ~ 0.015	0.011 ~ 0.018	0.014 ~ 0.023	0.016 ~ 0.025	0.022 ~ 0.035		

注:除国内合金牌号外,其余的都是美国的合金牌号。

中图 5–7(a)为 S 形,图 5–7(b)为 X 形。S 形的轴向钻削刃小于 X 形,但 X 形比较容易修磨,并且排屑顺利。所以 X 形钻削钛合金件优于 S 形。钻头横刃宽度 b_{Φ}应磨成 0.08 ~0.1D(D 为钻头直径),并应保证横刃的不对称度小于 0.06 mm。S 形和 X 形均可以形成第二切削刃,该刃带上应磨出 3° ~8°的前角,以起分屑作用,减小轴向力。

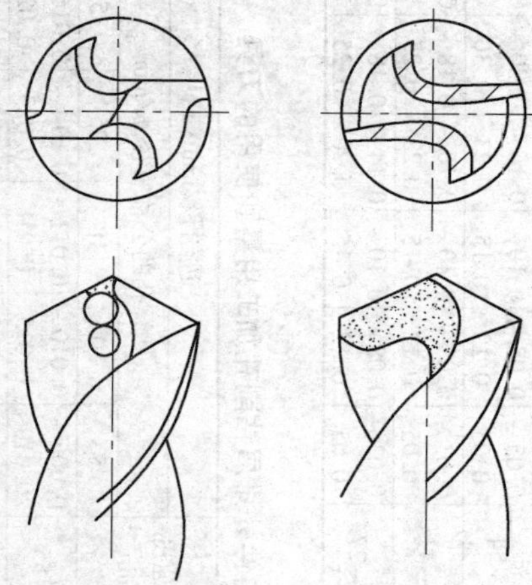

(a)　　(b)

图 5–7　钻头横刃的修磨

(a) S 形;(b) X 形

③ 当钻头直径 $D \geqslant 6$ mm 时,切削刃上可开磨出不对称的分屑槽。

2）采用专用麻花钻头对其结构和几何参数进行改进:

① 增大螺旋角,使 $\beta = 35° \sim 40°$;

② 增大钻心厚度,使 $d_0 = (0.4 \sim 0.22)D$;

③ 增大钻头外缘处后角,使 $\alpha_{fr} = 12° \sim 15°$;

④ 加大钻头顶角,使 $2K_r = 135° \sim 140°$,横刃磨成 X 形或 S 形;

⑤ 严格控制切削刃对钻头轴线的跳动量,当钻头直径为 3 ~

25 mm 时，其跳动量应不大于 0.03 ~0.10 mm。

3）钻削深孔时，应采用结构合理的深孔钻（见图 5-8），并对钻削用量加以调整。如当切削速度 v 为 2.4 m/min、进给量 f 为 0.13 mm/r 时，所钻出孔的表面粗糙度 R_a 为 1.6 μm，壁厚差为 0.1 mm；当切削速度 v 为 3.8 m/min、进给量 f 为 0.1 mm/r 时，所钻出孔的表面粗糙度 R_a 为 1.6 μm，壁厚差可达 0.02 mm。当钻削加工孔深径比 L/D 大于 5 时，通常采用焊接式硬质合金枪钻（见图 5-8）。采用这样的深孔钻钻削钛合金件可以取得良好的钻削效果，在合理的切削用量下，钻出孔的表面粗糙度 R_a 为 1.6 μm，而生产效率比用普通钻头可提高 2 ~4 倍。为使钻头增加耐磨性，宜选用带有氮化钛或氧化物的涂层，以防止钻头切削刃过早磨损。

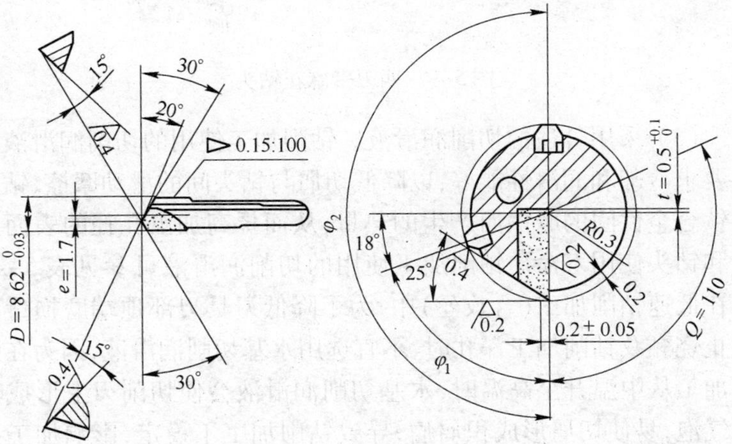

图 5-8　钻削钛合金铸件的深孔钻头结构形式

4）设计与制造成专用的四刃带麻花钻，它具有四条导向刃带的结构（见图 5-9），这样改变了钻头的截面形状，加大了截面惯性矩，提高了钻头的刚性，特别是小直径钻头的刚性。这种四刃钻头不易折断，而且在钻头上自然地形成了两条辅助冷却槽，钻削加工时钻头可获得充分冷却，使切削区的温度比标准麻花钻降低了 15% ~20 %。因此，这种钻头的寿命比标准钻头提高了 2.5 ~3

倍，同时还可加工出质量较好的孔径。

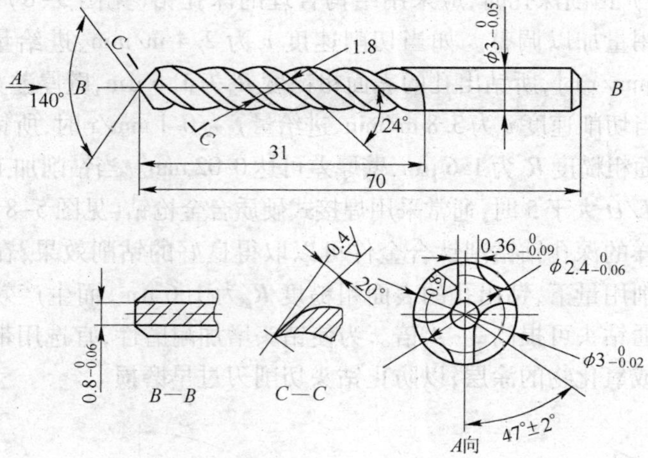

图 5-9　四刃带麻花钻头

（3）采用合适的切削润滑液。钻削加工使用的切削润滑液主要要求冷却和润滑性能好，以降低切屑与钻头间的滑动摩擦、钻头与钛合金件间的摩擦而产生的热量，从而提高加工孔径的表面质量和钻头使用寿命。钻削加工使用的切削润滑液可参见表 5-4。当在低速钻削加工（含攻丝）中，为了降低刀具刃部顶端磨损量和防止烧黏及钻削加工深孔时，不宜选用水基切削润滑液，因为在钻削加工从中温升至高温时，水基切削润滑液会使切削刃上形成蒸汽气泡，易使切屑形成积屑瘤，导致钻削加工不稳定，影响加工孔的质量。钻削深孔时通常推荐采用“N_{32} 机械油 + 煤油”，比例为 3∶1或 3∶2。

5.2.5　磨削加工

航空产品大多采用高强铝合金、钛合金、高温合金、不锈钢等高性能材料制造，零件结构复杂，精度要求严格，切削加工历来是零件加工的主要技术手段之一。在科学技术进步与发展的今天，新颖的加工方法不断涌现，电物理加工、电化学加工、束流加工、精密铸锻成形加工方法虽得到日益广泛应用，但机械切削加工仍然是目前应用最多、使用最广泛的加工方法。据专家估计，飞机制造过程中约40%以上的工作是通过机械切削加工完成的。而磨削加工又占整个制造过程的30%以上。对于尺寸和形状配合精度越高的零件，就越需要磨削加工来完成，至今还未找到更好的加工方法。

磨削是使用砂轮或其他磨具对钛和钛合金零件表面进行的精加工工序，是确保产品达到设计标准的重要方法，也是借助磨具将工件表面缺陷（裂纹、折叠、凹凸不平和氧化皮等）去除的主要（辅助）工序，同时是对钛和钛合金铸件去除浇冒口残根最常用的切削加工方法。钛和钛合金材料有如下的磨削特点：

(1) 磨削加工过程温度升得很快、很高，所需磨削力比钢材大。

(2) 磨削加工过程中砂轮黏附现象严重，导致磨屑堵塞砂轮气孔，从而使部分磨粒失去了切削能力或剥落。

(3) 与其他钢材相比，钛和钛合金磨削比 G 很低。如用白刚玉磨料制作砂轮，磨削加工 ZTC4 合金时，其磨削比 G 仅为 1 ~ 2 左右，而磨削优质碳素结构钢 45 号钢的磨削比 G 为 50 ~ 100 左右，因此难以获得高的生产效率。

(4) 由于钛和钛合金材化学活性高，加上磨削加工时温升快，温度高，致使发生化学反应，从而改变了砂轮的磨削性质，导致磨轮失效快。

(5) 经磨削加工过的表面易被烧损，工件表面质量不易保证。因此，要降低砂轮线速，减小磨削进给量。

(6) 磨屑易燃烧。

5.2.5.1 磨具选择

钛和钛合金件磨削加工采用的砂轮通常是绿色碳化硅和刚玉类两种（近年来又研发生产了混合磨料并取得满意效果），可根据零件的要求加以选用。砂轮最适合的砂粒粒度，对碳化硅来说为 0.175 ~ 0.147 mm（80 ~ 100 目）之间，它主要承担精磨加工；对刚玉来说则应在 0.370～0.246 mm（40～60 目）之间。宜选用陶瓷结合剂，硬度应为 K、L、M、N。组织可采用中偏疏，即 6 号、7 号、8 号、9 号、10 号疏松砂轮组织。磨削加工钛和钛合金件推荐选用的砂轮见表 5-23。碳化硅砂轮和刚玉砂轮各有优缺点。用碳化硅砂轮进行磨削加工一般可得到较小的表面粗糙度，磨削速度也比较高。用刚玉砂轮磨削，最终工件内产生的残余应力较低，在相同冷却条件和各自最佳的磨削速度下，刚玉砂轮的耐磨性比碳化硅砂轮好，但碳化硅砂轮最合理的磨削速度却比刚玉砂轮大得多。如当它们都以 1828 m/min 的速度磨削时，碳化硅砂轮比刚玉砂轮效果好，总之，磨削加工钛和钛合金最理想的砂轮选用脆性磨料或以混合磨料制成的砂轮。

表 5-23　磨削加工钛和钛合金件推荐选用的砂轮

砂轮的特性	外圆磨		平面磨		切割砂轮的特性
	粗磨	精磨	粗磨	精磨	
磨料	GC(TL)	GC(TL)	GC(TL)	GC(TL)	GC(TL)
粒度/mm	0.314(46 目)	0.246(60 目)	0.408,0.314(36 目,46 目)	0.314,0.246(46 目,60 目)	0.701,0.408(24 目,36 目)
组织	6～8	6～8	6～8	6～8	5～7
硬度	$J(R_3)$	$K(ZR_1)$	$K(ZR_1)$	$K(ZR_1)$	$M(Z_1)$
结合剂	V(A)	V(A)	V(A)	V(A)	V(A)

美国一个从事磨削加工的磨具制造商推荐：碳化硅砂轮用于切割和手工磨削，刚玉砂轮用于外圆和平面磨削。同时还提出了通用的指导性原则：在磨削加工过程中应将砂轮修整得很锋利，可以采用最大直径和最厚的砂轮，倾向于用较硬的砂轮，磨削加工设备的主轴应采用最大的功率。

5.2.5.2　磨削加工效果评定

由于磨削工序对钛和钛合金件的精加工及成形起着重要作用，因此磨削加工的效果评定必不可少。磨削加工效果一般由如下指标评定：

(1) 磨削比 G(G=去除金属的体积/砂轮磨损体积);

(2) 工件的表面粗糙度;

(3) 工件表面层的残余应力。

影响这几个指标的因素有磨削量(即最小进刀深度)、磨削速度和切削润滑液等。每一行程最小磨削量为 0.0127 mm,横向进给量为 0.64 ~ 6.4 mm,可得到最高磨削比 G,如果磨削量由 0.0127 mm 提高到 0.038 mm 时,磨削比 G 就要降低,因此,在磨削过程中,每一行程磨削量应控制在 0.0127 ~ 0.025 mm 之间,横向进给量控制为 1.27 mm,钛合金件的磨削用量参考值见表 5-24。

表 5-24 钛合金件磨削用量参考值

磨削种类		平面磨		外圆磨		内圆磨	
		粗磨	精磨	粗磨	精磨	粗磨	精磨
磨削速度	砂轮速度 v/m·s^{-1}	15 ~ 20	15 ~ 20	15 ~ 20	15 ~ 20	20 ~ 25	20 ~ 25
	工作台速度 v_m/m·min^{-1}	14 ~ 20	8 ~ 14				
	零件速度 v_w/m·min^{-1}			15 ~ 30	15 ~ 30	15 ~ 45	15 ~ 45
	磨削深度 a_p/f_a/mm	0.025	0.01(最大)	0.025	0.01(最大)	0.01	0.005
	横向进给量 f_r/mm	0.5 ~ 5,最大 1/10 砂轮宽度					
	纵向进给量 f_n(砂轮宽度 B)/mm			1/5	1/10	1/3	1/6
砂　轮		GC60MV(TL 60R_3A)					

此外,磨削速度和切削润滑液的类型也影响磨削比 G(见图 5-10)和工件的质量与性能。当砂轮和切削润滑液一定时,采用高的磨削速度会对加工件的表面产生不利的影响,如碳化硅砂轮采用大于 609 m/min 的磨削速度磨削 Ti-6Al-4V 合金时,会在工件 0.0254 mm 深的表面层产生大于 480.5 MPa 的残余拉应力,降低了合金的疲劳性能。而当仍采用 609 m/min 的磨削速度,使用磺胺氯油作切削润滑液,碳化硅砂轮磨削的工件具有较小的

表面粗糙度和尺寸精度,表面的残余应力也较低。钛和钛合金件通常不能采用干磨,必须使用切削润滑液,不同的切削润滑液对磨削比 G 的影响是不同的。对不同类型、不同状态的钛合金应选用合适的冷却液,不能马虎懈怠,并应装设过滤器,去除磨削液中的钛粉末。切削润滑液的更换要频繁,以保证切削润滑液的作用。若使用油类切削润滑液,必须做到既要防止着火危险,又要在加工机床旁备有灭火器和滑石粉之类的灭火材料。

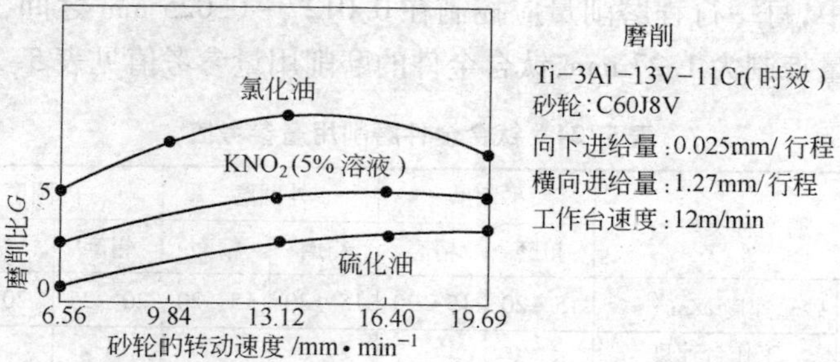

图 5-10　磨削 Ti-3Al-13V-11Cr(时效状态)合金时砂轮的转动速度对磨削比 G 的影响

5.2.5.3　钛合金薄片件磨削加工

众所周知,任何金属的薄片零件磨削加工都非常棘手,尤其是有色类金属更是逆磁性,所以困难更多。钛合金低倍试样是从宏观上研究分析其晶粒度大小,在做分析实验时只研究其表层 1 μm 深的晶粒度情况,因此对表面精度、粗糙度要求很高,超薄试片尺寸为 10 mm(长)×100 mm(宽)×(0.4 ~0.5)mm(厚),厚度尺寸公差为0.1 mm,表面粗糙度 R_a 为0.8 μm,其两大面平行度为0.04 mm,表面不能有烧伤、气孔、划痕等。在磨削加工过程中,存在较严重的砂轮表面(圆周面)与被加工件间的黏附现象,因而磨削过程中磨削力大,磨削温度很高,瞬时磨削区温度有时达 1000℃ 以上,在瞬时高温作用下工件表面极易烧伤,由于磨削区域温度梯度很大,因此会引起变形,使体积变化,使表面产生残余应力和裂纹。由此可见,控温与降低磨削温度成为保证质量的重要环节。而磨削温度又直接受磨削用量的影响。砂轮线速(v_s)增高,磨温相应上升,易发生烧伤。磨削深度(a_p)越大,工件表面温度越高,因此宜选用较小的磨削深度(a_p),钛合金薄片件一定不能光磨,应采用粗磨、精磨工序。不同磨削用量要合理选择磨具(定制绿色碳化硅和刚玉虎合成混合磨料,粒度100号,硬度等级为E),这样细粒度磨轮单颗粒负荷相应减少,钝化减慢,超软的特性脱粒均匀,很好地发挥了磨轮自砺作用和微刃性。为了更好散热,可先将磨轮圆周上切一定数量宽度、深度不等距地沟槽(20世纪60年代上海工具厂师傅创造的经验),然后再静平衡2~3次使用,磨轮修整时推荐将磨轮两平行面修平,保持无摆动现象,把磨轮圆周尖角处修成R圆弧形,这样就减小了磨轮与零件的接触面积,可降低磨削温度,有效地防止表面烧伤和产生裂纹,避免划伤零件。应注意一点,磨削钛合金磨轮修整时不能光修,否则会因为锋刃减小而容易产生烧伤。

薄片装夹是关键一环,因钛合金是逆磁材料,所以无论采用夹具紧固还是采用挡铁撑固,加工件均只能高出装夹件0.5 mm或1 mm以下。这样磨削力均匀,工件平稳,易保证产品质量。

超薄片钛合金磨削用量推荐如下参数:

磨削深度 a_p	粗磨 0.01 mm	精磨 0.005 mm
工作台速度 v_w	粗磨 8~10 m/min	精磨 8~10 m/min
砂轮线速 v_s	粗磨 35 m/s	精磨 35 m/s
横向进给量 f_r	粗磨 1~3mm/st	精磨 0.5~2 mm/st
纵向进给量 f_n	粗磨 3.5~4 mm	精磨 2.5~3.5 mm

磨削加工时必须充分冷却及使用合适的冷却液。

5.2.5.4 磨削加工中的注意事项

磨削加工时,尤其是外圆、内圆磨削时,砂轮与工件往复切削间隙短,将产生大量热量,这对导热性差的钛和钛合金容易造成工件局部过热,从而造成氧化或后续加工中出现裂纹。为防止局部过热,除选择合适的砂轮和砂轮转速外,砂轮对工件的压力不能过大,并应时常移动磨削位置,使磨削加工时产生的热量迅速扩散掉。磨削面过渡应平滑,否则进一步加工时易造成折叠、裂纹和重皮。板坯平面磨削应沿轧制方向进行。另外,各类磨料的砂轮和硬度等级宜用多个法兰盘分置,这样便于加工操作,水溶剂的切削润滑液箱和油剂的切削润滑液箱各备一只,彻底分开。

5.2.5.5 *砂带磨削*

在航空、航天等类产品中,有许多是钛和钛合金材料制作的异形零部件,这些加工件无法在普通磨床上进行磨削加工,必须在砂带磨上进行。由于钛和钛合金在物化性能上的特性,磨削过程中极易产生很快的温升,使钛与空气中的氧、氮发生反应,在零部件表面产生硬化层。同时,钛容易与砂带上的砂粒黏合而降低砂带的寿命。通常粗加工选用砂带粒度为0.370~0.175 mm(40~80目),且粒度为0.175 mm(80目)的比粒度为0.370 mm(40目)或0.246 mm(60目)的好用;精加工可选用0.121~0.066 mm(120~220目)的砂带。砂带磨削钛和钛合金件时,会使零部件表面产生较大的残余应力,因此在砂带磨削后必须通过去应力退火或化学铣的方法把残余应力消除或减小。砂带磨削钛和钛合金件选用的砂带结构及工艺参数见表5-25。

表5-25 砂带磨削钛和钛合金件选用的砂带结构及工艺参数

砂带及磨削工艺参数 / 加工类型	砂带结构				磨削工艺参数				
	砂粒粒度/mm	砂带背衬	涂层结构	黏结剂	磨削速度/m·min⁻¹	进刀量(或进给压力)/MPa	磨削深度/mm	磨削液	工作台速度/m·min⁻¹
初　磨	0.370~0.175(40~80目)	E纸×布	致密	树脂	300~450			没有	
粗　磨	0.370~0.175(40~80目),最好为0.175(80目)	E纸×布	致密	树脂	457~670①	0.82~0.55	0.0508	有②	3

续表 5-25

砂带及磨削工艺参数 / 加工类型	砂带结构				磨削工艺参数				
	砂粒粒度/mm	砂带背衬	涂层结构	黏结剂	磨削速度/m·min^{-1}	进刀量（或进给压力）/MPa	磨削深度/mm	磨削液	工作台速度/m·min^{-1}
精　磨	0.121～0.066（120～220 目）	E 纸×布	致密	树脂	457～670①	0.82～0.55	0.0508	有②	3

① 优先考虑。
② 纸砂带用重硫化氯化油（燃点≥165℃）；布砂带用 10% 亚硝酸氨防锈剂水溶液或 5% 亚硝酸钾溶液，也有使用 15% 三磷酸钠或磷酸钾溶液。

5.2.6 切断

切断是钛和钛合金、稀有金属加工中广泛采用的工序之一，生产制造中常采用的切断方法有如下几种。

5.2.6.1 砂轮片切割

砂轮片切割时的产品是管状并且直径较小，棒材常采用砂轮片锯切。砂轮片切割的方法有两种：一是直切法；二是往复式法。所使用的砂轮片的磨料为棕刚玉（A）或碳化硅（GC 绿碳化硅、C 黑碳化硅），其硬度是中、中软或中硬。一般选用规格为 ϕ150 mm ×（1～3）mm × ϕ32 mm、ϕ400 mm × 3mm × ϕ32 mm 的砂轮片，磨料粒度为 0.175～0.084 mm（80～180 目），砂轮片工作速度为 10～30 m/s，结合剂为 B。切割时尽量使用冷却液和被加工件旋转的方法可以提高砂轮片工作寿命。对于薄壁管材，采用工件旋转的砂轮片切断法尤其适宜。

砂轮片锯切金属消耗较少，生产效率较高。但切口有毛刺，热影响区较大，因此，它一般适用于半成品切断。但对于钨棒，因其硬度高，锯片切割无法切断，所以都采用砂轮片锯切。如果切割速度过高，钨材锯切表面可能产生裂纹。

5.2.6.2 阳极－机械切割

大直径的棒材切断一般采用阳极－机械切割法，这种方法尤其适用于高强度金属的切断。这种阳极－机械切割机常用的刀具是电极(阳极),该电极分为盘状和带状两种。金属刀具厚 1 ~ 4 mm。常用电解液为水玻璃溶液。切割时的电参数取决于被切金属的性质和被切工件的截面积。几种金属阳极－机械切割时的电参数见表 5-26。

表 5-26　几种金属阳极－机械切割时的电参数

金属牌号	工件直径/mm	工作电压/V	工作电流/A	进给速度/mm · min^{-1}	切断时间/min
W	60	22 ~ 27	150 ~ 400	5 ~ 6	10 ~ 11
Ti		24 ~ 30	50 ~ 350	5	

5.2.6.3　圆盘锯切割和弓形锯切割

除钨材以外,大多数稀有金属材料均可采用高速钢刀具的圆盘锯或弓形锯切断。弓形锯切割在普通弓形锯床上进行。弓形锯条长 400 ~ 500 mm,厚 1.7 ~ 2.0 mm,宽 38 mm,其齿距为 4 ~ 5 mm。圆盘锯根据齿数不同,可分为细齿、中齿和粗齿三类。齿数的选择一般与被加工的金属材料性质有关。一般选择原则为:材料越软,齿数越少;材料越硬,则齿数应越多。为改善圆盘锯锯齿刀尖的切削条件,每间隔两齿做出不同高度和宽度的齿,使第一个齿切入槽宽约 1/3,第二齿则专切两角留下的材料,这样可以改善出屑状况,可以提高锯齿的工作寿命。常用圆盘锯床的主要性能如表 5-27。

表 5-27　常用圆盘锯床的主要性能

锯床型号	G6014	G6010	G607	G605
工作直径/mm	500	350	240	160
锯片外径/mm	1430	1010	710	510
锯片厚度/mm	10	8	6.5	6
齿数/个	144,216,288	120,180,240	96,144,192	72,108,144

切割钛及钛合金的圆盘锯片锯齿的几何参数为:前角 γ 为

0°~5°,后角 α 为 12°~17°。切割时采用 5%~10% 的乳液冷却。切割工艺参数为:切割速度 v 为 7~15 m/min,进给量为 7~20 mm/min。这时锯片的工作寿命约 3.5 m/刃磨。为了提高切割时高速钢锯条和锯片的使用寿命,要在切割前用砂轮打磨或车削扒皮等方法去除坯料切口处的氧化皮等,否则坚硬的氧化皮会使锯齿迅速磨钝,使用寿命会大大降低。

5.2.6.4 切管机切断

稀有金属管材生产中,为了防止砂轮片切割时脱落的砂粒沾污管材内表面,往往采用切管机进行切断。切管机是使用车刀进行切断的。钛和钛合金管的切断刀具为高速钢刀具。切断刀头的前角 γ 为 5°~15°,后角 α 为 10°~15°。

5.2.6.5 板、带材剪切

板、带材剪切可分为:下料、切断、切头、切边和成品剪切等。

板、带材的剪切采用一般钢铁和有色金属板、带材剪切设备,最常用的是龙门剪床等。

钛和钛合金板材厚度超过 20 mm,在不具备大型龙门剪床的情况下,可采用火焰切割法切断。

5.2.6.6 精密件、成形件的切割

精密件或成形件宜采用激光切割。

5.2.7 喷砂与喷丸

钛和钛合金件(铸件)表面粗糙,氧化皮厚实。这层外皮硬,因此在机械加工前应进行喷砂,除去这层粗硬层。这样不仅提高工作效率,对刀具寿命的延长、设备损耗的减少、环境污染的减少都有极大的影响。

喷砂(喷丸)加工是应用高速砂子(或铁丸)流冲击工件表面以除去氧化皮。工件在喷砂前应清除表面油污并保持干燥。压缩空气和石英砂均应除去水分和油。喷砂尤其对于在熔融碱中容易造成时效硬化的金属和合金有较好的效果,而且经济得多。如 β 型钛合金等更为适用喷砂(喷丸)处理。

5.2.7.1　喷砂设备

稀有金属和钛合金用的喷砂设备与钢铁或有色金属使用的喷砂设备相同。常用喷砂机的主要性能指标为：

处理板材尺寸	厚 3 ~ 10 mm，宽 400 ~ 1050 mm
喷枪摆动次数 n	28.6 次/min
压缩空气压力	78.4 ~ 294 kPa
砂粒种类	石英砂
砂粒粒度 d	0.3 ~ 2.5 mm
压缩空气消耗量	70 ~ 100 m^3/h

5.2.7.2　喷砂工艺及适用范围

喷砂工艺及适用范围见表 5-28。

表 5-28　喷砂工艺及适用范围

砂或丸的直径 d/mm	喷射压力 /kPa	喷射材料	适用范围
1.75 ~ 2.50	294 ~ 588	铁丸或石英砂	氧化皮严重的工件（锻坯等）
1.0 ~ 2.0	294 ~ 588	铁丸或石英砂	较厚的工件（如厚板）
0.8 ~ 1.5	98 ~ 343	石英砂，也可用铁丸	氧化皮较薄、厚度较小的工件
0.3 ~ 1.0	98 ~ 343	石英砂，也可用铁丸	氧化皮较薄、厚度较小的工件

5.2.7.3　喷砂注意事项

工件表面上有水分和油垢时，喷砂效率会显著降低，因此，工件在喷砂前必须清除净表面的油垢并应保持干燥。送入喷砂机的压缩空气也必须预先通过空气滤净器，去除水分和油。砂粒使用前也应经过干燥处理。

喷砂操作过程灰尘很大，因此，喷砂机应安装在单独的操作间内并配置足够的通风设备。喷射材料应妥当存放在干燥处，以防止受潮和生锈。

5.3　切削加工应注意的问题

切削加工中应注意的问题有：

（1）切削加工过程中保护好零件表面的完整性。钛合金是对表面完整性敏感的材料。表面完整性是指零件(锻铸件)由加工所形成的表面特征和表面特性。表面特征包括表面粗糙度、表面波纹度、表面纹理方向和表面缺陷等。表面特性包括微观组织变化、再结晶、晶间腐蚀、热影响层、微观裂纹、硬度变化、塑性变形以及热、电、磁等化学特性变化等,具体见图5-11所示。

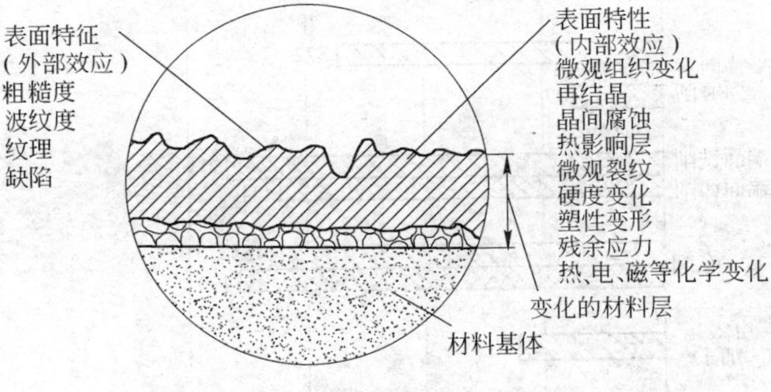

图5-11　加工零件表面与表层结构构成示意图

钛和钛合金件在切削加工过程中,如果加工方法和加工工艺参数选择得不合理,操作不当,就会使工件、零件的表面完整性受到伤害。伤害外观的表现形态有:表面划伤、表面烧损、微裂纹、切屑瘤、塑性变形、热影响区以及残余应力等。这些伤害可能造成零部件的力学性能,主要是疲劳性能和抗应力腐蚀性能下降,使用寿命缩短。图5-12所示为各种切削加工方法对Ti-6Al-4V合金高频疲劳性能的影响。由图5-12可见,磨削加工和质量对钛合金高频疲劳性能的影响最大。

(2)切削加工过程中,与钛和钛合金件接触的工具、夹具或其他装置必须洁净无污垢,装卸清洗过的和涂有保护层的钛合金件时,要防止油脂或指印污染,以免在使用过程中发生盐应力腐蚀,致使钛合金零件断裂,尤其是航空、航天用的Ⅰ类、Ⅱ类件更要注意这点。

(3)切削加工过程中,如果不得已使用了含氯的切削液,磨削加工完成后,应及时用不含氯的清洗剂彻底清洗零件,将加工件表面上含氯的残余物彻底清除。因为在切削过程中,含氯的切削液在高温下要分解释放出氢气,氢气被钛吸收后可能引起氢脆,同时氯还可能引起钛合金高温应力腐蚀开裂。

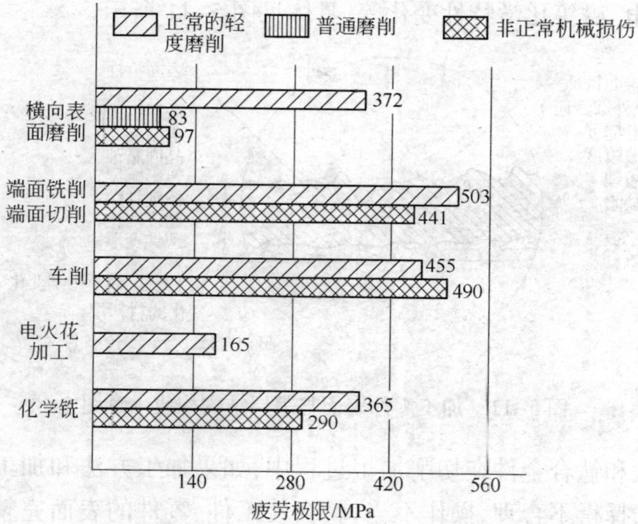

图 5-12　各种切削加工方法对 Ti-6Al-4V 合金高频疲劳性能的影响

(4) 切削加工过程中,禁止使用低熔点金属及其合金(例如铅基或锌基合金,铜、锡和铬及其合金等)制作的工具、夹具或临时紧固件。

(5) 切削加工过程中,应采取安全预防措施,防止切削加工过程中产生的细小切屑与粉末在空气中混合达到一定比例时发生火灾与爆炸等意外事故。因此,在切削加工设备或场地附近应有灭火器材或物质。

6 真空设备

6.1　真空冶金及真空设备

6.1.1　真空冶金

真空是指稀薄的大气空间。广义上真空是指气体密度低于大气压的空间状态。真空是对气体稀薄程度的一种客观度量。由于气体密度不易度量,因此改用气体压力 p 来描述。气体压力高表示真空度低,反之亦然。

常将真空状态按气体压力的大小分成 4 个层次来描述:

(1) 低真空,气体压力 p 为 $10^5 \sim 10^3$ Pa;

(2) 中真空,气体压力 p 为 $10^3 \sim 10^{-1}$ Pa;

(3) 高真空,气体压力 p 为 $10^{-1} \sim 10^{-6}$ Pa;

(4) 超高真空,气体压力 p 小于 10^{-6} Pa。

在低于大气压或在惰性气体保护下进行的冶金过程称为真空冶金。真空冶金在钛等稀有金属生产中获得了广泛的应用。真空冶金有许多优点,特别是可以有效地防止活性金属在高温下的氧化,从而能获得质量符合要求的产品。钛是一种活性金属,在其生产的许多环节中都必须采用真空冶金技术。

产生真空的过程称为抽真空或排气,获得真空的设备称为真空设备或真空泵。由几台泵组合而成的称为真空机组。

气体压力 p 的法定单位为 Pa,与其他习用的压力单位的换算关系为:

$$1\ \text{Torr(托)} = 1\ \text{mmHg} = 103\ \mu\text{mHg} = 1/760\ \text{atm(大气压)}$$
$$= 1.33\ \text{mbar(毫巴)} = 133.3224\ \text{Pa}$$

真空冶金系统管路中的稀薄气体有 4 种基本的流动状态,即湍流、分子流、黏滞流及黏滞－分子流。不同状态的气体流动有不同的性质。对它们的判别是按照气体分子自由程 $\bar{\lambda}$ 和管道直径 D 之比值 $\bar{\lambda}/D$ 的大小来区分的。由于 $\bar{\lambda}$ 值不易测得，用平均压力则比较容易。所以改用 $\bar{p}D$ 值来区分。判据分别为：

（1）黏滞流：$\bar{\lambda}/D < 0.01$，即 $\bar{p}D > 0.65$；

（2）分子流：$\bar{\lambda}/D > 1/3$，即 $\bar{p}D < 0.02$；

（3）黏滞－分子流：$0.01 < \bar{\lambda}/D < 1/3$，即 $0.02 < \bar{p}D < 0.65$。

不同流动状态的气体有不同的特性，并且有不同的传质传热速率。气体在不同流动状态下，其流动的流导不同，蒸馏的挥发速度不同，升温时的传热效率也不一样，从而影响真空冶金的精制效率、生产周期和热能利用率。

6.1.2　真空设备的特性

众所周知，泵的抽速不是恒定不变的，它随系统压力的变化而变化，是压力的函数。几种冶金中常用的泵的抽速 S 与泵的最大抽速的比值 S/S_{max} 和抽速压力 p 之间的关系如图 6-1 所示。5 种常用泵的最佳抽速范围和极限真空度如表 6-1。

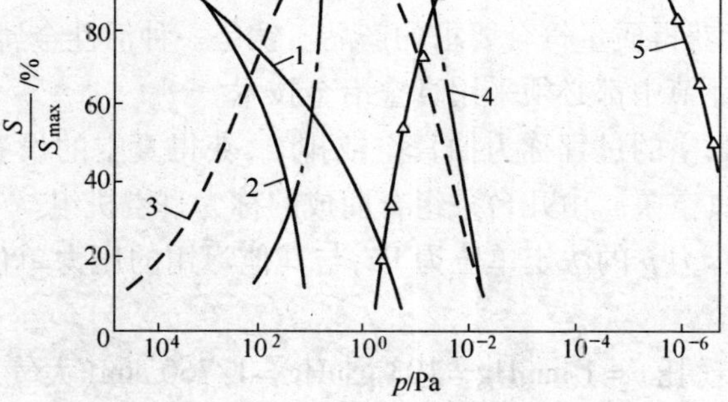

图 6-1　几种泵的抽速特性曲线

1—单级无气镇旋转泵；2—单级有气镇旋转泵；3—机械增压泵；4—油增压泵；5—油扩散泵

表6-1 5种常用泵的最佳抽速范围和极限真空度

序号	名 称	最佳抽速范围/Pa	极限真空度/Pa	序号	名 称	最佳抽速范围/Pa	极限真空度/Pa
1	油封式机械泵	$10^5 \sim 13$	7×10^{-2}	4	水环式真空泵	$10^5 \sim 7\times10^3$	2×10^3
2	机械增压泵（罗茨泵）	$10^2 \sim 1$	7×10^{-2}	5	油增压泵	$10 \sim 1$	7×10^{-2}
3	油扩散泵	$7\times10^{-2} \sim 10^{-3}$	10^{-7}				

由表6-1可见，这几种泵的最佳抽速范围存在重叠情况，它们的作用是相互补充的。其中，油增压泵、油扩散泵和机械增压泵（罗茨泵）必须配有前级泵方能起作用。这几种泵都有各自的特性。

6.1.2.1 油封式机械泵

油封式机械泵包括旋片式、滑阀式和余摆线式3种形式，目前国产货主要有前两种。油封式机械泵是常用的也是唯一能在大气下使用的泵，也是最基本的真空设备。它不仅可以单独用做主泵，还可用做预抽泵、前级泵和维持泵。它不适用于抽含灰尘的气体，因灰尘会污染泵油和磨损泵腔，若在这种场合下使用则需加捕集器和收尘器；它也不适用于抽含水汽的气体，若在这种场合下使用则要加气镇阀。此类泵的结构复杂，加工困难，价格也高。典型的国产泵结构如图6-2和图6-3所示。

6.1.2.2 水环式真空泵

水环式真空泵是借水力流速造成的压力差来抽空的，是一种低真空泵。它结构简单且紧凑，制造容易，工作可靠，但效率低。泵内无转动部分，适用于抽含灰尘、水汽和其他易燃易爆或带腐蚀性气体的场合。水环泵工作原理图如图6-4所示。

6.1.2.3 机械增压泵（罗茨泵）

机械增压泵是一种旋转式变容真空泵，在最佳压力范围内具有抽速大、效率高、启动快，对被抽气体中的灰尘和水蒸气不敏感，转子不必润滑，泵腔内无油封等特点。由于泵内转子和定子间的间隙较大（约为0.1~0.3 mm），因此抽除氢气类小分子气体效率低。图6-5所示为机械增压泵的结构示意图。

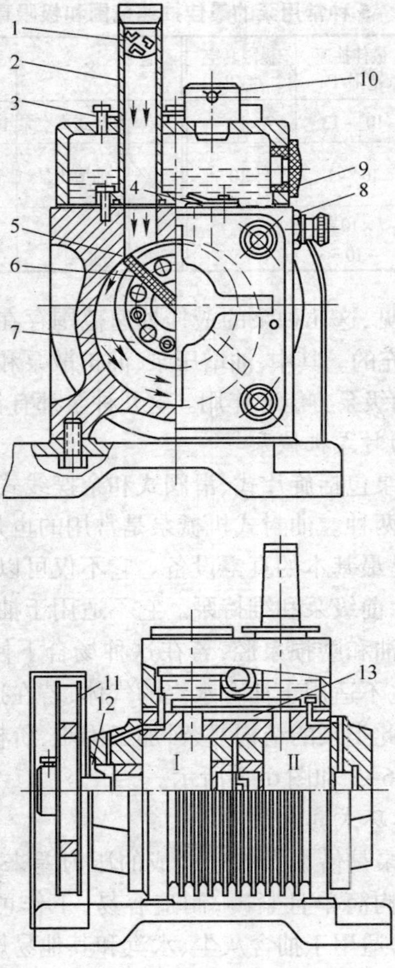

图 6-2　旋片式机械泵结构示意图

1—滤网;2—进气管;3—压板;4—排气阀片;5—旋片;6—弹簧;7—转子;8—放油螺塞;9—油标;10—排气孔;11—皮带轮;12—轴端密封圈;13—气道

6.1.2.4　油增压泵

油增压泵是一种油蒸气喷射式真空泵,在最佳压力状态下有较大抽速。它适用于系统真空度较高又有大量气体排出的场合。

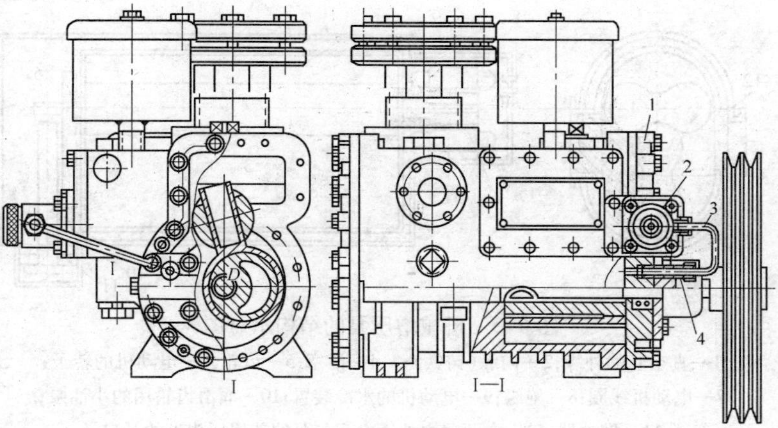

图 6-3 滑阀式机械泵结构示意图

1—泵盖;2—气镇量调节阀;3—导管;4—逆止阀

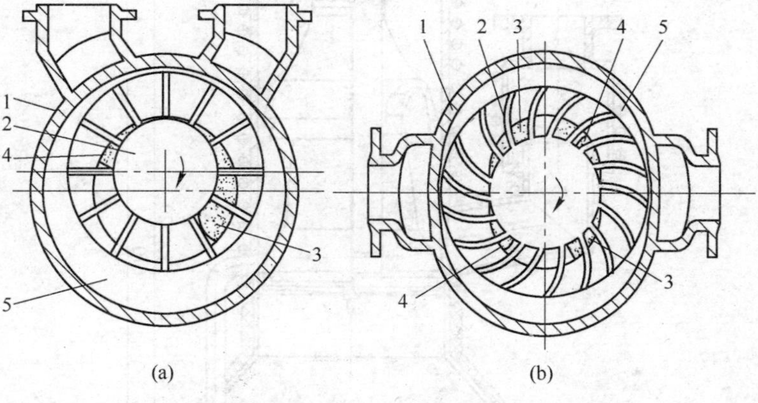

图 6-4 水环泵工作原理图

(a) 单作用水环泵;(b) 双作用水环泵

1—泵体;2—叶轮;3—吸气口;4—排气口;5—端盖

可抽任何气体,对氢的抽气效率尤其高,它的抽速受预真空度的影响较小,即使预真空泵油被污染的情况下也能正常工作。此类泵的结构简单,无转动部分,无噪声,便于操作维护。增压泵结构如图 6-6 和图 6-7 所示,国外 $18B_3$ 型增压泵抽气速率曲线如图 6-8 所示。

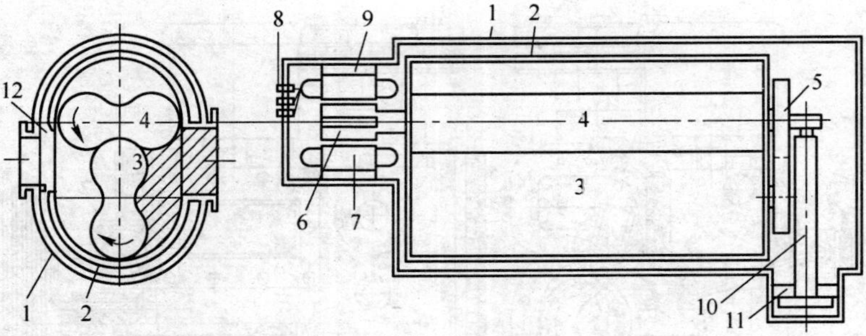

图 6-5　机械增压泵的结构示意图

1—真空套的外缘;2—内缘(铸铁);3,4—活塞;5—齿轮;6—电动机的转子;7—电动机线圈;8—绝缘;9—电动机的水冷装置;10—润滑齿轮用的小油泵;11—储油器;12—在两层内外缘之间与泵的前置压头处的开口

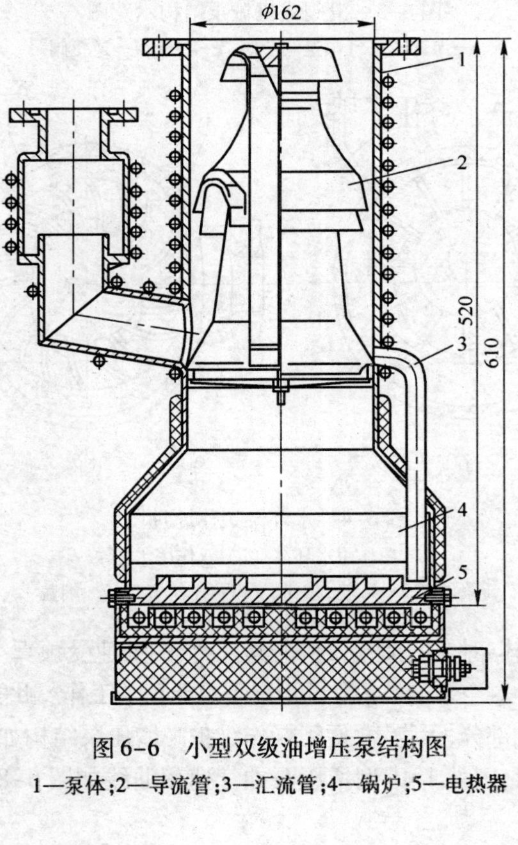

图 6-6　小型双级油增压泵结构图

1—泵体;2—导流管;3—汇流管;4—锅炉;5—电热器

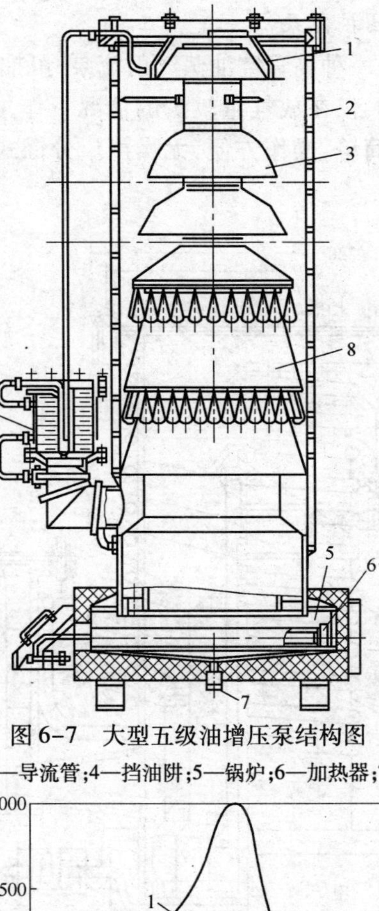

图 6-7 大型五级油增压泵结构图

1—挡油帽;2—泵体;3—导流管;4—挡油阱;5—锅炉;6—加热器;7—放油孔;8—导流罩

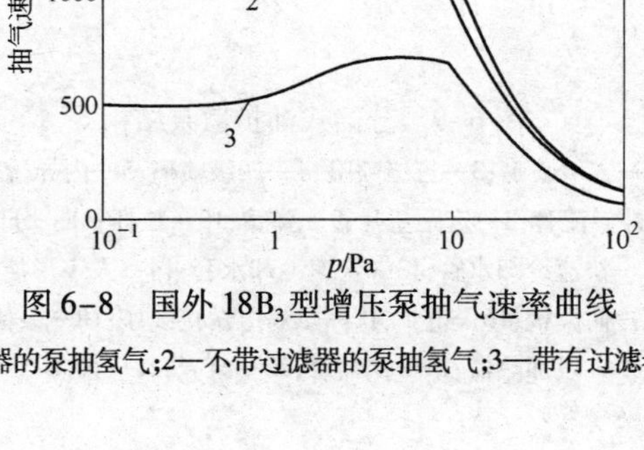

图 6-8 国外 $18B_3$ 型增压泵抽气速率曲线

1—带有过滤器的泵抽氢气;2—不带过滤器的泵抽氢气;3—带有过滤器的泵抽空气

6.1.2.5 油扩散泵

油扩散泵是一种高真空油蒸气射流泵，可抽任何气体，功能不受前级泵的影响，仅在放气量较少的情况下作主泵用。此类泵无转动部分，结构简单，操作方便，无噪声。分馏式油扩散泵结构如图6-9所示。

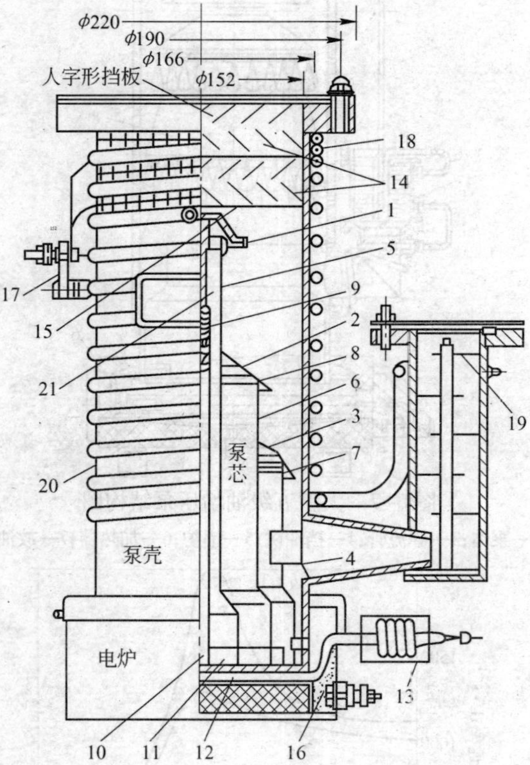

图6-9 分馏式油扩散泵结构

1—一级喷嘴；2—二级喷嘴；3—三级喷嘴；4—四级喷嘴；5—内导流管；6—中导流管；7—外导流管；8—定距垫片；9—弹簧；10—拉杆；11—分馏环；12—快速冷却水管；13—快速冷却水套；14—人字形挡板；15—防爬板；16—电炉；17—烘烤电源接线座；18—泵体上段加热器；19—挡油阱；20—泵壳；21—泵芯

6.2 真空系统的设计

6.2.1 真空系统设计注意事项

真空元件,如阀门、捕集器、收尘器、真空泵等相互连接时,要尽量使抽气管路短而粗,管道流导大,导管直径一般不小于泵口直径。为了防止泵体震动,常用软管减震,并调整装配误差。

所设计的真空系统要便于测量和检漏;真空规管要避免设在通过带水套的壳体上,应设置在主泵入口管道上,要上下直立,勿横放。

真空系统配置的阀门和管道应符合系统抽气时间短、使用方便、安全可靠的原则。在机械泵入口管道上要设一个放气阀。

真空系统的排气要稳定可靠,安装、拆卸、维修容易,操作方便。在设计真空系统时,应尽量采用新技术,使之具有自动控制和连锁保护功能,并同时达到能耗低和造价低的目的。

6.2.2 主泵的选择

选择合适的主泵类型和规格是真空系统设计的关键。主泵应根据反应器所要达到的真空度和工作真空度、被抽气体的种类及其中夹杂灰尘的情况,以及技术经济指标来确定。图6-10和图6-11所示为采用常用的油扩散泵、油增压泵和机械增压泵3种类型的中高真空泵作主泵的技术经济指标比较。如果上述3种泵都适用作某种冶金真空系统的主泵时,必须考察其各自技术经济指标的优劣,最后确定最佳方案。由此可见,在冶金反应器工作压力p状态不同的情况下,选用不同泵组会获得不同的技术经济指标。此时必须考察整套真空系统,而不能单独考察主泵。实践表明,冶金反应器工作压力p为0.1~13.3 Pa时,以油增压泵为主泵的真空系统比较经济;当$p<0.13$ Pa时,以油扩散泵为主泵的排气系统比较经济;当$p>13.3$ Pa时,以机械增压泵为主泵的排气系统比较经济。主泵的规格大小是按冶金反应器所需的工作压力和最大的排气流量，并同时根据冶金反应器的大小和需用的抽气时间来确定的。

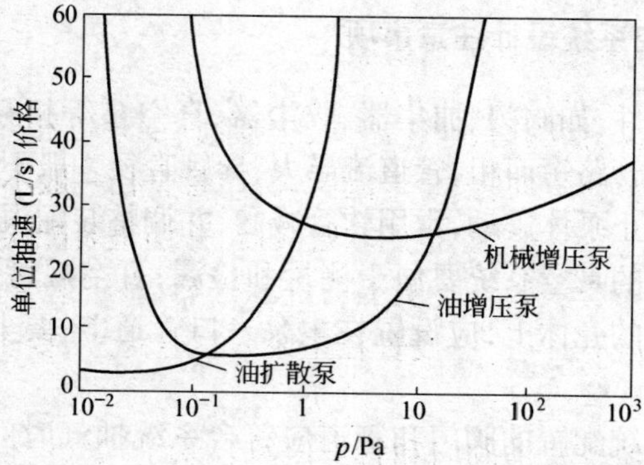

图 6-10　整套抽气系统每单位抽速（L/s）价格与真空度的关系曲线

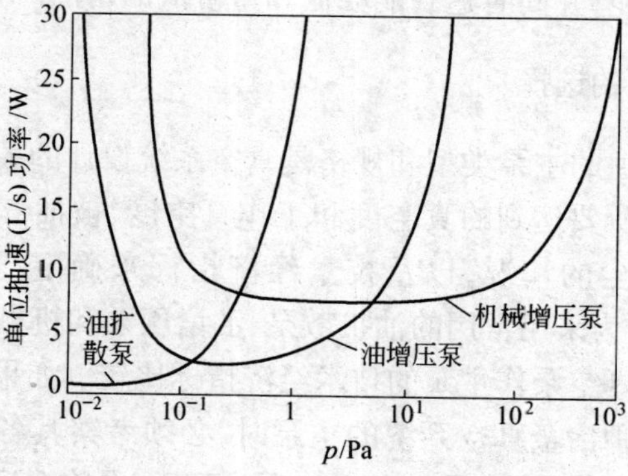

图 6-11　整套抽气系统每单位抽速（L/s）的功率与真空度的关系曲线

6.2.3　配泵

主泵确定后还必须配置合适的前级泵，有时还需配置维持泵及预抽泵。复杂的真空机组常常将几种泵串联或并联使用。

前级泵的配置应通过理论计算算出，或根据经验数据选取，也可参考原机械工业部制定的推荐值。机械增压泵的前级泵抽速推荐值为机械增压泵抽速的1/10。油扩散泵和油增压泵前级泵的推荐抽速见表6-2。

表6-2 油扩散泵和油增压泵前级泵推荐抽速

油扩散泵抽速/$L \cdot s^{-1}$	180	300	800	1500	3000	6000	14000	25000	55000	100000
推荐前级泵抽速/$L \cdot s^{-1}$	2	4	8	15	30	60	120	240	500	1000
油增压泵抽速/$L \cdot s^{-1}$	200	500	1000	2000	4000	8000	14000	25000	40000	
推荐前级泵抽速/$L \cdot s^{-1}$	15	30	30	60	150	300	600	1200	3000	

真空系统的设计方案应在实践中不断改进，不断完善。

6.2.4 钛冶金真空系统举例

钛冶金中涉及的几个真空系统的实例都有一些共同点，即系统的工作压力稍大，真空度较低，反应器内排气量大并夹带有较多的固体灰尘。这种真空系统属中真空系统，应用普遍，一般需要2个以上的泵串联组成。主泵选用油增压泵－机械增压泵，也可以是单一的油增压泵。下面进行具体介绍。

6.2.4.1 真空自耗电弧炉和凝壳炉的真空系统

真空自耗电弧炉是熔炼钛和钛合金的主要炉型，它的真空系统如图6-12所示。这种真空系统具有典型性，特别适用于钛锭的熔炼。该系统以油增压泵和机械增压泵为主泵，两泵并联，出口处串联一机械增压泵，再串联前级泵——机械泵。它兼有机械增压泵和油增压泵的双重特点，在真空自耗电弧炉熔炼过程中，在很宽的工作压力范围内（130～0.1 Pa）启动快，抽速很大。

凝壳炉是铸造钛的主要炉型，它的真空系统如图6-12所示。它所需要配置的泵组合与自耗电弧炉相似。

6.2.4.2 镁还原炼钛的真空系统

镁还原法炼钛常采用真空蒸馏法精制海绵钛，采用真空系统能获得较好的精炼效果。从理论上讲，真空系统也可选择油增压

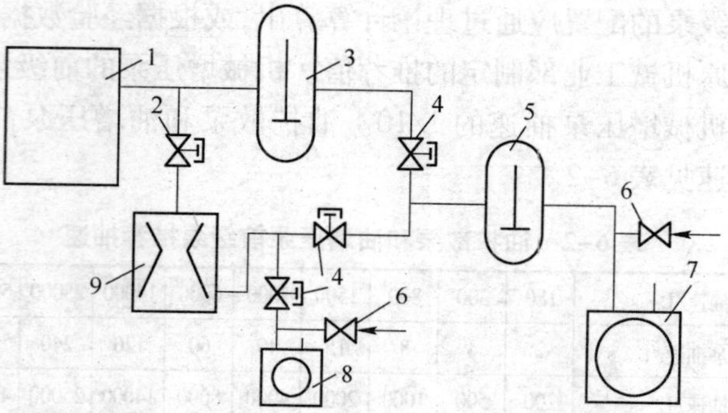

图6-12 自耗电弧炉典型的真空系统

1—炉体;2,4,6—阀;3—机械增压泵(主泵);5—中间机械增压泵;
7—前级机械泵;8—维持泵;9—油增压泵

泵-机械增压泵作主泵。实践表明,采用机械增压泵作主泵时,初期使用效果良好,但继续使用后,泵腔转子和定子间隙很快被蒸发出的 $MgCl_2$ 等固体尘粒堵塞无法继续运转。由于生产过程中有大量 $MgCl_2$ 固体尘粒蒸发,如选用机械增压泵作主泵,则必须采取有效的收尘措施,所以只能用油增压泵作主泵。主泵采用单一的油扩散泵也不太适宜,这会延长蒸馏时间。这种真空系统的前级泵采用机械泵。

6.2.4.3 HDH 法制取钛粉的真空系统

用 HDH 法制取钛粉时,在脱氢过程中有大量氢气挥发,系统真空度很低,一般采用单一的机械泵即可。如要制取低氢钛粉,真空机组主泵宜用油增压泵,而不用机械增压泵,这是因为油增压泵脱氢效果好,而机械增压泵脱氢效果差。它的前级泵宜用机械泵。

在粉末冶金制取钛制品时,烧结炉采用机械泵-油增压泵机组作为真空系统是适宜的。主泵也采用油增压泵。

7 钛工业的环境保护

7.1 钛工业的环境保护现状

7.1.1 钛工业生产的环保现状

钛工业生产涵盖钛冶金和钛加工，以及钛白工业整个领域，它们的环保现状可以分为4个系统分述介绍：

（1）钛矿富集工艺系统。我国国内主要和可能的制取人造金红石的方法为熔炼钛渣和酸浸法（主要为盐酸浸出法）两种工艺。其中，熔炼生产熔炼钛渣法“三废”少，环保状况较好。采用酸浸法制取人造金红石工艺“三废”多，环保问题不容轻视。在确立工艺流程时，要学习美国BCA盐酸循环浸出法，达到盐酸在全流程中的封闭和循环，使资源全部利用，不浪费。由于盐酸在流程中封闭，不外泄，所以对环境不造成污染和少污染。

（2）海绵钛生产系统。克劳尔法生产海绵钛采用氯化冶金工艺，产生的“三废”较多。以前一些厂家对环保重视不够，环保状况堪忧。国内一些专家有两点共识：第一是海绵钛厂规模宜大，年产海绵钛在5000 t以上是合适的，国外一些钛厂都在万吨级以上，这是最佳规模，由于规模大，建立环保系统比较容易，而且将环保作为必须建立的工艺的一个部分对待；第二是必须建立镁钛联合企业，钛厂必须有镁电解生产车间，其规模至少应保证镁还原产生的$MgCl_2$被电解掉，即镁钛生产规模应匹配，这样就易形成$MgCl_2$-Cl_2在流程内的封闭循环，因$MgCl_2$和Cl_2全被消耗掉了，同时减少了许多污染源的产生。这样做不仅减少了污染物，而且资源的利用率提高了，同时热能的利用率也提高了。这是因为有了配套的镁电解车间，可以将精制镁趁热（即液体镁）直接加入还原炉，也可将热 $MgCl_2$（排出还原炉后）直接送往电解槽内。

当然，其他的“三废”也应该有针对性的治理，使所有的“三废”获得及时处理，经处理后达到无害化状态才排放。

（3）钛白生产系统。钛白生产工艺有两种方法。第一种方法是氯化法，这是污染较少的新工艺。其中氯在该工艺中循环，流程封闭。但仍然有不少“三废”，它产生的“三废”及其处理同海绵钛生产相似，在这里就不再叙述了。第二种方法是硫酸法，该法产生大量的废酸液（包括废酸和酸性废水）等“三废”，如不处理必然对环境造成严重污染。从整体上来说，以前我国钛白生产工艺以硫酸法工艺为主，而且是小厂多、技术落后，存在的环保问题非常突出。

要想从整体上改善国内钛白环保不良的现状，从技术上要突破氯化法的技术难关，这是最佳上策。但在目前，只能实事求是地从实际出发寻求解决问题的途径和对策。

（4）钛加工生产系统包括熔炼、塑性加工、铸造和粉末冶金各生产部门。钛加工生产系统产生的“三废”比较少，整体环境保护比较好。唯一可能成为污染源的是钛材表面净化时的废水，包括废碱水和废酸水。其中酸液中含有 F^- 离子，它对人体的骨骼有侵蚀危害，所以不能轻视，因此工艺中必须一边碱洗和酸洗，一边进行无害化处理。

总之，钛业包括钛冶金、钛加工和钛白生产，不同工艺过程存在着不同的“三废”污染状况。这是这些生产工艺中存在的结构缺陷造成的，也是工艺本身的问题。如钛加工工艺过程中，全是物理变化工程，不需要外加化学试剂，所以钛加工过程“三废”污染少；而钛冶金和氯化法钛白工艺属于氯化冶金过程，生产过程中有众多的氯化物（包括氯气、$TiCl_4$、$FeCl_3$、$SiCl_4$ 等）参与，必然产生大量“三废”污染环境；硫酸法制取钛白和酸浸法制取人造金红石工艺使用硫酸或盐酸浸出，必然会产生大量废酸、废水污染环境。所以钛工艺生产过程中环境保护任务十分繁重。

7.1.2 治理对策

治理对策主要是:

(1) 提高环保意识。目前,随着《环境保护法》的通过和环保宣传的增加,广大企业职工都提高了环保意识,大家都认识到环境保护良好才能使企业安全生产,这是企业生存的必由之路。

随着企业家环保意识的增强,“三废”治理有了大幅度改善,基本上做到了“三废”达标排放,这是“三废”治理及实行文明生产的前提。

(2) 循环经济和流程封闭。对生产过程实行循环经济,将许多有用元素在系统中循环,使系统封闭,使许多无用的废物变成有用的产品,变废为宝,可以节约资源和能源,提高经济效益,达到良好的环境保护要求。

以硫酸法钛白生产为例,德国拜耳公司钛白生产中产生的废料就实现了无害化处理,并使流程封闭和物料循环。这是我国钛白工业的榜样。

钛业生产过程中,治理“三废”时,整个流程内实现封闭,各种物料和半成品均在系统内循环,既提高产品的实收率,又减少污染,这样必然会提高技术经济指标,降低生产成本。

(3) 规模生产。无论是钛冶金还是钛加工,无论是钛白还是钛渣生产,必须进行规模化生产,或进行生产联营,或兼并小厂,使企业达到大规模生产。由于规模大,便于淘汰落后工艺,并对“三废”进行集中治理十分有利。如国内海绵钛厂大多向年产万吨规模进军。

(4) 改进工艺。一定要使用工艺先进、污染少的工艺方法生产。如氯化炉应采用污染少、生产率高的沸腾氯化工艺。当使用攀矿高钛渣加碳氯化时,应采用各项指标先进、污染少的无筛板沸腾氯化工艺生产。

在工业生产过程中选用原料时,应选用产生“三废”少的原材料。如沸腾氯化制取 $TiCl_4$ 工艺时,宜选用高品位的富钛料作原料,而硫酸法制取钛白时,宜选用酸溶性钛渣作原料。这种钛渣从含 TiO_2 45% ~50% 的钛铁矿变成了含 TiO_2 70% ~80%,这使“三废”产生量减少很多,这对生产是有利的。实验表明,因为使用了酸溶性钛渣,不仅增效,减少“三废”,而且也获得良好的经济效益。

7.2　钛业中的“三废”治理

钛业中产生的“三废”较多,“三废”对设备和建筑物的腐蚀比较严重,并对人体有害,必须进行治理,尤其是尾气中的氯必须除净。

7.2.1　废气的处理

在海绵钛生产中,氯化作业产生的废气多。废气中有害成分除氯气外,还有一定含量的氯化物,如 HCl、$TiCl_4$ 和 $SiCl_4$ 等,废气必须加以处理。废气的来源有:

(1) 氯化炉尾气,主要气体成分为 CO、CO_2、O_2、N_2、Cl_2、$TiCl_4$、$SiCl_4$ 等,如果采用未煅烧石油焦,则还有较多的 HCl。某厂流态化氯化制取 $TiCl_4$ 工艺中尾气成分实测平均值(5 个试样)见表 7-1。

表 7-1　尾气成分举例

成　分	CO_2	CO	O_2	N_2	Cl_2	HCl + $TiCl_4$
含量(质量分数)/%	21.5	53.2	12	8.8	微量	16.7

(2) 氯化炉排渣时泄漏的气体,含 Cl_2 和 $TiCl_4$,虽然排渣时间不长,但排泄的气体量较大。

(3) 加碳氯化过程中常使用石油焦,石油焦在氯化时有可能生成二噁英、多氯联苯等有毒化合物。这个问题已引起国内外许多企业和专家的注意和研究。尽管尚未有企业进行治理,但是对它的治理将是必然和必须的方向。

(4) 还原操作中排气时放出的 $TiCl_4$、$TiCl_3$、$TiCl_2$ 气体,以及还原操作完毕后,拆卸还原反应器时冒出较多的 $TiCl_4$(分解出

HCl)气体。

对上述废气的处理方法如下:

第一步,必须经湿法净化处理,即用排风机将废气送入净化设备内,用水喷淋洗涤。此时 HCl 溶于水,$TiCl_4$ 和 $SiCl_4$ 则发生水解,固体尘粒被洗入水中。湿法处理的设备可采用洗涤塔、离心洗涤器、喷洒吸收塔和泡沫除尘器等。

第二步,必须进一步除氯。方法有:

(1) 排出的废气中氯气浓度低时,常用石灰乳 $Ca(OH)_2$ 喷淋,喷淋时氯气与石灰乳反应生成 $Ca(ClO)_2$。

(2) 排出的废气中氯气浓度低,但尾气量大时,由于排出的氯气量大,常常采用 NaOH 或 Na_2CO_3 喷淋,喷淋时氯与它们反应生成可用作漂白粉的 NaClO。若废气中含有 CO_2 时,因其能和碱反应,会多消耗一些碱液。

(3) 排出的废气中氯气浓度大,但尾气量小时,可用 $FeCl_2$ 喷淋吸收氯。$FeCl_2$ 淋洗液是预先将铁屑加 HCl 反应制得的,淋洗后生成 $FeCl_3$, $FeCl_3$ 再加铁屑又还原成 $FeCl_2$ 循环使用。碱液淋洗设备仍可用洗涤塔或喷洒吸收塔等处理,并用耐碱泵使碱液循环。

有资料报道,采用碱液淋洗吸收尾气中的余氯并不经济。有人提出了使尾气($Cl_2 + CO$)形成光气,再经液化,可使其中的余氯全部回收。其过程是:氯化炉尾气先经玻璃纤维过滤,在有催化剂活性炭存在的条件下,尾气中的 CO 和 Cl_2 相互作用生成 $COCl_2$。为了得到较大的反应速度,反应在 110 ~ 120℃ 下进行,此时可根据其自热维持反应温度。在正常氯化操作时,尾气氯含量较低,CO 量足够使余氯全部形成 $COCl_2$。生成的光气经冷却至约 -20℃ 时,即可制得液态碳酰氯,可把它储存在罐内并和 CO 等其他气体分离。$COCl_2$ 也是良好的氯化剂,将液态 $COCl_2$ 汽化后可返回氯化炉直接使用。

废气 - 废水综合处理流程举例如图 7-1 所示,氯化尾气处理设备流程举例如图 7-2 所示。两座用塑料造成的水洗塔,规格为 $\phi350\ mm \times 3000\ mm$,内装塑料环。循环水使用耐酸泵喷淋,可以制得 HCl 质量分数为 18% ~30% 的盐酸。洗涤塔用水泥制造，规格为 200 mm ×7000 mm，淋洗液循环槽内衬橡胶，石灰乳喷淋液循环用衬胶泵。二次洗涤塔用玻璃钢制造，规格为 400 mm ×400 mm ×6000 mm，碱液循环用铸铁泵，尾气管道采用塑料管。

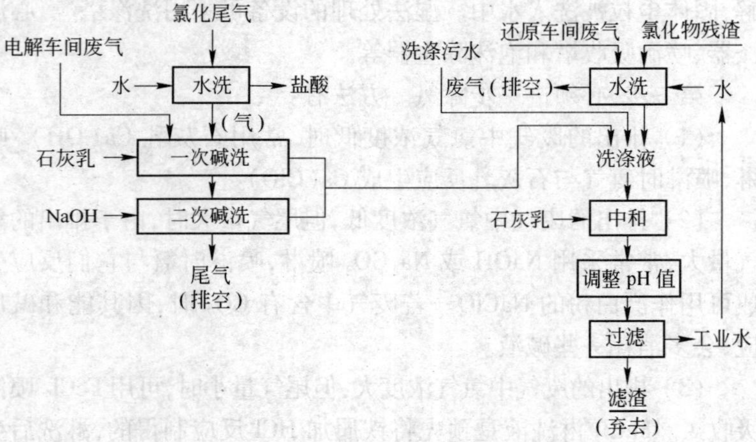

图 7-1　废气 - 废水综合处理流程举例

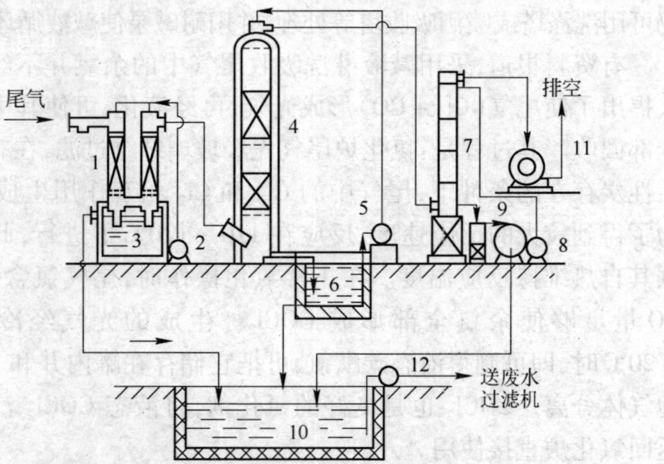

图 7-2　氯化尾气处理设备流程举例

1—水洗塔；2—耐酸泵；3—储水槽；4—一次洗涤塔；5—衬胶泵；6—硝石灰液池；7—二次洗涤塔；8—铸铁泵；9—碱液池；10—中和槽；11—风机；12—泵

第三步要除去系统中可能生成的二噁英等有毒化合物。经典工艺是将废气引入焚烧炉高温焚烧分解，将尾气中含的二噁英和多氯联苯、光气等有毒化合物分解，最后水淋分解为 HCl 和 CO_2 后排出。

7.2.2 废水和废液的处理

7.2.2.1 废水处理

在钛冶金过程中产生的废水包括：冷却水，未被污染；设备清洁的洗涤水和场地所用冲洗水，一般含有 HCl 和 $FeCl_3$ 等成分；废气净制用的淋洗水，一般含 HCl 和一些固体杂质颗粒。这些废水不仅含有固体颗粒杂质，而且还含有少量的废酸和废碱。

这种废水常用中和法处理，即在中和池内调至呈中性。一般将各种酸性和碱性废水同时加入起中和作用。在钛冶金中，通常酸性废水量较多，需要补加石灰石或其他碱性物品。中性水液可以直接经排污管道排走。但这种处理方法还不彻底，因为在排走的水中还含有较多的盐类，最好是经过滤净化后使水循环使用。废水处理流程如图 7-1 所示，废水经中和沉淀后，再经过滤（成为工业水）便可使用，最后必须清除滤渣或污液。

7.2.2.2 废液的处理

在 $TiCl_4$ 精制作业中，还有一些废液需要处理。

（1）低沸点杂质馏出液。精馏馏出液中 $SiCl_4$ 的质量分数为 10%～15%，$TiCl_4$ 的质量分数为 90%～85%，还含有其他一些杂质。应合理利用其中的有价成分，一般采用再精馏的办法将 $TiCl_4$ 和 $SiCl_4$ 分离，并分别加以利用。如某厂精制作业中，累积了 55 t 精馏馏出液，利用精制操作间歇，用原流程原设备进行再精馏处理，将上述馏出液重新分离后，制得粗 $TiCl_4$ 48 t（$SiCl_4$ 的质量分数小于 1%），$SiCl_4$ 2 t（$SiCl_4$ 的质量分数为 98.5%），粗 $TiCl_4$ 可返回经再处理制取纯 $TiCl_4$，而 $SiCl_4$ 可作为生产多晶硅、石英和纯 SiO_2 的原料。

（2）含铜钒废酸液的回收。用作除钒工艺的铜屑或铜丝外表黏附钒杂质后便影响除钒效果，应经洗涤后再生操作。通常用盐酸洗涤，其中再生后的纯铜可以返回使用。而在酸洗液里含有 $CuCl_2$ 和 $VOCl_2$，由于批量小，可集中处理。

从废酸液中回收铜的处理方法有两种。一是废酸液直接电解法，由于杂质含量多，只能制得粗铜（$w(Cu)>98\%$），这种铜必须进一步精炼；二是先用铁置换废酸液中的铜，然后再用硫酸处理，精制 $CuSO_4$ 溶液，再进行电解，可以制取纯铜。

7.2.3　废渣的处理

根据统计，某厂用高钛渣制取 $TiCl_4$ 的流态化氯化炉，每生产 1 t $TiCl_4$ 液，要排出炉渣 44.8 kg，收尘渣 68.7 kg，泥浆 75.8 kg，废渣排出量和分析见表 7-2。表 7-2 中所列数据是累计平均值。

表 7-2　废渣排出量和分析

名　称	废渣成分（质量分数）/%							每生产 1 t $TiCl_4$ 产生的渣量/kg
	Fe	Ti	Al	Mn	Ca	Mg	C	
炉渣	0.703	6.72	0.287	3.3	1.26	2.53	57.8	44.8
收尘渣 1 号	18.55	1.42	0.688	11.03				47.7
收尘渣 2 号	16.7	2.55	1.080	11.85				21.0
泥浆	9.34	13.48	2.12	2.74				75.8

由表 7-2 可见，氯化炉渣量是很大的，必须进行综合利用，化废为宝。

炉渣中含有大量的碳和少量的 TiO_2。常用水洗重选将碳和 TiO_2 分离。湿焦油经烘干后可返回使用或用作其他燃料，TiO_2 返回氯化或经煅烧后可用于制取人造金红石。

泥浆中 $TiCl_4$ 的质量分数高达 50% 左右，因此必须加以回收。回收最佳方案是将泥浆直接返回氯化炉炉气出口处（此处温度为 500～700℃），自然使泥浆中的 $TiCl_4$ 蒸发出来，而且不需要外加能量就能处理完毕。也可以采用人工处理，一般采用蒸发的方法，使泥浆中的 $TiCl_4$ 挥发出来。常用的设备有两种：一种是带双搅龙的蒸发器(见图7-3),这种蒸发器是在外加热的圆筒形蒸发器内安装有双螺旋机构,泥浆从其一端加入,经螺旋叶片带动泥浆沿搅龙向另一端方向移动,在移动过程中,泥浆中的 $TiCl_4$ 不断挥发出,泥浆则逐渐变稠,最后成干粉,从蒸发器的另一端排出,然后将 $TiCl_4$ 蒸气冷却收集;另一种是带刮刀的蒸发器(见图7-4),这种蒸发器是在外加热的圆筒形蒸发器内安装有机械刮刀,泥浆从蒸发器顶端加入后,其中的 $TiCl_4$ 便不断地蒸发出去,而泥浆逐渐变稠,黏附在器壁,机械刮刀不断将黏附的泥浆刮下,泥浆沿刮刀不断下降并增稠,最后成干粉从蒸发器底部排出,然后将 $TiCl_4$ 蒸气冷凝收集。

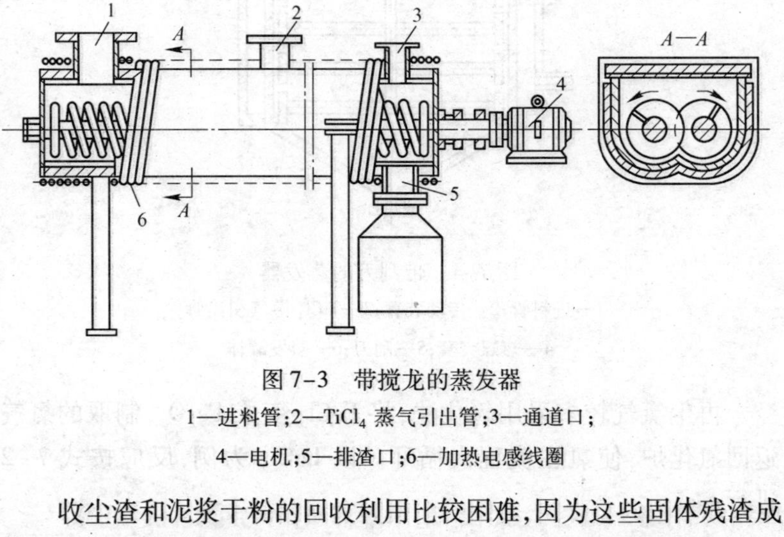

图7-3 带搅龙的蒸发器

1—进料管;2—$TiCl_4$ 蒸气引出管;3—通道口;
4—电机;5—排渣口;6—加热电感线圈

收尘渣和泥浆干粉的回收利用比较困难,因为这些固体残渣成分复杂,除含有较多的 $FeCl_3$ 外,还含有 $MnCl_2$、$AlCl_3$、$TiCl_4$ 等氯化物。这些氯化物易发生水解生成 HCl,若将其废弃势必污染环境。目前认为可行的处理方案是从这些氯化物中再生回收氯气或盐酸。以 $FeCl_3$ 为例,可以使其高温水解再生 HCl 气。反应按式7-1进行:

$$2\ FeCl_3 + 3H_2O = Fe_2O_3 + 6HCl \qquad (7-1)$$

往这些固体金属氯化物中加水,把它们调成泥浆,送入尾气燃烧炉(利用氯化炉尾气燃烧),加热至500~550℃即可完全水解,回收 HCl,残渣为金属氧化物。

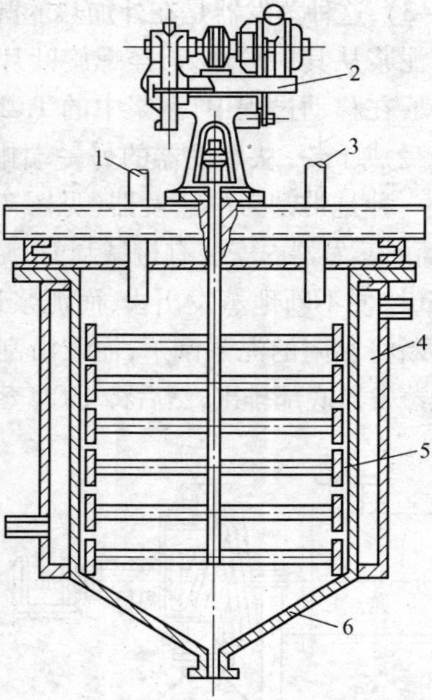

图 7-4　带刮刀的蒸发器

1—进料管；2—传动装置；3—$TiCl_4$ 蒸气引出管；

4—热媒夹套；5—刮刀；6—蒸发罐体

再生氯气较多采用氧化法，将 $FeCl_3$ 变成 Fe_2O_3，制取的氯气返回氯化炉，使氯在流程内循环。以 $FeCl_3$ 为例，反应按式 7-2 进行：

$$2FeCl_3 + 3/2O_2 = Fe_2O_3 + 3Cl_2 \qquad (7\text{-}2)$$

试验表明，温度高于 600℃时式 7-2 的反应才具有较大速度。

氧化法又可分为气相氧化法和固相氧化法两种。

气相氧化法已进入工业试验阶段。氧化反应器由两个圆柱形空塔串联组合而成，反应温度分别控制在 600 ~ 900℃之间，它将氯化炉排出的气体（含 $FeCl_3$ 等成分）直接喷入塔内氧化，尾气净化后再进行液化分离，从而可获得液氯。

固相氧化法是往固体残渣中通入纯氧，并加热至 650℃，分解出的氯气可返回使用。试验表明，加入 0.2% 的 NaCl 作催化剂，在取得相同效果的情况下，可降低反应温度至 500℃，$FeCl_3$ 转化率高达 95%。

由上述可见，再生氯气的方法最好，它可以使流程封闭，氯气返回可入炉直接使用。

残渣处理变成金属氧化物后，弃去或作炼铁原料。

7.3 钛生产中的工业卫生及安全

7.3.1 氯和一些氯化物对人体的危害

7.3.1.1 氯的危害

氯气进入人体呼吸道后，与水作用生成 HClO，HClO 又分解成 HCl 和新生态氧。它们对人体组织的氧化和侵蚀引起灼烧和对局部黏膜的强烈刺激，其危害性比单独的 HCl 大 20 倍。

轻度中毒可产生头痛、头晕、乏力、恶心、呕吐和流泪、流涕、打喷嚏、咽痛、干咳等症状；中度中毒会引起连续性咳嗽，有少量咳血、呼吸困难或不畅、声音嘶哑等症状；重度中毒一般只在意外事故吸入高浓度氯时发生，可引起气管炎、肺炎、肺水肿、昏迷和休克，甚至死亡。

空气中不同氯的浓度对人体的危害程度见表 7-3。长期接触低浓度氯气会引起上呼吸道、眼结膜及皮肤方面的刺激症状，慢性气管炎也会较普遍，个别人会患上哮喘。

表 7-3 空气中不同氯的浓度对人体的危害程度

空气中氯含量		程 度	空气中氯含量		程 度
mg/L	mL/m^3		mg/L	mL/m^3	
0.003	1.0	可忍耐较长时间	0.08	28.0	引起咳嗽
0.01	3.5	已辨出臭味	0.12 ~ 0.18	40 ~ 46	短时间接触也较危险
0.012	4.0	可忍耐 0.5 ~ 1h	2.8	1000	短时间内窒息而死
0.04	14.0	对咽喉有刺激			

7.3.1.2　氯化物的危害

HCl 气体和盐酸对人体有强烈的刺激作用，但它的刺激作用比氯气弱些。它会刺激眼睛，使眼睑浮肿，患结膜炎；刺激鼻和咽黏膜，严重者鼻、牙齿和眼出血，甚至会引起急性气管炎。HCl 气体可刺激皮肤，引起皮炎，若长期接触 HCl 气体，还可以引起牙齿酸蚀症。皮肤接触盐酸后，应立即用大量水冲洗，否则皮肤会被烧伤，出现红斑或水疱。

光气（$COCl_2$）的毒性比氯约大 10 倍，且作用时间较持久，吸入后数小时至 48 h 内发病，除染上呼吸道刺激症状外，常引起肺水肿，恢复较慢。

一般金属氯化物，如 $TiCl_4$、$FeCl_3$、$AlCl_3$、$SiCl_4$、$VOCl_3$ 等对人体的危害稍轻，但它们会在空气中潮解，释放出 HCl 气体。经常接触这些氯化物会引起皮肤炎症和眼结膜炎、鼻炎、咽喉炎、支气管炎，甚至肺炎等。

由于一定浓度的氯和氯化物对人体有不同程度的危害，因此要认真对待，要采取必要的措施，把它们对人体的危害降至很低的程度。

7.3.1.3　空气含氯和氯化物的最高允许浓度

空气中含氯和氯化物浓度较低时对人体无害或危害性不大。一些国家在劳动现场气氛中允许氯气、含氯物质等的最高浓度和大致安全浓度见表 7-4。

表 7-4　车间气氛中危险物质最高允许浓度

物　质	最高允许浓度/$mg \cdot m^{-3}$				大致安全含量/%
	我国 1962 年	前苏联 1971 年	美国 1973 年	日本 1965 年	
$COCl_2$	0.5	0.5	0.4		0.0001
Cl_2	2	1	3	3	0.0001
HCl	15	5	7	7	
CCl_4	50	20	65	65	0.0025
CO	30	20	55	110	0.01

续表 7-4

物质	最高允许浓度/$mg \cdot m^{-3}$				大致安全含量/%
	我国 1962 年	前苏联 1971 年	美国 1973 年	日本 1965 年	
H_2S	10	10	15	15	0.002
NH_3	30	20	18	70	0.01
硫酸、SO_3	2	1	1	1	1mg/m^3
SO_2	20	10	13	13	0.0005
盐 酸		5	7		0.0005
V_2O_5(烟)		0.1	0.05		
V_2O_3、V_2O_5(粉尘)		0.5	0.5		
汞	0.01	0.01	烷基汞 0.01, 其他汞 0.05	0.1	0.1mg/m^3

车间气氛含氯小于 0.0001% 是安全的;含氯小于 2 mg/m^3 时,可以进行工作;含氯大于 4 mg/m^3 时,不能进行工作;含氯为 2~4 mg/m^{3}时,仅能坚持短期工作,停留比较困难。所以,在含氯的气氛中做短时间停留时,最高允许浓度可稍高些。应当说明的是,以上所说的最高允许浓度是根据空气中只有一种含氯物质确定的标准,当存在两种以上含氯物质时,标准就变了,这一点需加注意。

7.3.1.4 *防治措施*

在钛冶金中,接触较多的含氯气体是 Cl_2、HCl 和 $TiCl_4$。为了防止这些气体对操作人员造成危害,必须贯彻"预防为主"的方针,采取必要的防护措施。因此,必须狠抓防止环境污染工作,对职工进行经常性的安全知识教育;大力开展技术革命和技术革新,使生产工艺连续化,使物料在流程中处于密闭状态,以减少含氯物质的泄漏;积极治理"三废";及时维修好设备,杜绝跑、冒、滴、漏;建立卫生防护和保健制度,防止产生中毒事故和职业病。可采取的措施有:

(1) 操作时接触 Cl_2、HCl、$TiCl_4$ 等物质时,需佩戴好劳保用品及防毒面具等,以防止这些物质溅到眼睛里或皮肤上发生烧伤事故。若 $TiCl_4$、$FeCl_3$ 或 $SiCl_4$ 等溅到皮肤上,需用干布擦净后再用大量水冲洗。若是盐酸溅到皮肤上，需立即用大量水冲洗。

（2）一旦 Cl_2、HCl 和 $TiCl_4$ 等出现跑、冒、滴、漏时，除了积极维修设备外，应立即通风排除，以改善劳动条件。

（3）运输和使用液氯时必须小心谨慎。液氯瓶或其他容器严禁接触高温、曝晒或撞击，防止钢瓶等容器破裂发生大量冒氯事故。一旦发生大量冒氯事故，应将该钢瓶推入预制的碱水池内（内装石灰或氢氧化钠）。

（4）患有支气管炎、支气管扩张、哮喘等病症者，不宜从事氯化作业的工作。

（5）在有氯环境下的操作人员可服用适量含复方樟脑酊和复方甘草合剂配置的药水；在有 $TiCl_4$ 环境下的操作人员可服用适量的止咳糖浆或酒。

一旦有人发生氯中毒事件，应将患者移离现场安卧，可用2%碳酸氢钠溶液漱口洗眼，做喉头喷雾吸入；对胸闷及呼吸困难者需吸入氧气；咳嗽气急者可用针取穴于天突、丰隆、定喘，也可吸入异丙基肾上腺素或皮下注射氨茶碱、麻黄素，并应严密观察病情，防止肺水肿，当发现喉头水肿应迅速将气管切开，注射抗菌素控制感染。

其他氯化物，如 $TiCl_4$、$COCl_2$、HCl 的中毒治疗方法基本上与氯中毒治疗方法相同。

7.3.2　放射性物质的危害

由于某些钛矿石中含有微量的放射性物质，所以在制取的富钛物料（人造金红石或高钛渣）中也含有放射性物质，由于其剂量甚少，一般对人体无害。但在氯化制取 $TiCl_4$ 的过程中，这些放射性物质大多生成高熔点的氯化物，富集并残留在炉渣中，所以氯化炉渣中放射性物质有时剂量较高。

人体受放射性照射产生危害的程度与射线的种类和剂量有关。如 α 射线在体外照射无很大影响，但在体内的破坏作用很大；β 射线的照射会引起皮炎，中子对眼睛的损害特别大，其中以

γ 射线对人体的损害最大。人体受电离辐射作用，在一定的条件下会产生放射线损伤的。所得放射性病分为两类，射线在体外照射引起的疾病称为外照射放射病；放射性物质进入体内产生的疾病称为内照射放射病或放射性元素中毒。这两类放射病又有急慢、轻重之分。

预防放射性物质对人体的毒害，也必须贯彻“预防为主”的方针。对氯化炉炉渣应定期普查；放射性物质超剂量的炉渣应存放在专门地点，及时做适当处置，最好集中深埋。

操作人员在对氯化炉渣排渣和处理时，应提高对放射性物质危害的认识，重视个人防护和个人卫生，严格遵守操作规程。操作时穿戴好防护衣具，离开工作场所及时脱下防护衣具并及时清洗；操作时严禁进食；防护用具应定期去污消毒。

7.3.3 一氧化碳和汞的危害

7.3.3.1 一氧化碳的危害

在制取 $TiCl_4$ 的炉气中常含有较多的 CO 气体。这是一种常见的窒息性气体，也是一种易燃易爆气体，从事氯化炉炉气后处理和尾气处理的工作者应加小心。

CO 为一种无色无味的气体，它比空气稍轻，易在空气中散布。CO 由人体呼吸道吸入，经肺在血液中与血红蛋白结合，其亲和势比氧大 210 倍，会很快形成碳氧血红蛋白，使血失去运氧能力，引起缺氧窒息。由于中枢神经对缺氧很敏感，因此它首先受到伤害。CO 中毒时引起的症状轻者有头痛、眩晕、恶心、呕吐、全身乏力，重者有晕厥、昏迷，甚至死亡。

空气中含 CO 小于 0.01% 时对人体无太大危害；当含 CO 大于 0.01% 时，便可引起人体中毒症状；当 CO 含量达 0.1% 时，可引起人体神志不清、晕倒、痉挛。为了避免 CO 中毒事故的发生，应保持氯化车间通风。

一旦出现 CO 中毒事故时，应立即将患者抬至新鲜空气处，注意保暖。昏迷者最好送高压氧舱治疗；呼吸衰竭者应立即进行人工呼吸,吸入含 CO_2 5%的氧气较好;然后遵医嘱对症处理。

空气中 CO 的体积分数为 12.5% ~ 74.2% 时属爆炸性气体,点火后能引起爆炸。CO 又是气体燃料,为了防火防爆,在氯化炉尾气净化处理后,最好将含 CO 的尾气进行二次燃烧,然后排空。否则,尾气必须采用较高的烟囱排空。

7.3.3.2　汞的危害

在钛冶金中存有汞的部位主要是使用汞的仪表、电气设备,如温度计、各种压力计或荧光灯等。由于汞对人体的毒害较大,必须引起足够的重视。

汞俗称水银,常温下呈银白色,为液态金属。它不溶于水,与稀硫酸、盐酸和碱都不起反应,能溶于硝酸及热浓硫酸中。金、银、锡、锌、铅、钾、钠等金属都能溶于汞,形成的合金称为汞齐。汞齐和汞在室温下就能挥发,温度越高,蒸发越快。汞蒸气的密度大(为空气的 6 倍),常沉积于墙面和地面上,成为二次污染源。汞落地面成为细小汞珠,由于表面积增加,更易加快蒸发。

汞侵入人体的主要途径是通过呼吸道,职业性汞中毒大部分是由于吸入汞蒸气或汞化合物粉尘引起的。进入体内的金属汞不易被消化道吸收,被氧化成二价汞离子后才能引起中毒。体内一些具有重要生物活性的酶,活性中心是巯基(—SH),汞离子易与酶中的巯基结合成硫醇盐,从而抑制了酶的功能,影响了细胞的代谢。一般轻度或早期中毒属功能性的,仍可恢复,重症及晚期中毒可形成器质性病变,不易恢复。

职业性汞中毒绝大部分是慢性中毒,一般经过数月或数年后才出现症状。早期表现以神经衰弱症候群为主,有头昏、乏力、失眠、多梦、记忆力减退等症状。典型的表现为三个方面:口腔病变,精神易激动、易兴奋等,汞毒性震颤等。

对于汞中毒患者,常用中西医结合的方法进行驱汞治疗。使用的药物有二巯基丙磺酸钠、二巯基丁二酸钠等。

为了预防汞害,应改革工艺,采用无汞仪表代替有汞仪表,从根本上根治或减少汞的污染。另外,要注意受汞污染的环境和个人卫生清洁,搞好卫生保健。

7.3.4 安全防御措施

7.3.4.1 防火防爆

$TiCl_4$ 精制工艺中的铝粉、镁还原工艺中的镁粉和钛粉、钛粉生产工艺中的钛粉和氢气都是易燃易爆的危险物,应采取安全措施,防火防爆。

在操作过程中,铝粉、镁粉和钛粉可摩擦自燃,并放出大量的热。空气中含有这些粉尘时,它们在一定的浓度范围时可以发生爆炸。空气中含镁粉的最低爆炸浓度为 30 mg/L,铝粉为 40 mg/L,而钛粉则为 0.036 mg/L,因此,在处理金属粉末和含这些粉尘的海绵钛时必须特别小心。要及时清扫含钛粉的厂房,防止粉尘的累积,以免引起爆炸。在取出镁法海绵钛时,由于爬壁钛黏附有钛粉和镁粉,打取摩擦能自燃,甚至会烧毁钛坨。所以在取出前,最好先铲除爬壁钛。在破碎、包装和运输作业中,含钛粉的海绵钛应小心轻放,而且不宜采用塑料桶和内衬塑料的金属桶作盛装容器。

一旦钛粉和海绵钛着火,只宜用氩气、石棉布、沙子等覆盖灭火,不宜用水和 CO_2、CCl_4 等其他灭火剂;应迅速将已燃的和未燃的海绵钛隔开。平常应在镁法产品取出岗位旁设置灭火罩,在镁法产品的破碎、混合、包装操作岗位及钠法产品的干燥、混合、包装操作岗位处配备灭火器材。

海绵钛中常夹杂有少量钛粉,这些钛粉即使量很少,一旦引燃也会引起海绵钛的燃烧。此时放出热产生高温,加剧海绵钛的燃烧,一旦发生火灾不易扑灭。所以要加强海绵钛后处理过程中的防火工作。

氢也是易燃易爆危险物,遇明火即燃烧。当空气中累积一定量的氢,含氢比例在 4% ~74% 范围内时即可引起爆炸。钛粉车间一定要防止氢气泄漏和出现明火。

7.3.4.2　$TiCl_4$ 的运输和储存操作

$TiCl_4$ 的运输和储存应在密封系统中进行。当不得不在大气中操作时，由于 $TiCl_4$ 接触水或大气便会水解冒出大量盐酸，操作人员必须戴防毒面具、戴胶皮手套和穿长靴等劳保用品，不应裸露肤体。还要保持操作室的空气通畅，以防止人体中毒和烧伤。

7.3.5　钛和钛化合物的毒理学

人们对钛和钛化合物的毒理学研究和实践表明，钛和 TiO_2 是生物惰性物质，无毒；氢化钛、碳化钛、氮化钛和硼化钛等不溶性化合物毒性很低，可使动物肺部轻微纤维化改变；$TiCl_4$ 能引起人皮肤的灼伤，是黏膜和眼的强刺激物，具有明显的毒害作用；某些有机钛化合物，如二戊钛，对动物有致癌作用；钛材与人体的生理相容性很好，现已作为外科手术植入物为人体所接受；某些钛化合物，如 TiO_2 可用作生产化妆品的原料。

8 钛的应用

钛是一种新金属，由于它具有一系列优异特性，因此它已成为一种广泛应用的新型工程材料。金属钛的消费与国家的综合技术水平密切相关。

在钛的诸多应用中，航空应用仍占主导地位。据统计，2008年全世界年产钛材约130 kt，其中钛市场航空业占约47%（民用航空占34%，军用航空占13%）；非航空业占53%（民用工业约占34%，日用消费品占10%）。钛的应用越来越广，并且每年以较高的速度增长。

金属钛的消费比例因国家而异，其中航空航天业所占比例为：美国约80%，西欧和俄罗斯约60%，日本和中国约10%～15%。由此可见，在钛的应用中，美国以航空航天业为主，日本和中国则以非航空航天业为主。

以中国2008年为例，钛材年产量为27.7 kt，按用途不同，钛材销售量分别见表8-1。

表8-1　中国钛材各领域的销售量

序　号	部　门	年销售量/kt	比例/%
1	化工	11.6	41.7
2	航空航天	3.6	12.8
3	船舶	0.9	3.7
4	冶金	1.8	6.6
5	电力	0.9	3.0
6	医药	1.4	5.0
7	制盐	1.8	6.7
8	海洋工程	1.1	3.9
9	体育休闲	3.9	13.8

进一步推广钛应用的最大障碍是价格。钛制品价格较高，这影响它的全面使用。因此，生产商必须加大开发力度，降低钛的成本。随着钛工业技术的发展、应用面的拓宽及产量的增加，钛成本必然会下降。

随着时间的推移，钛材和铜材、不锈钢材价格的可比值在逐渐变小，它们的性价比逐渐接近。近年来，铜资源逐渐枯竭，价格增长，现在铜管和同样的焊接钛管差价变小，价格逐渐接近，加上它们的密度相差 1 倍，某些地方使用户感到可以接受用焊接钛管来替代铜管，且使用效果更好。

8.1　钛在航天、航空及军事工业中的应用

在这些领域内，钛应用的出发点是基于钛及钛合金具有密度低、比强度高、耐热性能好、耐低温性能好，且有优异的耐蚀性能等。为了适应航空等领域以钛合金为主的应用，已研制出几十个牌号的钛合金，其中用量最大的为 Ti-6Al-4V。

8.1.1　钛在航空工业中的应用

航空发动机是飞机的心脏。航空发动机构件的主要特点：一是使用温度高，要求材料的耐热性（高温持久强度、抗蠕变性、抗氧化性和阻燃性）好；二是转动部分（即盘件、叶片）要求断裂韧性和疲劳性能好，损伤容限高。

评价发动机性能优劣的一个重要指标是“推重比”，即发动机产生推力与自重之比。推重比越高，发动机性能越好；工作温度越高，发动机热效率越高。欲提高推重比，必须提高涡轮前进气的压缩比与进气温度；提高推重比也必须提高发动机材料的比强度和比刚度，减轻发动机自重。据计算，当压缩比达 15 时，压气机的出口温度就达 590℃；当压缩比达到 25 时，压气机的出口温度达 620 ~705℃。此时，必须要选用耐热性能优异的钛合金，否则就不可能获得高推重比的发动机。

国外使用最多的耐热钛合金有 IMI 834、Ti-1100、BT 35、Ti-

62425、Ti-6246、Ti-17、Ti-811 和 Alloy C(阻燃)钛合金，耐热温度达600～650℃。为制造推重比为 10 以上的先进发动机，必须开发和使用钛基复合材料和以 Ti_3Al、TiAl 金属间化合物为基的钛合金。

同时，必须大量应用高温钛合金才能制造出高推重比的发动机。美国第三代战斗机（F－15、F－16）选用了推重比为 8 的 F100-PW100 燃气涡轮风扇发动机，用钛量为 25%～30%。第四代战斗机 F－22 选用推重比为 10 的发动机，用钛量更多。因此，高推重比发动机中，钛合金的用量已占发动机总重的 25%～40%。

航空发动机主要用钛部位是发动机的压气机部分，其中风扇、高压压气机盘件和叶片等为转动件。飞机发动机用主要钛合金及应用部位见表 8-2。

表 8-2 飞机发动机用主要钛合金及应用部位

部 位	代表材质	要求特性	制造法
风扇外壳	Ti-6Al-4V	高强度、耐冲击	环形轧制
风扇叶片(动翼)	Ti-6Al-4V	耐冲击、耐疲劳	锻造或超塑性成形＋扩散接合
风扇静翼罩	Ti-6Al-4V	强度高、韧性好	铸 造
风扇圆盘件	Ti-6Al-4V/Ti-1T Ti-6Al-2Sn-4Zr-6Mo	低周疲劳、韧性好	锻 造
压气机罩	Ti-6Al-4V	蠕变好、抗疲劳性好、抗热疲劳性好	环形轧制
压气机叶片(动翼、静翼)	Ti-6Al-4V Ti-6Al-2Sn-4Zr-6Mo Ti-8Al-1Mo-1V	耐冲击、抗疲劳性好、韧性好	锻造、铸造
压气机盘件	Ti-6Al-4V/Ti-1T Ti-6Al-2Sn-4Zr-6Mo Ti-6Al-2Sn-4Zr-2S IMI834	低周疲劳、韧性好、高温强度高、蠕变好	锻 造
短 轴	Ti-6Al-4V	抗疲劳性好、韧性好	锻 造

注：Ti-1T：Ti-5Al-2Sn-2Zr-4Cr-4Mo；

IMI834：Ti-5.8Al-4Sn-3.5Zr-0.7Nb-0.5Mo-0.35Si。

如以 V2500 喷气发动机为例，它是五国共同开发的双轴涡轮风扇发动机，是十分先进的，推力为 113 kN，发动机自重为 2.2 t，总压缩比为 36.5，具有低油耗、低噪声的特点，可节油 14%。

V2500 发动机的用钛量达 31%，最大的钛合金部件是风扇机匣，外形尺寸为 ϕ1800 mm × 1150 mm，加工制成一整体。风扇盘、压气机盘、圆形护环、轴承支座、压气机叶片等都由钛合金制成，大都为 Ti-6Al-4V 合金。在高压气机的 3 ~ 6 级，因温度高采用了 IMI550 合金。空客 A320 和 MD-90 等民航机都选用了 V2500 发动机。

国外常见的一些机型发动机用钛量分别为：波音 747 – 400 型为 4.89 t；波音 767 – 400 型为 4.89 t；F – 16 型战斗机分别为 2.86 t 和 2.36 t； B – 1B 轰炸机为 1.95 t。

钛在飞机机身上的应用是飞机高速化、大型化、远程化的必然结果。飞机速度越快，即马赫数（*Ma*）越高，机体表面的空气动力加热越剧烈，航程越远，持续飞行时间越长. 气动加热的热效应也越显著。所以，轻质高比强度和耐高温的钛合金成为目前机体的优选材料。

超声速飞机的表面温度随飞机飞速升高而增加。当飞速马赫数超过 2.3 时，外表温度接近 200℃，如果用铝合金就会软化，所以不能使用铝合金，如果用钛合金，即使飞速马赫数达到 3（外表温度达 300℃）以上仍能使用，此时钛合金优异的耐热性能就显示出来了。

而且，飞机用钛后可减轻自重，增大其有效荷重，并能节约燃料，提高飞行性能，延长飞机使用寿命。用钛后飞机轻量化的效果非常大，不仅可减轻自重，还可减轻燃油重量，这是双重效应。

钛在飞机中应用的实例有：用作防火壁、发动机短舱和喷管、蒙皮、机架、纵梁、舱盖、龙骨、速动制动闸、紧固件、起落架梁（支承梁）、前机舱、拱形架、隔框盖板、襟翼滑轨、复板、路标灯、信号板、尾翼、机翼转轴、高压导管、接头、座舱窗框、吊舱挂架、安装支柱、机翼前缘、倍加器等。

军用机用钛的统计数据表明，随着战斗机的升级换代和飞行性能的提高，飞机有一个明显的趋势，就是钛合金用量逐渐增加，这表明越先进的战斗机用钛量越大。如美国第三代主力战斗机F－15，机身用钛量为23 t，发动机用钛量为4.5 t，总计用钛量为28 t，而用钛量占机重的27%。而第四代主力战斗机 F－22，机身用钛量为36 t，发动机用钛量为5 t，总计用钛量为41 t，用钛量占机重的41%。由于美国每年生产大批战斗机，所以需要大量的钛材。

民航机也有相同的规律，受到环境和经济性的重视，必须考虑到燃料费用上涨。飞机升级后用钛量逐渐增多。这从世界最大的两个民用飞机制造公司——美国波音公司和欧洲空中客车公司制造的飞机可见一斑，详见表 8-3 和表 8-4。在 B787 型和 A380 型最新民用飞机中，钛合金材料使用比例不断增大。为了使机身轻量化，机身及主翼的结构部件用碳纤维强化塑料（CFRP）为中心的复合材料。其理由之一是，原料选用铝合金，通电时它和碳纤维之间因电位差会引起腐蚀（电偶腐蚀），而选用钛就不用为此担心。还有钛作为金属，热膨胀率小，接近于碳纤维、玻璃等，由于热膨胀率近似一样，所以它与复合材料之间的接合，不需要其他力量就可使其紧密接合，不会产生缓松现象，这是其优点。因此随着复合材料使用比例增加，钛材的使用比例也在增加，在波音 B757 型客机上，钛材用量占所用材料的6%，最新开发的 B787 型客机上，复合材料质量占全机质量的50%，钛材用量增加到15%。

表 8-3 波音飞机用钛比例

飞机型号	B707	B727	B737	B747－100	B757	B767	B777
用钛比例/%	0.2	1.0	2.2	2.4	5	1.8	7~9

表 8-4 空客公司飞机用钛比例

飞机型号	A300	A310	A320	A330	A340	A380
用钛比例/%	5	5	6	5	6	9

虽然民航机用钛量比例不高，最先进的飞机用钛量为 9% ~

15%，但民航机十分庞大，每架飞机用钛相当多。对于每年都要生产 200 ~ 300 架飞机的工厂而言，确实需要大量钛材。

需要说明的是，飞机用钛材成材率很低，实际需要外购的钛材原料约是飞机用零件量的 7 倍多。因此，实际需要外购钛材料数量是十分可观的。

目前，商用客机中用钛量最多的是波音 747 – 100，每架用钛量达 38 t；运输机用钛量最大的是 C-1B，每架用钛量为 34.5 t；轰炸机用钛量最大的是 B-1B，每架用钛量为 90.5 t。

F-22 所用的钛材品种主要是 Ti-6Al-4V EL1 和 Ti-62222，B – 777 所用的钛材品种有 Ti-1023、Ti-64EL1、Ti-15 – 3、β – 21S 和 Ti-6242 五种。

我国国产机歼 8 Ⅱ 型机上用钛量约为 4%，歼 10 型机上使用了更多的钛材。使用的钛材品种有 TA2、TA3、TC1、TC4、Ti-1023、Ti-15 – 3 等。

8.1.2　钛在航天工程中的应用

几十年来，航天技术不断发展，出现了许多飞行器，如洲际导弹、卫星运载火箭、宇宙飞船、空间站和航天飞机等。航天技术的发展与新材料技术的发展密切相关。金属钛是重要的航天结构材料之一，钛在各种航天飞行器中都获得了重要的应用。

8.1.2.1　钛在运载火箭上的应用

运载火箭是发射洲际导弹、人造卫星和宇宙飞船的工具。火箭的性能常用质量比（即推进器质量与火箭总质量之比）来表征。这个比值越大，火箭的性能就越好。这意味着要尽可能减少火箭的质量。因此，火箭必须要采用钛合金一类质轻比强高的材料。火箭轻量化，其效果是非常大的。

当然，火箭对钛还有材料的延性、韧性、刚性和缺口敏感性等方面的要求。火箭发动机的某些部位（如喷嘴周围）的材料需要良好的耐热性，超低温液态燃料（液氢、液氧）容器需要超低温强度好和韧性好的材料，这些都是必须选用钛材的决定性因素，这也是航天工程中钛获得广泛应用的原因。

钛在火箭上应用的实例有:用 Ti-6Al-4V 做一级火箭发动机壳体和洲际导弹球形或椭圆形发动机壳体;在大力神导弹上用 Ti-6Al-4V 和 Ti-5Al-2.5Sn 做超低温的氦容器;“能源”号火箭上还使用了 BT23 合金加工成的大型锻件和模锻件,还使用了 BTS-1、BT6 和 BT23 合金的焊接球罐和管结构件;用 TAC-1 型 Ti_3Al 基合金(国产)做火箭发动机的涡轮壳体;用 CT-20(国产)加工管材用做高压补燃大推力氢氧发动机氢管路系统。

8.1.2.2 钛在卫星上的应用

为减轻卫星的结构质量,增加有效负荷,提高功能比,要求结构材料必须具有高的比强度,所以选用了钛合金。而且,钛在卫星工程中成为必不可少的材料,其用途越来越广泛。

钛在卫星中的应用可以收到明显的经济效益。卫星每减重 1 kg,可减少 10 kN 推力,可节省 20 多万美元的发射费用。而通信卫星每减少 10 kN 推力,可创效益 400 万美元。

钛在卫星上应用的实例有:在卫星结构中采用 TB2 高强度钛合金制成大口径双波纹壳结构和远地点发动机支架;用 TB2 高强钛合金制作星箭连接包带(卫星和火箭连接装置称为星箭连接包带);采用 TB2、TB3 钛合金制作螺栓等紧固件及钛合金回收舱端框。

钛在卫星控制系统中应用的实例有:用 TA7 制作储高压气体用容器;用钛合金管材做执行机构用管路;用钛-不锈钢复合材料制作大容量通信卫星控制系统自锁阀;用 Ti53311S 和 7715D 合金(能耐 550℃ 高温)制作姿态控制发动机的喷注器。

还可用钛合金制作卫星共底表面涨力燃料储箱;用 ZTC4 钛合金铸件制作资源卫星摄像机的镜头框架、镜筒和镜座;选用 TiNi 形状记忆合金制作卫星上温控系统的散热片。

8.1.2.3 钛在航天飞机上的应用

航天飞机是可以重复使用的载人航天飞行器,具有火箭和飞机两方面功能。它是一个非常庞大且复杂的系统,它不仅体积大,而且质量也大。如“哥伦比亚”航天飞机重 68.8 t，总系统高 65.1 m，总重 2020 t。为了飞行时达到有效载荷最大化，常选用钛合金作为它的重要构件。

在航天飞机上使用钛材的部位主要有：选用 Ti-6Al-4V 制造的高压容器及机翼的前缘部和一套固定翼的夹具机构；用 Ti-3 Al-2.5 V 制作的油压配管；用 Ti-6Al-4V 制造的发动机推力支架等。

8.1.3 钛在常规兵器中的应用

常规兵器轻量化是武器的发展方向。轻武器质量减少，有利于士兵携带、行军和打仗，特别是在山地战时，武器轻量化有利于提高部队战斗力。重武器，如坦克、战车等的轻量化有利于提高空运机动性。当重武器用飞机空运时，减重也是十分有利的。武器上使用钛后，由于耐蚀不生锈，有利于储存，也减少了维修保养费用。

从美国现代的 M1 型系列坦克发展的趋势可见，为了提高坦克防破甲能力，坦克防护层的层数、厚度和质量不断增加，已由原来每辆坦克 54.4 t 增加到现在的 62.1 t。坦克质量的增加不利于它的行驶和空运，因此坦克需要减重，有效途径是用钛。

实验表明，Ti-6Al-4V 钛合金具有良好的防弹性能，是一种良好的装甲材料。在防弹性能相同的情况下，使用钛装甲后可减轻质量约 25%。

钛在坦克和装甲车上许多部位中都可使用，已应用的部位有：装甲车和装甲指挥车的指挥炮塔；坦克顶装甲、坦克履带板、销钉、中心导块、链条、主动轴、悬挂臂、托杆、扭力轴等。所用钛材除坦克履带用 Ti-6Al-4V-2Sn-0.5Fe-0.5Cu 合金锻制外，其余均为 Ti-6Al-4V。

钛在其他重武器上应用的还有：轻型榴弹炮（用钛合金）做许多零件；在反坦克导弹上（选用 TC9 钛合金）做舱机和架体；在干扰弹发射器上（用高强且耐蚀钛合金）做炮身和座板；在导弹和制导炮弹中及在弹尾翼上安装 TiNi 形状记忆合金装置，可使弹体的飞行得到精确的制导和控制。

钛在轻武器上应用的实例有:钛在高射机枪用做制退器,可减少机枪的质量和后座力(采用 ZTC4 钛合金铸件);全钛的轻质喷火器(采用 TA1、Ti-3Al-2.5V 和 Ti-451 合金);在迫击炮上制作座板、炮身、底座和支架(应用钛及钛合金);做防弹衣的薄装甲材料(应用了 Ti-5 Al-2.5Sn 合金);做钢盔(应用 Ti-6Al-4V 和 Ti-5 Al-2.5Sn 钛合金制作)。

8.2 钛在舰艇及热能工程中的应用

在此领域内,应用的出发点是钛比强度高,耐蚀性强,在海水、海洋、大气及潮汐环境中均有出类拔萃的耐蚀性。从技术性能而言,钛远优于钢、不锈钢、铝和铜等常用金属材料,它是海洋工程中最理想的材料。钛在舰船上潜在的应用重要性仅次于航空。

海洋占地球表面积的 71%,是资源的宝库,是未来人类拓展生存空间的重要场所。当今世界面临人口剧增、资源枯竭、能源危机等问题,人类社会的持续发展越来越强烈地依赖于海洋的开发。

海洋中的主要矿产是锰结核和热液矿。它含有镍、铜、锰和钴等数十种元素,储量巨大。海底蕴藏着丰富的金、银和石油、天然气、铀资源。海水中的核聚变燃料氘、氚的储量巨大。人类将来必然要大力开发海洋,开发海洋矿产资源和进一步开发核能资源。未来,海洋必将成为剧烈的竞争市场。

我国有漫长的海岸线和广阔的海域。为了促进我国国民经济的发展,维护国家利益和安全,必须大力进行海洋开发,也必须建立中国强大的海军。因此,必须研制先进的海上采油设备和探测设备,也必须建造大型的、先进的海军舰艇。

海水是含有 Na^+、K^+、Mg^+ 和 Cl^- 等十多种离子的含盐(主要为 NaCl)水溶液,它有很强的腐蚀性。在海洋环境中,钛既耐均匀腐蚀,也抗局部腐蚀。实践表明,无论在静止海水中还是在高速流动的海水中,无论是在清洁的海水中还是在污浊的海水中,甚至是在含泥浆的海水中,钛均保持钝化状态,它显示出优异的耐蚀性。

无数试验表明，钛材确实是海洋工程的最佳结构材料。

8.2.1　钛在舰船中的应用

8.2.1.1　钛在核潜艇上的应用

潜艇和核潜艇必须要下潜深且水下隐蔽性好，巨大的船体不能在焊后进行热处理，在风浪和高速行驶下，船体要承受巨大的静载荷和动载荷，所以要求船体材料强度高、塑性好、韧性好和抗疲劳性好。钛合金满足这些要求，而且轻量化，非常适宜做潜艇壳体材料。同时钛无磁性，不易被敌方发现，也不易受磁性水雷攻击。另外，钛合金的透声系数高，适于做声呐导流罩，这可提高潜艇的侦察能力。这些都是钛合金的优势。

俄罗斯在建造全钛核潜艇方面是最先进的。在20世纪60年代到80年代间，前苏联生产了一系列钛制潜艇，包括6艘（钛合金用量达3 kt）"阿尔法"级核潜艇和6艘（用钛量达9 kt）"台风"级核潜艇。其中，第一艘"台风"级核潜艇排水量为33.8 kt，不仅大（比美国的同类艇约大1倍），而且潜得深（达1830 m），航速快（航速达27节，比同类普通潜艇快30%），可携带20枚战略导弹，威震四方。目前，正在建造第四代潜艇——新的战略核潜艇，船壳采用双层钛合金制造，性能更先进了。

俄潜艇用的钛合金有两种：一种是TA17（ПТ-3В，即Ti-4Al-2V），主要做板材、棒材和锻件，用于制作壳体、声呐导流罩、热交换器管板；另一种是TA16（ПТ-7М，即Ti-2Al-2.5Zr），主要做管材，用于制作管路和热交换器。

8.2.1.2　钛在深潜器上的应用

深潜器是一种可以潜入海底很深，能完成特定工作的装置，它广泛用于海洋探测、深海打捞、救生、军事行动等方面。耐蚀且高强的钛合金非常适宜做耐压壳体和深潜器的其他部件。美国和日本对这种设备的研制居领先地位。

早在1974年，美国就用船用钛合金（Ti-6Al-2Nb-1Ta-0.8Mo）建造了"阿尔文"号深潜器壳体（外形尺寸为7.72 m×3.04 m×

2.4 m),并用Ti-6A1-4V制成它的浮力球和高压气瓶,可使深潜器的下潜深度由1830 m增加到3600 m,它的外壳所使用的钛合金板厚度达49 mm。

随后,美国、日本和法国先后又建造了新的深潜器(或称潜水调查船),下潜深度最深可达6000~6500 m,除了用钛做壳体外,还用钛制作了许多部件,如骨架、浮力球、绞盘罩、紧固件、压力容器等。

我国研制出钛制载人盔甲式常压深潜器(用国产Ti80专用合金制作),供海洋作业使用,下潜深度最深可达5000~7000 m。

8.2.1.3 钛在舰船中其他方面的应用

钛在舰船中其他方面的应用有:在核潜艇等舰船上使用了钛质热交换器和蒸气发生器(用TA16和TA17钛合金制作);在舰船上使用了钛质螺旋桨、螺旋桨轴、喷水推进装置和辅助装置中的管道、阀、泵、配件(用TC4合金制作);日本已制造出四条全钛渔船,其中一条尺寸为12.5 m×2.8 m,重4.6 t,轻便易回收;救难艇用钛质壳体和仪表装置(用钛合金制造);商用油船和运输船用钛质透平的主冷凝器和碳酸钠冷却器、海水淡化装置、热交换器(使用钛合金和纯钛制作);船用雷达钛质鞭状天线(用纯钛制作);鱼雷用钛质发射水缸(用TA7制作);航母飞机弹射装置用钛质高压制动水缸(用高强钛合金制作)。

8.2.2 钛在海洋工程中的应用

8.2.2.1 钛在海水淡化工程中的应用

淡水约占地球总水量的3%,而且在世界各地分布不均,许多地区缺水。缺水严重的国家有中东地区等。我国也是水资源不足的国家,严重缺水城市已达130座。因此,沿海地区要获取淡水,有一种办法是进行海水淡化。

用海水淡化法获得淡水最早是在20世纪50年代,到1993年,世界各地建设了9000余台海水淡化装置,2004年已经建成的还有15000台。

海水淡化的方法有好几种,应用最多的是蒸发法,它是用海水多级快速蒸发经管道传热，最后再冷凝的过程。在此过程中，海水加热器要承受 90～120℃的海水腐蚀，特别是热回收部分高温导管中海水大部分是蒸气，腐蚀非常强。试验表明，在这么恶劣的环境中，钛材是最佳材料，用钛材做海水淡化装置的传热管是最安全可靠的。

在蒸发法海水淡化装置中，大量使用了薄壁焊接钛（纯钛）管，典型尺寸有：小的为 ϕ34.7 mm×0.5mm，大的为 ϕ25.4 mm×0.5 mm。其中，钛管大部分安装在热回收部位，其次还有安装在放热部位及海水加热器等部位的。

8.2.2.2 钛在海洋石油钻探工程中的应用

地球埋藏的石油有 30% 位于海底，储量约 1.3×10^{11} t。为了进行海洋石油钻探，必须研制海上采油设备。

海上采油设备主要是采油平台和附属设备。由于深海采油的设备庞大，同时采油设备的环境十分恶劣，既要和海水、原油接触，又要承担整个平台的工作载荷和海上风浪的冲击，因此对材料要求苛刻。

实践表明，钛在海水和原油中耐蚀性好，钛制采油设备使用效果都非常好。

采油平台是质量巨大的钢结构体，比较实际的做法是在易腐蚀的关键的设备和部件中用钛代钢。目前，用钛制造的设备和部件有：石油平台支柱、列管式与板式换热器、提升管预应力管接头；闭式循环发动机的冷凝管；钻管；管道、泵、阀门、紧固件及勘探测井仪器外壳等。

用于海上平台系统的钛合金有 Ti-6Al-4V、Ti-6Al-4V EL1、Ti-6Al-4V-Ru 等。

8.2.2.3 钛在海洋土木建筑等工程中的应用

人类在开发海洋过程中，建设了许多桥梁和地下通道等大型钢/混凝土结构体，需要对它们采取防腐蚀保护措施。在开发中，不断实现了用钛来包覆钢板、包覆已埋设和未被埋设的钢管等。同时，也实现了用钛做耐腐蚀结构件和混凝土构件以防腐蚀。

钛在海洋工程中的其他应用见表 8-5。

表 8-5 钛在海洋工程中的其他应用

项 目	钛应用
海洋温差发电机	发电机的蒸发器、凝缩器及传热管道(纯钛)
捕鱼设备	潜水捕鱼泵(纯钛)、鱼片加工机、鱼粉加工螺旋推进器(纯钛)、海水淡化器及管道(纯钛)
海水养殖	海水养殖金属钛网、钛管道和热交换器(纯钛)、水族馆中水槽、热交换器(纯钛)、浮动消波堤用的连接螺钉和螺母(纯钛)
污染海水处理	处理装置和电解用镀铂钛阳极(纯钛)
海上设施	制作海上航标架、海上各种标志、海底电缆和跨海大桥保护套(纯钛)
地质勘探	电缆测井(TC4 钛合金)

8.2.3 钛在热能工程中的应用

8.2.3.1 钛在海滨电站凝汽器上的应用

海滨电站和核电站中凝汽器是重要大型设备,冷却介质是海水,以前铜质等各种材料所制凝汽器使用后,抗海水腐蚀性能差,唯有钛管抗腐蚀性能最强。实践证明,电站的冷凝器和热交换器采用钛材是最合适的。

早在 20 世纪 70 年代,国内外许多电站中凝汽器上就使用了钛,所用钛材为焊接薄壁钛管。由于使用效果好,先后被许多电厂接受,新建或改造时就采用了全钛凝汽器。例如,大亚湾核电站冷凝器 6 台,使用钛材规格 TA2ϕ25 mm × 0.7 mm × 16600 mm,每台冷凝器用钛量为 4.1 万根,共用 24.6 万根。据估计,全世界海滨电站所用的钛焊管现已达 26.3 kt 以上。

海滨电站用钛凝汽器优越性很多,可以就地使海水作冷却水;耐蚀性好,寿命长;热交换性能好,经济效益好;安全系数大,减少停电检修时间等。

8.2.3.2 钛在汽轮发电机涡轮叶片上的应用

在火电和核电工业中,大型汽轮发电机组是主体设备。其中,燃气轮机的叶片质量和尺寸对发电设备减少故障和增大效率起着重要影响。

汽轮机低压段最末一节叶片采用钛叶片后，由于钛密度低，高速转动的离心力小，可降低转动轴的应力。在新的汽轮机中，在不增加叶片数或转轴应力的情况下，钛叶片长度可增加40%，这有利于提高汽轮机的功率。研究表明，叶片增长10%～40%，火电汽轮机的热效率可提高1%以上，核电可提高2%以上，这将产生巨大的经济效益。同时，由于使用了钛叶片，大大增大了叶片使用寿命，可防止叶片腐蚀损坏而发生停机故障，这也可减少维修费用。

国内外许多专家在实践中都认识到汽轮机低压段叶片用钛合金是最佳材料，并在实践中成功地应用了钛叶片。大多数厂家选用TC4钛合金制作叶片。

8.2.3.3 钛在热能工程中其他方面的应用

在热能工程中，其他应用还有：在超导电机中，钛是理想的转子结构材料（采用TA7ELI）；在热核聚变的装置中，采用纯钛材作为超导线圈的封管。它也可用于原子能反应堆核废弃物处理工程中，是高档容器的候选材料，可用Ti-3Al-2.5V合金。

8.3 钛在化工、冶金等工业中的应用

在此领域内，钛的应用出发点是钛材具有优良的耐蚀性能。它在许多介质中，包括各类酸、碱、盐、有机物、无机物、水、水溶液中，在许多状态下均有良好的稳定性，因此，它是优良的耐蚀结构材料。钛在此领域内的应用已越来越广泛，此类应用以纯钛为主，少量使用耐蚀钛合金。

8.3.1 钛在化工工业中的应用

目前，国内化工工业用钛量最大的行业是氯碱（占50%），其次为纯碱（占20%）、塑料（占47%）、有机合成（占10%）、无机合成（占3%）。同时，上述各行业化工设备中，换热器用钛比例最多（占用钛量的52%），其次为电解阳极（占用钛量的24%），再次为容器和管、泵、阀（占用钛量的19%）和其他。化工工业中，典型的基本无机化工用钛设备见表8-6。

表 8-6 典型的基本无机化工用钛设备

硝　酸	硝酸蒸发器、氧化氮尾气预热器、硝酸蒸气预热器、气体洗涤塔、快速冷却器、冷凝器、涡轮鼓风机、泵、阀、管道等
硫　酸	SO_2 吸收工序中 SO_2 风机、酸水泵、静电除尘钛阳极、钛阳极
王　水	钛泵
盐　酸	氯冷器
制　碱	金属阳极电解槽、离子膜电解槽、阳极液泵、湿氯冷却器、精制盐水预热器、脱氯塔、氯气冷却洗涤塔
漂白粉	氯化桶、离心机
次氯酸钠	冷却盘管、次氯酸钠成品泵
氨碱法生产	平板换热器、伞板换热器、平板冷凝器、结晶外冷器、盐水泵、卤水泵、氯化铵母液加热器、泵、阀门、碳化塔冷却管、蒸馏塔顶氨冷凝器、CO_2 透平压缩机转子叶轮
联碱法生产	结晶外冷器、氨盐水冷却器、碱液泵、母液预热器、CO_2 透平压缩机冷却器

氯碱工业是以电解食盐水溶液的方法制取氯气和烧碱的化学工业，它也是应用钛最早的行业。以此为例说明钛材应用优势。

氯碱生产传统工艺为水银电解法（采用石墨阳极）。在 20 世纪 70 年代左右，由于钛的应用，该工艺进行了革新，并使新工艺——钛阳极隔膜电解获得成功。这样，钛阳极电解代替了石墨阳极电解，取得了良好的经济效益。采用钛阳极后，与旧工艺经济指标比较见表 8-7。由于采用钛阳极隔膜电解的新工艺获得巨大成功，钛阳极的应用在国内外氯碱行业中迅速推广。

表 8-7 采用钛阳极后与旧工艺经济指标比较

比较项目	石墨阳极	钛阳极	用钛阳极的优势
电流密度	约 1100A/m^2	2000A/m^2 以上	产能提高近 1 倍
用电量	2550 kW · h/t	2200 kW · h/t	节电 15%
耗气量	4000 kg/t	3750 kg/t	节气 5%
产品品质	烧碱呈红紫色	烧碱呈白色	品质提高
阳极寿命	半年左右	7 年以上	寿命延长 20 倍以上
石棉隔膜寿命	3 个月左右	17 个月以上	寿命延长 5 倍以上

续表 8-7

比较项目	石墨阳极	钛阳极	用钛阳极的优势
劳动条件	要用沥青和铅	不要用沥青和铅	改善了劳动条件
占地面积	1 m^2 产能 17 t/a	1 m^2 产能 30 t/a	增大了产能

后来,对该工艺又进行了第二次革新,推广使用了离子膜电解工艺。该工艺中不仅金属阳极采用钛,而且阳极氯气后处理系统,包括湿氯气冷却器、脱氯塔、氯碱冷却洗涤塔和精制盐水预热器等全部使用钛设备,并获得很好的经济效益。新工艺与金属阳极隔膜电解工艺相比,1 t 烧碱可节电 300 kW · h。同时,湿氯气钛冷却器使用效果也非常好,在高温湿氯气的环境下仍然很稳定(钛的腐蚀率为 0. 0025 mm/a),是最佳耐蚀结构材料,使用寿命很长。

由于钛的应用,氯碱行业经工艺升级换代后,大大提高了生产率,改善了劳动环境。

8.3.2 钛在石化工业中的应用

石油化工是以石油和天然气为原料生产出合成薄膜、合成塑料、合成橡胶、合成纤维及其衍生物的工业。

原油中含有各种腐蚀物,如大庆油田的原油中含硫 0. 15%、含盐 10 mg/L;胜利油田的原油中含硫 1%、含盐 200 ~ 400 mg/L。在原油提炼时,这些硫化氢和氯化物(氯化钠、氯化镁等)对设备有腐蚀。如果有水时,水解后有盐酸产生,腐蚀性很强。

在石油化工工业中,也有许多生产环境恶劣,有强的腐蚀性的情况。以乙醛生产为例。乙醛用乙烯直接氧化法生产,以氯化钯和氯化铜的稀盐溶液为催化剂,通过空气或氧气,将乙烯直接氧化成乙醛。氧化时温度为 100 ~ 150℃,压力为几个或几十个大气压,溶液 pH 值为 1. 2 ~ 1. 5(强酸),即反应是在高压强酸和一定温度下进行的,致使生产设备腐蚀严重。

现在,在石化工业许多工艺中使用了钛设备,它防腐性能优异,并取得良好的经济效益。

上海石油化工总厂是用钛大户,也是石化用钛的代表。以该厂为例,该厂化工用钛设备情况见表 8-8。所用钛材以纯钛为主,局部还使用了耐蚀钛合金(即 Ti-0.3Mo-0.8Ni、Ti-Pd)或镀层 Ti-Pd 合金。

表 8-8 上海石油化工总厂化工用钛设备

基本有机合成	乙烯氧化制乙醛	反应器、氧化塔、催化剂再生器、除沫器、第一和第二冷凝器、脱高沸物塔、泵等
基本有机合成	丙烯氧化制丙酮	文氏混合器、氧化下加热器、羰化下加热器、氧化分离器、贫氧空气冷凝器、液位控制器、羰化反应器、闪蒸塔、管件等
基本有机合成	乙醛氧化制醋酸	氧化塔、脱沸塔、醋酸回收塔、醋酸冷凝冷却器、高沸物再沸器、泵、阀等
基本有机合成	轻油氧化制醋酸	冷凝器、加热器、分离塔、氧化塔、阀门等
基本有机合成	甲醇低压羰基化制醋酸	闪蒸器、精馏塔等
基本有机合成	对苯二甲酸生产	氧化反应器
基本有机合成	氯乙醇法生产环氧乙烷	次氯酸化塔、碱洗塔
基本有机合成	丙烯生产	塔盘、再沸器等
环氧丙烷生产		二氯丙醇反应器、循环槽、缓冲槽;环化塔塔板与浮阀;冷蒸塔栅板、二氯丙醇循环泵、进料泵
乙烯制聚氯乙烯		热骤冷塔、废水冷提塔、废水储罐
合成脂肪酸生产		C5~C9 脂肪酸精馏塔再沸器、C1~C4 脂肪酸冷凝器
苯甲酸和苯酐生产		恒沸塔、苯甲酸精馏塔及冷凝器
顺酐生产		恒沸塔、冷凝器、蒸发器、汽水分离器、滚筒、成形机
维尼纶生产		醋酸精馏塔、冷凝器、阀门、管件
乙内酰胺生产		二盐反应器、水解器、肟化反应器 二盐水解中间加热器、羟胺冷却器、羟胺加热器 羟胺二磺酸盐加热器、尾气罗茨鼓风机、光亚硝化反应器
涤纶生产		高温洗涤器及冷凝器、高温加热器、屏蔽泵、醋酸脱水塔及阀门、管件
人造纤维生产		塑化槽、电渗析器阳极板

8.3.3 钛在其他化工工业中的应用

在制造生产其他化工产品,如化肥、农药、医药、无机盐和染料等时,当遇到腐蚀性很强的环境时,使用钛材设备会收到很好的经济效果。其他化工生产用钛设备概况见表 8-9。

表 8-9 其他化工生产用钛设备概况

化工产品类型		钛设备
化肥	尿素	尿素合成塔衬里、氨气提塔、分解塔加热器、甲氨泵进、排液阀与弹簧、高压混合器
	硫铵	硫铵蒸发器
	氯化铵	氯化铵浓缩蒸发器、预冷器、真空结晶器、冷凝器、喷射器、离心机、吸滤器、漏斗
	钾肥	
	复合肥	氯化钾溶液换热器、泵、阀
	硝酸铵	反应器、鼓泡器、硝酸给料管、预热器、喷射泵、阀、管道
	氨水（15%～17% HN_5）	氨反应塔衬里、筛板、氨预冷器、食盐水容器
	碳铵	氨水泵、异径管
农药	666	“666”合成液冷却器、氯化釜内衬、冷却蛇管、蒸馏罐放料阀、旋塞、管件、洗苯器
	乐果	中间体反应罐、冷凝器、搅拌器、流量计、温度计套管、阀门
	敌鼠钠盐	醋酸、醋酐回收装置
	马拉硫磷	湍流吸收塔、恒沸塔、浓酸气液分离器、酸水蒸发冷凝器
	敌百虫	反应器、洗涤器、换热器
医药	维生素 B1	干燥装置中的螺旋加料器、旋风分离器、旋涡体、袋滤器、加热器、粉碎机
	维生素 C	古龙酸列管换热器、自动排渣离心机、冷冻盐水泵叶轮
	葡萄糖	薄膜蒸发器、转化锅
医药	抗菌素	氯霉素回收装置中的升膜蒸发器、列管预热器、旋风分离器、链霉素生产中的发酵液离心机
	解热、镇痛药	安乃静水解换热器、对酮硝化反应锅换热器、咖啡因反应罐框式搅拌器、列管与盘管换热器、非那丁西汀生产中的分馏柱
无机盐	氯化物（$MgCl_2$、$BaCl_2$、$MnCl_2$、$CuCl_2$、KCl、液体 $CaCl_2$ 等）	反应器、结晶器、换热器、蒸发器、洗涤器、吸收器、压滤机、泵、阀、管件、预热器、干燥器、离心机、通风机
	溴化亚铁	蒸发器、吸收器、喷淋器、风机、泵等
	碘化钠	蒸发器、溶解槽、吸滤器
	硫酸铝	蒸发器
	氯酸钾	醋酸回收塔
	硝酸盐（硝酸铅等）	反应釜、泵、阀、管道
	酪酐及酪盐	酪酐熔体反应器衬里、溶解器、反应器、泵、阀；硫酸铬、氯化铬、硝酸铬的反应器、容器、泵、阀、管道
	制盐（NaCl）	氨蒸发器、预热器、预冷器、泵、法兰、首效加热室
染料		蛇管加热器、吸收塔、净化塔喷头、风机、水环或真空泵、过滤器等；偏苯三酸酐氧化塔；漂白粉生产用横壁小刮板
炼焦		吸滤器、结晶器、泵、氨分凝器；收尘工序的饱和池、离心机、鼓泡器、循环池、中和池釜、吡啶碱冷凝器、脱酚洗涤塔蛇管、熄焦塔、除尘装置；喹啉、酚计量槽液面计导向导管

我国湘澧盐矿是一个用岩盐制取食盐的大型真空制盐矿。以它为例,生产工艺中设备内卤水成分为:氯化钠 264 g/L,硫酸钠 33 g/L,硫酸镁 1.88 g/L,硫酸钙 1.388/L,盐质量分数达 22% ~ 23%,腐蚀性强。原工艺设备先后用碳钢、铜和不锈钢制作,使用寿命短(都低于 10 个月),如曾用不锈钢制作盐浆管,仅使用半年就报废了。后改用钛,结果证实钛的耐蚀性能卓越。所以将真空制盐系统,包括蒸发器、预热器、预冷器、泵、叶轮、弯头、法兰和盐浆管改成钛设备,彻底解决了该工艺设备腐蚀的难题。所用的钛材除首效蒸发器用 Ti-0.3Mo-0.8Ni 耐蚀钛合金外,其余均用纯钛。为了节约成本,在后来新设备的设计中又采用了复合钛板,即首效蒸发器采用 Ti-0.3Mo-0.8Ni 合金–钢包覆板,其余均为钛–钢包覆板,收到同样的效果。

真空制盐工艺中应用了钛设备后,显示出其他材质设备无法比拟的优势。首先,设备寿命大大延长了,钛设备寿命是半永久性的,有的已超过 30 年;第二,能耗下降,节约能源近 80%;第三,设备维修费用大幅度下降;第四,品质提高了,精盐优质品率提高了 11%,精盐白度也提高了,从 79 度提高到 81 度;第五,产量增加了,一条生产线原设计能力为 2×10^6 t,后实际产量可达到 3.5×10^6 t;第六,环境改善了,综合经济效益大幅度提高了。

8.3.4 钛在冶金工业中的应用

冶金工业中,特别是各种湿法冶金或电解、电镀工艺中,设备中有许多介质具有腐蚀性。钛用于制作这些工艺的防腐设备是非常合适的。常将钛材加工成泵、阀、管道、电极、电解槽、风机、加热器、反应器等。冶金工业用钛设备举例见表 8-10。

8.3.5 钛在轻工业中的应用

由于钛的优良耐蚀性能,在轻工业中,包括纺织工业和染料工业、造纸工业,许多强腐蚀介质设备都用钛制造,收到非常好的效果。轻工业中用钛设备举例见表 8-11。

表 8-10 冶金工业用钛设备举例

生产部门		钛制设备
铜冶炼	铜冶炼	压煮器、透平充气氧化器、叶轮、搅拌器、湍动冷却塔
	铜电解	电解槽、电解液供应槽、泵、洗涤塔、阴极母板、阴板辊筒、换热器、过滤器、阀
	硫酸盐	真空蒸发装置、结晶器、换热器
	电解泥	搅拌器、槽、泵
	硫酸生产	洗涤荅、水淋冷却器、湿电滤器、风机、浸出离子交换柱、吸尘器、储酸槽、隔离箱、泵、阀
铝冶炼	冰晶石	输送硫酸的泵、槽
	氧化铝	硫酸阀，电解工序废气净化系统的液滴捕集器、风机
	铝生产	过滤器、泵、阀
锌冶炼		浸出设备：储液槽、泵、浓缩机、空气搅拌浸出槽、风机、真空过滤器；沸腾焙烧炉的气体输送和净化设备：除尘器、电滤器、风机；电解设备：电解锌阴极、电解槽、容器、蛇管加热器、电晕、电极；硫酸生产设备：洗涤塔、电除雾器、储液槽、管道泵
铅冶炼		风机、节流阀、湿式收尘器部件
锑冶炼		电除尘器、泵、洗涤塔部件、除尘器中的电极
镁冶炼		高钛渣氯化和钛镁生产烟气净化设备：风机、阀门、捕集器、泵、管件、洗涤塔、循环槽；碳酸钠净化器设备：洗涤塔、捕集器、烟筒

生产部门		钛制设备
镍冶炼		过滤设备、高压釜、换热器、蒸发器、反应器、槽、萃取器、泵、阀、风机、阴极母板
钴冶炼		风机、泵、阴极母板
汞冶炼		冷凝器
钨冶炼		钨酸生产蒸发锅、离心除尘风机、搅拌机的鼓泡管轴
钼冶炼		反应器、干燥机、过滤器、离心机、风机、料槽、高压釜
锆冶炼		二氧化锆和氯化锆生产中的真空过滤器箱、浓缩机的搅拌器、泵、风机、硫酸的漏嘴；锆冶炼中的反应器、萃取器、除尘器、氯化物装料箱、冷凝器、槽、管状过滤器；废气净化中的阀门、风机、管件、精馏塔釜的加热器；酸洗工序中的冷凝器储槽、洗涤塔、泵、通风设备
稀土冶炼		冶炼厂的萃取器、反应器、吸滤器、电极棒、泵、阀
贵金属冶炼	黄金加工	阴极、真空泵、萃取器、再萃取器、容器、风机
	硫酸和盐酸硫脲	树脂交换离子柱、离子交换装置换热器、浓缩槽、析出金的阴极、阀
	电解	阴极母板、泵、阀
	金刚石加工	黄金氰化浸出容器、再生离子交换树脂柱、反应槽
	其他	贵金属二次生产的反应槽、真空泵、离心机、风机、蒸发盘、容器、冲击洗涤器；金精矿氯化焙烧冲击洗涤器喷头、湿式静电收尘器阴极、离心机、风机叶轮

续表 8-10

生产部门	钛制设备	生产部门	钛制设备
半导体	生产镓的风机、水解槽、离子交换柱、还原装置、精馏装置；生产硅和锗的螺旋水滴捕集器、水封槽、洗涤塔；生产砷的洗涤塔、风机；污水处理和消毒用接受容器、处理容器、压滤机、切线混料筒	有色金属加工	酸洗设备、净化装置、废酸和废液处理装置、电解槽、电解液加热器、废乳剂容器、离心机、风机、泵、阀
		钢铁工业	炼铁高炉炉体周围的冷却装置，如风口、稳定冷却器、热阀冷却器、热电偶套管；轧钢厂酸洗工序的酸洗槽、泵、风机、阀、镀槽、喷淋嘴；铁合金生产中的泵、阀、风机

表 8-11　轻工业中用钛设备举例

部　门	应用举例
造　纸	搅拌器、漂白塔、加热锅、换热器、吸收塔塔板支撑件、漂白剂的制备设备、循环泵、文丘里管、旋风分离器、液氯泵
化纤纺织	作为丙烯基、密胺、精纺尼龙、涤纶等的生产设备、对苯二甲酸反应器、连续漂白机、亚漂机
染　料	作为染化厂顺丁烯二酸蒸发器、含湿氯气生产漂白粉的设备
食　品	食品和医药的加工设备和运输容器、食品、泡菜、番茄酱生产的换热器、咸奶酪容器，包括加盐和醋调味汁的容器

8.4　钛在汽车和建筑工业中的应用

8.4.1　钛在汽车工业中的应用

钛及钛合金具有密度小、比强度高、耐热性能好，耐低温的性能好（能抗冻）、耐蚀性能好、弹性模量小（弹性好，适宜做汽车弹簧）等一系列优异特性，而且它还具有良好的装饰性，它既有良好的自然色——银白色，还可镀装出各种鲜艳的色彩来，可美化汽车。这些都表明钛和钛合金非常适宜做汽车和摩托车工业的结构材料，这也是钛应用的新市场。它也是潜在的大市场。

随着汽车工业的发展,中国现在已成为一个生产和消费汽车大国。目前年产汽车近千万辆,汽车已成为国民经济的支柱产业,但随之带来了城市污染的烦恼。研究表明,汽车轻量化是实现节油、减排的有效措施。轿车每减重 10% ,可节油和减少废气排放量各约 10% ,所以世界各国都在研究轻量化问题。为达到此目的,必须使用轻质高比强度的新型材料——钛复合材料。但是,因为价格障碍,目前钛在汽车工业中的应用滞缓,还处于初期开发阶段。

目前,已有厂商开始在赛车和高级轿车上试用钛零件,如赛车的气门座,轿车的连杆及周边的气门弹簧座、消声器、尾气管系统、弹簧、进气阀、排气阀等,都采用各种钛及钛合金。这是亟待开发的大市场。

摩托车的零部件开发比较早,日本已将摩托车零件,如进排气管、消声器、吊挂弹簧、链轮、传动链条等实现钛制品实用化。随后又开发出连杆和消声器等钛制零件,已上市。

8.4.2　钛在建筑工程中的应用

钛具有无与伦比的耐腐蚀性能、高强度、低密度、受热后膨胀系数小、热导率低,并具有优良的可设计性能。因为它不仅具有优良的自然色——银白色,还可以经表面处理镀装出 100 多种鲜艳的色彩,具有很大魅力。

钛是一种新型的高档建筑材料,很受用户青睐,质轻又不用涂层,不老化,不用维修。由于钛的价格障碍,目前,钛主要用于装饰要求高的高档建筑、纪念性和标志性建筑,并用做这些建筑的幕墙、屋顶、土檐等外观装饰材料及栏杆、管道等,也有用做雕塑艺术品、纪念碑的材料。使用材质大多为纯钛,常用 0.2 ~ 1.5 mm 厚的钛板加工而成。

建筑用钛有名的实例是:中国国家大剧院屋顶(用钛 30000 m^2, 65 t)、日本福冈运动场屋顶(用钛 32000 m^2,80 t)和中国杭州大剧院外装(用钛 15000 m^2,15 t)。

户外装饰常用的纯钛板厚度为1～1.5 mm。为了降低成本，常将平整性好的0.3 mm厚度的纯钛板和0.3 mm厚度的不锈钢板轧制成钛－不锈钢复合板，用于户外装饰，并获得建筑学家的认可。中国国家大剧院和杭州大剧院都是相继使用这种复合板材的实例。

8.5　钛在医疗和日常生活中的应用

8.5.1　钛在医疗中的应用

钛密度低，有合适的强度，耐蚀性能好；与人体生物相容性好，无毒性；与人体力学相容好，和人体骨头匹配性好；有形状记忆功能和超弹性等，适宜在医疗上应用。钛被誉为人体"无毒"优质材料。

钛是一种综合性能极优的新型人工骨头和关节材料。用于此用途时常用纯钛和钛合金，早期使用成熟的是纯钛和TC4合金，后来，人们对钒的安全性有质疑，所以使用无钒的钛合金，成熟的有Ti-6Al-7Nb。近几年开发的还有Ti-6Al-6Nb-1Ta和Ti-13Nb-1.5Zr等新型钛合金。已用于临床的人工钛关节有髋关节、膝关节、肱骨头、肘关节、股骨头、掌指关节、指间关节、接骨板、下颌骨和人造椎体等。临床长期应用疗效良好，应用越来越广泛。

钛也是新型的牙体材料，可做人造牙根和牙床；钛也用于制作人工心脏瓣膜、脑颅缺损修补、扩胸器、人工心脏等。

钛－镍（Ti-Ni）形状记忆合金具有优异的记忆性能和超弹性，无毒性，是一种理想的生物功能材料，它在医疗界有广泛的应用。在口腔科，钛可用于制作牙齿矫形丝、颌面骨折锔钉、牙冠、种植牙体等；在骨科，钛可用于制作脊柱矫形棒、颈椎人工关节、人工股骨头双杯、加压骑缝钉、聚髌器、人工髋关节、弧叉钉、弓形器等；在心血管科，钛可用于制作栓塞器、血管扩张内支架；钛内支架还可用于前列腺尿道扩张、前列腺增生、气管狭窄、食道狭窄、胆管狭窄等。

钛制手术器械有：手术钳、手术刀、手术镊子、胸腔扩大器、缝合针、缝合手术线等。

钛在辅助医疗设备中的应用实例有：氧气过滤器、氧合器和水过滤器中使用了多孔钛过滤元件。

8.5.2　钛在日常生活中的应用

钛具有密度小、比强度高、弹性好、耐蚀性好，而且外观漂亮等优点。它不仅自然色就是特殊的银白色，有高档格调，而且经过表面处理后又可改变色彩，呈现鲜艳的金黄色或蓝色。这些综合性能使钛能够在日常生活中既做高级用具，又可做高档的装饰物。因此，钛在体育器材品和耐久消费品中获得越来越广泛的应用，越来越受到人们的青睐。钛在人类日常生活中的应用举例见表 8-12。

表 8-12　钛在人类日常生活中的应用举例

项　目	应用举例
体育器材	网球、羽毛球的球拍；高尔夫球的球棒长柄、金属球头；击剑用的面罩；登山用的冰杖、登山钉、螺钉；钓鱼用的绕线架；滑雪用的把手、滑雪板；旅行用自行车的车身、各零部件；赛车；足球鞋的底钉
耐久消费品	仪表，钟表，饰物外表的 TiN（金黄色）涂层，刻蚀金属面，打印机用打印锤、打印轮，照相机的机身、快门；电脑和手机外壳；音响设备中的支架、拾音器支臂，乐器用钛鼓，扩音器振动板；计算机磁盘的硬盘；眼镜架：手表表壳：装饰品、壁挂（蚀刻版面）、台历、领带别针、垂饰；餐具、匙子、叉子、器皿、炒锅、菜刀；文房用具；手杖
环境卫生	污水、污泥处理装置；废水处理装置；放射性废弃物储藏装置；粪便处理装置

在体育器材类中，开发最成功的要算高尔夫球头和球杆。高尔夫球运动有一项规则，限制球头质量而不限制球头的外形尺寸。运动员则希望用大一些的球头，这样打击时球头与球接触面积大，

好控制，打得远。用钛质球头就可以做到这一点，同时钛的弹性好，可使球飞得更远，所以现在高尔夫运动中用钛已成为一个时尚的亮点。

高尔夫球头用钛主要为 TC4 合金，日本用 SP－700 钛合金。1996 年，全世界高尔夫球头的用钛量已达 4800 t/a。

在耐久消费品中，目前最流行的是钛眼镜架。钛眼镜架质轻而高雅，每副仅 12 g，人戴着十分舒适，而且抗过敏。经开发，目前的价格已被人们接受，既实用又高档。

8.6　特种钛功能材料的应用

有一些钛合金具有特殊功能，因此成为功能材料。大力开发这些功能材料具有十分重要的意义。

8.6.1　耐蚀钛合金

普通钛材在许多介质中具有很强的耐腐蚀性，但在还原性介质中，如盐酸、硫酸、甲酸、草酸等介质中，由于钛的氧化膜不稳定，易遭破坏，因此在这种情况下钛并不耐蚀。所以研制了耐蚀钛合金。目前，常见的耐蚀钛合金有 Ti-0.2Pd（TA9）和 Ti-0.3Mo-0.8Ni（TA10）。

8.6.2　形状记忆合金

Ni-Ti 合金（按 50% 配比合金）是具有形状记忆特性和超弹性特性的一种合金，目前已开发出了许多产品。Ni-Ti 配比可以进行若干变化，变化温度可以从 0℃ 到近 100℃。还可以根据要求加入其他合金元素，作为添加元素的一般有 Cu、Co、Cr、Fe 等。

Ni-Ti 合金是一种理想的生物功能材料，它在医疗界有广泛的应用。

Ni-Ti 合金还有许多其他实用价值，如将它加工成螺旋状弹簧、利用其温度特性作为温度测敏元件兼执行信号元件等。它在混合水栓阀门、家用电器方面获得了应用。它也可以在高速铁路、机车和汽车上的油温控制器中应用。同时,又可节省传感器,制成执行信号的元器件。除了机械手、人造卫星上使用外,它还用在照相机的后盖紧锁机构上。

Ni-Ti 合金中 Ni 过剩或添加 1% 以下第三种元素的合金称为超弹性合金。由于该合金具有超弹性特性,可以用于制作乳罩用线丝、手机用天线芯线、眼镜架、钓鱼用金属丝等。

8.6.3 贮氢合金

可用于贮氢合金的钛合金系列有 Ti-Fe 系、Ti-Ni 系、Ti-Cr 系、Ti-Mn 系、Ti-Co 系等。最近有报告表明,有人研究出表示高氢吸收储存量的 Ti0.98Zr0.02V0.41Fe0.09Cr0.05Mn1.5 合金的氢压力 - 浓度 - 温度曲线图。该合金减压或升温即可放出氢。氢放出温度:Ti-Fe 为 40℃(1 MPa,即 10 atm),Ti-Cr-V 为 40℃(0.01 ~ 2 MPa,即 0.1 ~ 20 atm)。

氢是将来的候选能源。开发和研制贮氢合金,制成氢燃料储存器,便可获得纯氢源。目前已将贮氢合金装配在新能源汽车上试用。

8.6.4 超导材料

已经实际使用的超导材料合金有 NbTi 和 Nb_3Sn 等。一般使用超导钛合金线材。它从电力方面开始应用,后又扩大到高速磁悬浮列车和医疗器械等方面。

8.7 金属钛的直接应用

钛冶金制取的成品——海绵钛,大部分用做钛材加工的原料,仅有少量直接应用。如钠法钛工艺中,海绵钛筛下的细粉俗称海绵钛粉,是优质的粉末冶金原料,可以直接应用。但镁法钛工艺中,海绵钛筛下的细粉因为产品质量差,是等外钛粉,只能用做烟花工业的爆燃剂,或者用做铝熔炼时的添加剂,用做铝晶粒细化剂。

由于钛的优良耐腐蚀性能等综合性能,如果把钛添加入钢中,会大大改善钢的力学性能和耐腐蚀性能。添加钛的不锈钢性能优异是人皆共知的事实。如攀钢公司生产的钢材,因含微量的钛和钒,具有优良的耐蚀性能。它们产的钢轨很受印度商人的青睐。因为印度潮湿多雨,露天钢轨很容易被腐蚀,而攀钢钢轨耐蚀性能好,使用寿命长。又如船用钢板是添加千分之几的含钛钢,由于加入了微量钛,因此大大改善了普通钢的性能。以上的实例都充分说明了含钛钢是一种特种钢,具有优良的耐蚀性能。它的意义重大,并引起各国的重视。钛用于钢铁工业中,可以提高钢材的质量,延长其使用寿命,从而可以减少产量。这符合科学发展观,这对我国这种年产钢 6×10^8 t 的大国而言,效益十分明显。

炼钢时添加的钛一般为废钛或(含钛 70%)钛铁。这种钛铁是用 70% 钛和其余为纯铁混合压锭后经熔炼而成。由于钛密度小,废钛直接加入炼钢炉中熔炼困难,常加入该种钛铁合金。另外,还有一种低钛铁(含钛 30%),它是用钛铁矿直接铝热法还原制成的,也可以用做炼钢添加剂。

废钛在钢铁工业上的应用潜力巨大,所以钛工业的废料不废,钛工业是无废料的产业。目前,全世界用做炼钢用的高钛铁年产量已超万吨。

参考文献

[1] 莫畏. 钛[M]. 北京:冶金工业出版社,2008.

[2] 王桂生,等. 钛的应用技术[M]. 长沙:中南大学出版社,2007.

[3] 中国航空材料手册编辑委员会编. 中国航空材料手册(第4卷):钛合金、铜合金[M]. 2版. 北京:中国标准出版社,2002.

[4] 中国材料工程大典(第4卷):有色金属材料工程(上)[M]. 北京:化学工业出版社,2006.

[5] TA15钛合金全面性能检测报告. 北京:北京有色金属研究总院,2002.

[6] 亚稳定β钛合金(TB2)焊接性能和应用工艺试验. 北京:北京有色金属研究总院,1979.

[7] 郭鸿震. 真空系统设计与计算[M]. 北京:冶金工业出版社,1986.

[8] 杨乃恒. 真空获得设备[M]. 北京:冶金工业出版社,1986.

[9] 冶金部国外冶金工业污染编辑组. 冶金工业污染及其防治[M]. 北京:石油化工出版社,1974.

[10] 化工污染及其防治编辑组. 化工污染及其防治[M]. 上海:上海科技情报出版社,1976.

[11] 中南矿冶学院编. 氯化冶金[M]. 北京:冶金工业出版社,1978:293~302.

[12] 职业病防治编写组. 职业病防治[M]. 上海:上海人民出版社,1976.

[13] 周芝骏,宁崇德. 钛的性能及其应用[M]. 北京:高等教育出版社,1983:128~135.

[14] 航空制造工程手册总编委会主编. 航空制造工程手册:飞机机械加工[M]. 北京:航空工业出版社,1995.

[15] 航空制造工程手册总编委会主编. 航空制造工程手册:金属材料切削加工[M]. 北京:航空工业出版社,1995.

[16] Matthew. J. Donachie Jr. Titanium A technical Guide. ASM International Metals Park OH44073,1998.

[17] 上海市金属切削技术协会编. 金属切削手册[M]. 3版. 上海:上海科学技术出版社,2003.

[18] 郑文虎. 机械加工实用经验[M]. 北京:国防工业出版社,2003.

[19] 张桂荣. 浅谈钛合金的车削[M]. 北京:北京航空材料研究所,1988.

[20] 航空制造工程手册总编委会主编. 航空制造工程手册:发动机机械加工[M]. 北京:航空工业出版社,1995.

[21] 《稀有金属手册》编委会. 稀有金属手册(下册)[M]. 北京:冶金工业出版社,1993.

[22] 钛合金低倍试样和超薄法钛材的磨削加工[J]. 机械工人,2008.

[23] 石玉峰,等. 钛技术和应用[M]. 西安:陕西科学技术出版社,1989.

[24] 史耀武. 中国材料工程大典(第4卷):材料焊接工程[M]. 北京:化学工业出版社,2006.

[25] 俞尚知. 焊接工艺人员手册[M]. 上海:上海科学技术出版社,1991.

[26] 邓青元,等译. 钛合金的扩散焊接[M]. 北京:国防工业出版社,1986.

[27] 钛及钛合金标准汇编[M]. 北京:中国标准出版社,2008.

[28] 张喜燕,等. 钛合金及应用[M]. 北京:化学工业出版社,2005:87~306.

[29] [德] C. 莱茵斯,等. 钛与钛合金[M]. 陈振华等译. 北京:化学工业出版社,2005.

[30] 稀有金属应用编写组. 稀有金属应用[M]. 北京:冶金工业出版社,1984.

[31] 草道英武,等. 金属钛及其应用[M]. 北京:冶金工业出版社,1989.

[32] 日本钛协会编. 钛材料及其应用[M]. 周连生译. 北京:冶金工业出版社,2008.

[33] TIMET. Corrosion Resistance of Titanium. TIMET World Headquarters, Broadway Suite 4300, Denver, USA, 1999.

[34] 朱祖芳,有色金属的耐腐蚀性及其应用. 北京:化学工业出版社,1999.

[35] 里维·尤利格. 腐蚀手册. 杨武等译. 北京:化学工业出版社,2005.